零点
起飞

零点起飞学
Dreamweaver+
Flash+Photoshop CS6
网页设计

◎ 博雅文化 编著

清华大学出版社

北 京

零点
起飞

内 容 简 介

本书全面、系统地讲解了通过Dreamweaver、Flash和Photoshop软件进行网页、动画和图形图像设计制作的思路与方法，书中内容精华、学练结合、文图对照、实例丰富。

本书主要内容包括网页设计基础，Dreamweaver的基础和基本操作，页面布局，CSS美化网页，模板与库，表单以及为网页添加行为及第三方面插件的使用，网站的上传与维护，Flash的基础知识，图形的绘制与编辑，元件、实例和素材的使用，制作Flash动画，Photoshop的基础知识，图层的应用，工具的应用，使用文字、路径和切片等；最后通过3个精彩案列的制作过程，将前面所学到的知识进行综合并融会贯通。

本书结构清晰、内容翔实、实例丰富、图文并茂。每章通过本章导读、课堂讲解、上机实战、操作答疑的结构进行讲述。本章导读指出了每章讲解内容的基础、重点、难点及学习方法，便于指导读者自学，方便教师讲授；课堂讲解详细介绍了每章知识点；上机实战紧密结合每章重点给出实例，指导读者边学边用；操作答疑通过专家答疑及操作习题，使读者可以达到巩固所学知识的目的。

本书适合作为网页、动画和图形图像制作初学者，动画制作爱好者及网页设计、游戏制作、广告设计等相关专业读者学习，同时也适合作为大专院校及专业培训机构教学使用。

本书DVD光盘内容包括68个280分钟的实例视频教学及书中的素材、效果及场景文件。

图书在版编目（CIP）数据

零点起飞学Dreamweaver+Flash+Photoshop CS6网页设计 / 博雅文化 编著. —北京：清华大学出版社，2014
（零点起飞）
ISBN 978-7-302-35304-1

Ⅰ. ①零… Ⅱ. ①博… Ⅲ. ①网页制作工具 Ⅳ. ①TP393.092

中国版本图书馆CIP数据核字（2014）第018865号

责任编辑：杨如林
封面设计：张　洁
责任校对：徐俊伟
责任印制：李红英

出版发行：清华大学出版社
网　　　址：http://www.tup.com.cn，http://www.wqbook.com
地　　　址：北京清华大学学研大厦 A 座　　邮　　编：100084
社 总 机：010-62770175　　　　　　　　邮　　购：010-62786544
投稿与读者服务：010-62776969，c-service@tup.tsinghua.edu.cn
质 量 反 馈：010-62772015，zhiliang@tup.tsinghua.edu.cn
印 刷 者：北京鑫丰华彩印有限公司
装 订 者：三河市溧源装订厂
经　　销：全国新华书店
开　　本：190mm×260mm　　印　张：24.5　　字　数：724 千字
　　　　　（附 DVD 光盘 1 张）
版　　次：2014 年 6 月第 1 版　　　　　印　次：2014 年 6 月第 1 次印刷
印　　数：1～3000
定　　价：55.00 元

产品编号：054367-01

前　言

随着网络的不断发展，目前最常用的网页制作软件就是Dreamweaver、Flash与Photoshop，这三个软件的组合，在网页设计与制作时简单、高效，加之套装软件提供了更加完美的整合优势及合理的工作流程，使网页制作工作更加得心应手。本书对中文版Dreamweaver、Flash、Photoshop进行了全面细致地讲解，并将制作实例融入到软件基础知识的讲解中，希望通过本书，能让读者了解关于Dreamweaver、Flash、Photoshop三种软件的基础知识，熟悉其基本操作，掌握网页设计与制作的思路，在短时间内快速掌握网页制作技能。

本书共17章，各部分具体内容如下。

第1章 介绍了网页的概念与构成要素，网站建设的基本流程以及网页版式与风格等相关知识。

第2章 介绍了Dreamweaver软件的工作界面、创建管理站点、网页文件的基本操作方法和对网页文本的设置、为网页添加超链接等内容。

第3章 介绍运用表格布局页面、表格的基本操作、AP Div和Spry布局对象的使用、创建并设置框架属性等，使读者能够独立完成简单网页的制作。

第4章 主要讲解Dreamweaver中CSS的概念、创建并编辑CSS样式和CSS过滤器的使用方法。

第5章 主要讲解Dreamweaver中模板和库项目的使用，使读者能轻松使用模板和库的组合维护网站。

第6章 主要讲解Dreamweaver中表单的知识以及表单中多种命令的使用方法。

第7章 主要介绍Dreamweaver中行为及内置行为的使用等丰富的内容。

第8章 主要介绍网站上传前的准备工作、站点的测试以及网站宣传等内容。

第9章 主要介绍Flash的工作界面、常用面板、场景、时间轴以及输出和发布等内容。

第10章 详细讲解Flash中直线、曲线、矩形和圆角矩形、椭圆、正圆色彩工具、多边形与星形的绘制以及文本和应用文本滤镜等内容。

第11章 介绍Flash中元件、实例和素材文件的使用方法。

第12章 主要讲解多种简单动画的制作方法，使读者掌握逐帧动画的基础知识，以及传统补间动画、补间形状动画、遮罩动画和引导层动画的制作方法。

第13章 介绍Photoshop CS6中的工作界面、基本操作、对色彩模式的认识和形状工具的使用以及对图像进行修饰处理等内容。

第14章 介绍Photoshop中图层的基本知识、图层组的应用以及图层的基本操作方法。

第15章 主要讲解Photoshop中常用工具的用法裁剪工具、图像的修饰与修复工具等。

第16章 主要介绍Photoshop中文字的输入与设置、编辑文本、路径的编辑与创建以及网页切片输出的方法。

第17章 为综合案例，讲解三个精彩案列的制作过程，将前面介绍过的知识进行综合运用，其案例效果可应用于网站，企业宣传等。通过对案列制作过程的学习，可以开拓读者的思路，创作出更为精致、更为实用的商业化作品。

本书实例涉及面广，几乎涵盖了Dreamweaver、Flash、Photoshop软件制作的各个方面，力求让读者通过不同的实例掌握不同的知识点。在对实例的讲解过程中，手把手地解读如何操作，直至得出最终效果。

本书主要有以下几大优点：

⇨ 内容全面，讲解了Dreamweaver、Flash、Photoshop的相关命令及选项。

⇨ 语言通俗易懂，讲解清晰，前后呼应。以最小的篇幅、最易读懂的语言讲述每一项功能和每一个实例。

⇨ 实例丰富，技术含量高，与实践紧密结合。每一个实例都结合作者多年的实践经验，每一个功能都经过技术认证。

⇨ 版面美观，图例清晰，并具有针对性。每一个图例都经过作者精心策划和编辑。只要仔细阅读本书，就会发现从中能够学到很多知识和技巧。

参与本书编写工作的有徐文秀、刘蒙蒙、任大为、高甲斌、刘鹏磊、于海宝、孟智青、吕晓梦、赵鹏达、白文才、李少勇，同时参与编写的还有李娜、王玉、刘峥、张云、陈月娟、陈月霞、刘希林、黄健、黄永生、田冰、徐昊，北方电脑学校的刘德生、宋明、刘景君、姚丽娟老师，德州职业技术学院计算机系的张锋、相世强、王海峰、王强、牟艳霞等几位老师，在此一并表示感谢。

在创作过程中，错误在所难免，希望广大读者批评指正。

作者

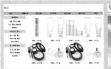

第1章

网页设计基础

本章重点：

    网站作为新媒体，具有很多与传统媒体不同的特征与特性，在开始制作网页之前，需要对网站的设计有全面的了解和认识。本章首先介绍网页的基本概念及构成要素，帮助理解网页的特点与结构；接下来介绍网站建设的基本流程，了解网站是如何从无到有地建立起来的；此外，网页版式与风格设计是建设一个成功网站的关键，学习基本的规律有助于设计出更美观、实用的网站。

学习目的：

    网络是现代社会传播信息的重要途径，而网页又是其中最为重要的手段。网页已经成为人们与外界沟通的重要桥梁，本章将介绍关于网页的一些基础知识，为以后学习奠定基础。

参考时间：70分钟

主要知识	学习时间
1.1　网站与网站开发	10分钟
1.2　网页与网页设计	10分钟
1.3　网站规划设计	10分钟
1.4　认识网页页面元素	10分钟
1.5　网页版式与配色	20分钟
1.6　设计网页图像元素	10分钟

| 1.1 | 网站与网站开发

网站开发一般是制作一些涉及编写代码且专业性强的网站，比如说动态网页，ASP、PHP、JSP网页。网站开发一般是原创，而网站制作可以使用别人的模板。网站开发字面意思是指比制作有更深层次的意思，它不仅仅是网站美工和内容，它可能涉及到域名注册查询、网站的一些功能的开发。对于较大的组织和企业，网站开发团队可以由数以百计的人（Web开发者）组成。规模较小的企业可能只需要一个永久的网站管理员，或相关的工作职位。

1.1.1 网站的概念

网站是发布在网络服务器上的，是由一系列网页文件构成的，为访问者提供信息和服务的网页文件的集合。网页是网站的基本组成要素，一个大型网站可能含有数以百计的网页，而一个小的企业网站或个人网站可能只有几个网页。上网用户可以通过网页浏览器或者其他浏览工具访问网页来获取网站的信息或服务。

1.1.2 网站的构成

网站是由以下几部分构成的。

- **域名**：服务器（空间）、DNS域名解析、网站程序、数据库等。不同的网站构成是不同的。比如有的网站加了CDN加速。所谓域名，就是由一串用点分隔的名字组成的Internet上某一台计算机或计算机组的名称，用于在数据传输时标识计算机的电子方位（有时也指地理位置），域名已成为互联网上的品牌、网上商标。
- **服务器**：用于存放网页和访问的地方。
- **DNS域名解析**：将域名解析到服务器上。
- **网站程序**：如百度，是一些搜索引擎程序。
- **数据库**：用于存放网站数据，如MYSQL、MSSQL等。

网站的组成主要的还是三个部分：域名、空间和网站程序。

1.1.3 HTTP与FTP

使用Web浏览器时，这两个协议之间的差异几乎不会对使用的方便性及下载时间产生影响。不过，两者却拥有各自不同的结构。

HTTP是一种为了将位于全球各个地方的Web服务器中的内容发送给不特定的多数用户而制订的协议。也就是说，可以把HTTP看作是旨在向不特定的多数用户"发放"文件的协议。

HTTP用于从服务器读取Web页面内容。Web浏览器下载Web服务器中的HTML文件及图像文件等，并临时保存在个人电脑硬盘及内存中以供显示。

使用HTTP下载软件等内容时的不同之处只在于是否以Web浏览器显示的方式保存，还是以不显示的方式保存。结构则完全相同。因此，只要指定文件，任何人都可以进行下载。

FTP是为了在特定主机之间"传输"文件而开发的协议。因此，在FTP通信的起始阶段，必须运行通过用户ID和密码确认通信对方的认证程序。

FTP下载和HTTP下载的区别之一就在于此。

不过，访问下载站点并进行FTP下载时，一般情况下不会出现输入用户ID及密码的窗口，这是因为使用了Anonymous FTP结构。

所谓Anonymous FTP是指将用户名作为"Anonymous"（匿名之意），将密码作为用户的邮件地址注册FTP服务器的方法。Web浏览器首先在用户名框中输入Anonymous，并在密码框中输入设定在自身的邮件地址来访问FTP服务器。

在下载站点的FTP服务器中，如果用户名是Anonymous，那么任何人都可以进行访问，用户无需输入用户名和密码也可以进行访问。

1.1.4　IP地址与域名

1. IP地址

IP地址是Internet上所有计算机的唯一标志。IP地址是由四组被圆点隔开的数字组成的32位地址，每组数字都是0~255之间的一个十进制数。

2. 域名

由于IP地址对人们来说很难记忆，所以，可以用域名来代替IP地址，一个IP地址对应一个域名，如用public.tpt.tj.cn来代替202.99.96.68，这样就方便了记忆。域名由多个词组成，由圆点分开，位置越靠左表示的内容越具体。最右边是一级域或顶级域，代表国家。我国的域名是CN，英国为UN。由于Internet起源于美国，所以没有国家标志的域名表示该计算机在美国注册了国际域名。

国际顶级域名的类别域名如下。

- AC：科研机构。
- COM：工、商、金融等企业。
- NET：互联网络、接入网络的信息中心和运行中心。
- OR：各种非盈利性的组织。
- EDU：教育机构。
- GOV：政府部门。
- MIL：军事机构。

我国二级域名的类别域名如下。

- AC.CN：科研机构。
- COM.CN：工、商、金融等企业。
- EDU.CN：教育机构。
- NET.CN：互联网络、接入网络的信息中心和运行中心。
- ORG.CN：各种非盈利性的组织。
- GOV.CN：政府部门。

域名的命名有一些共同的规则，主要有以下几点。

- 域名中只能包含以下字符：26个英文字母、0~9十个阿拉伯数字、"－"（英文中的连字符）。
- 在域名中，不区分英文字母的大小写。
- 各级域名之间用圆点"．"连接。

1.1.5　网站开发语言

首先要提到ASP.NET，不用说也知道，优点有很多。而且ASP.NET是已经在服务器上面编译好的公共语言运行库代码，这样就提高了网站的运行速度，性能有大幅度提升。在使用了三层架构或者MVC以后，更加方便网站的管理和维护，可扩展性也很强，安全性也非常有保障。如果去过ASP.NET商城就会发现，这里获得的不是源程序，而是编译过的代码，不能进行功能上的修改，这样的好处是网站程序即便不小心泄漏，也很难复用。

PHP，这也是相当受欢迎的开发语言。PHP是一种跨平台的服务器端的嵌入式脚本语言，所以很多网站都会考虑到平台型采用到PHP来开发网站或系统，典型的几个大型网站和搜索引擎均有用到。

最后就是JSP，JSP是Sun公司推出的网站开发语言，这个程序一般很少人知道或者用到，因为开发成本相当昂贵，一般是大型系统、政府网站、机构网站使用JSP开发的比较多。

所以，在建站选择语言时，要考虑一下有多少成本可以投入，网站的开发周期是多长，还要考虑扩展性以及预测的访问量等。

| 1.2 | 网页与网页设计

网站是企业向用户和网民提供信息（包括产品和服务）的一种方式，是企业开展电子商务的基础设施和信息平台，离开网站（或者只是利用第三方网站）去谈电子商务是不可能的。企业的网址被称为"网络商标"，也是企业无形资产的组成部分，而网站是Internet上宣传和反映企业形象和文化的重要窗口。

1.2.1 了解网页

浏览网站时看到的一个个页面，就是网页，一个网页可以包含图片、文字、超链接、表单、动画、音频和视频等元素中的一种或多种。文字和图片是构成网页的两大元素。

网页是由网址来识别与存取的，当用户在浏览器的地址栏中输入网址后，经过一段快捷而又复杂的程序，网页文件会被传到用户的计算机上，然后通过浏览器解释网页的内容，再展示到用户眼前。网页是万维网中的一页，文件的扩展名是.html或htm。网页通常用图像文档来提供图画。网页要通过网页浏览器阅读。

网页

1.2.2 网页构成元素

1. 文本

网页信息主要以文本为主，这里指的文本是文本文字，不是图片中的文字。在网页中可以通过字体、大小、颜色、框等选项来设置文本的属性。中文文字常用宋体、9磅或12磅字号、黑色即可，颜色不能太乱。

2. 图像

网页的丰富多彩主要是因为图像的缘故。网页支持的图像格式包括JPG、GIG和PNG等。常用图形如下。

● Logo图标，代表网站形象或栏目内容的标志性图片，一般在网页的左上角。
● Banner广告，用于宣传站内某个栏目或者活动的广告，一般以GIF动画为主。
● 图标，主要用于导航，在网页中具有重要的作用，相当于路标。
● 背景图，用来装饰和美化网页。

3. 链接

超级链接是网站的灵魂，它是从一个网页指向另一个目的端的链接，如指向另一个网页或者相同网页上的不同位置。超级链接的载体可以是文本、图片或Flash动画等。超级链接广泛地存在于网页的图片和文字中，即可链接到相应地址（URL）的网页。超级链接是网页的最大特色。

4. 表格

表格在网页中的作用非常大，它可以用来布局网页，设计各种精美的网页效果，也可用来组织和显示数据。

5. 表单

表单主要用来收集用户信息，实现浏览者与服务器之间的信息交互。

6. 导航条

导航条可方便用户访问网站内部的各个栏目。导航条可以是文字，也可以是图片，还可以使用Flash来制作。导航条可以显示多级菜单和下拉菜单效果。

7. 其他元素

除了上面几个网页基本元素外，在网页中还包括GIF动画、Flash动画、音频、视频和框架等。

1.2.3 了解网页设计

制作网页是一个复杂而细致的过程，一定要按照先大后小、先简单后复杂的顺序来制作。所谓先大后小，就是在制作网页时，先把大的结构设计好，然后再逐步完善小的结构设计。所谓先简单后复杂，就是先设计出简单的内容，然后再设计复杂的内容，以便出现问题及时修改。

网页设计要根据站点目标和用户对象来设计网页的版式及网页的内容。一般来说，至少应该对一些主要的页面设计好布局，确定网页的风格。

在网页设计时，保持排版和设计的一致性是很重要的，要尽量保持网页风格一致。使用户在网页间跳转时，不会因不同的外观或导航栏在每页不同的地方而感到的困惑。

在制作网页时灵活运用模板，可以大大提高制作效率。将相同版面的网页做成模板，基于模板创建网页，以后想改变网页时，只需修改模板就可以了。

1.3 网站规划设计

需要规划网站的布局和划分结构，包括对站点中所使用的素材和资料进行管理和规划，对网站中栏目的设置、颜色的搭配、版面的布局、文字图片的运用等进行规划，便于日后管理。

1.3.1 了解客户的需求

随着人们对网站要求越来越高，网站已经摆脱了过去"花瓶式"的摆设要求，建站者只有真正了解客户的需求，才能建立更加适合客户的产品和服务、适合电子商务市场的网站。网站建设要注意的方面很多，当然从中可以获得的技巧也非常多，但是，网站是为客户而建的，网站也是面向大众的，如何把握好客户和用户的双重身份，都是要充分考虑的建站因素。

1. 随时与客户保持沟通

这是最直接最有效的方法，客户想通过网站来展现自己产品或者服务，甚至是企业文化、企业精神的各个方面。在功能上如何突出，是侧重产品，还是侧重企业形象，还是更多地拓展自己的销售渠道，在突显这些内容时，图像和框架又有哪些想法，这些都是需要向客户了解的。最后，综合当前网络市场需求和用户需求，才能定制出真正符合企业发展的网站，也能让客户需求得到真正的实现。

2. 深入了解客户习惯，完善用户未能完全表达出来的需求

在客户不能明确表达的时候，这个时候就需要全力以赴地为用户考虑，站在用户的角度考虑才能找到最佳的方法。

3. 建站后，认真听取客户提供的反馈信息

能及时写反馈信息的用户，往往是对建站者信任的用户，因此，他们的建议和意见，是极富有参考价值的。对用户提出的需求，任何时候都不能掉以轻心。

1.3.2 制作项目规划文案

与客户沟通并了解网站项目的需求后，便可着手制作项目规划文案，将项目制作规范化。项目规划文案包括项目可实施性报告、网站建设定位及目标、网站内容总策划书、技术解决方案、网站推广方案以及网站运营规划书等内容的文档。

- **项目可实施性报告**：包括对相关行业的市场分析，竞争对手的网站分析和自身条件分析，这其中又分为优势分析和劣势分析。通过市场分析可以找到合适的市场切入点。而通过对手网站和自身条件分析，可以借鉴对手的优点并找出对手的劣势，再结合自身条件制定出可行的网站设计方案。
- **网站建设定位及目标**：是指定位网站的功能和作用，以及网站面向的用户群体。网站建设目标则包括建设初期的目标、中期目标以及长远目标等。

- **网站内容总策划书**：包括网站内容规划、网站设计与功能规范，以及网站建设日程表。网站内容规划又包括网站名称、网站域名、网站概述、首页要求、网站效果、后台的具体内容，以及网站的参考资料。而网站设计与测试规范则是网站设计师、美术编辑人员以及测试人员的工作规范，包括质量要求以及设计时的注意事项。网站建设日程表则详细地规定了网站建设每一个步骤所要耗费的时间。
- **技术解决方案**：包括建设和维护网站时的网络要求、硬件要求、软件要求以及网站程序开发的技术支持。硬件要求主要指网站服务器的硬件要求，包括数据处理能力、数据容量以及稳定性等。软件要求主要指服务器使用的操作系统以及服务器软件等，而网站程序开发的技术支持则指开发网站时使用的脚本技术、数据库技术等。
- **网站推广方案**：包括网站初步推广计划以及网站深度推广计划。还可以网站名义举办网络竞赛、有奖活动，或与其他网络公司、传统企业合作等。
- **网站运营规划书**：可规定网站的建设和维护团队，团队成员的权力和责任，以及网站的运营方式。

1.3.3　规划网站主题及风格

　　在对网页插入各种对象、修饰效果前，要先确定网页的总体风格和布局。

　　网站风格就是网站的外衣，是指网站给浏览者的整体形象，包括站点的CI(标志、色彩、字体和标语)、版面布局、浏览互性、文字、内容、网站荣誉等诸多的因素。

　　制作好网页风格后，要对网页的布局进行调整规划，也就是设计网页上的网站标志、导航栏及菜单等元素的位置。不同网页的各种网页元素所处的位置也不同，一般情况下，重要的元素放在突出位置。

　　常见的网页布局有"同"字型、"厂"字型、标题正文型、分栏型、封面型和Flash型等。

- **"同"字型**：也可以称为"国"字型，是一些大型网站常用的页面布局，特点是内容丰富、链接多、信息量大。网站的最上面是网站的标题以及横幅广告条，接下来是网站的内容，被分为3列，中间是网站的主要内容，最下面是版权信息等。
- **"厂"字型**："厂"字型布局的特点是内容清晰、一目了然，网站的最上面是网站的标题以及横幅广告条，左侧是导航链接，右侧是正文信息区。
- **标题正文型**：标题正文型布局的特点是内容简单，上部是网站标志和标题，下部是网站正文。
- **封面型**：封面型布局更接近于平面设计艺术，这种类型基本上是出现在一些网站的首页，一般为设计精美的图片或动画，多用于个人网页，如果处理得好，会给人带来赏心悦目的感觉。

"同"字型

"厂"字型

标题正文型

封面型

1.3.4　规划网站内容

1. 建立网站的目的

这是网站规划中的核心问题，需要非常明确和具体。建立网站的目的也就是一个网站的目标定位问题，网站的功能和内容，以及各种网站推广策略都是为了实现网站的预期目的。

2. 域名和网站名称

一个好的域名对网络营销的成功具有重要意义，网站名称同域名一样具有重要意义，域名和网站名称应该在网站规划阶段就作为重要内容来考虑。有些网站发布一段时间之后才发现域名或者网站名称不太合适，需要重新更改，不仅非常麻烦，而且前期的推广工作几乎没有任何价值，同时对自己的网站形象也造成一定的伤害。

3. 网站的主要功能

在确定了网站目标和名称之后，要设计网站的功能了，网站功能是战术性的，是为了实现网站的目标。网站的功能是为用户提供服务的基本表现形式。一般来说，一个网站有几个主要的功能模块，这些模块体现了一个网站的核心价值。

4. 网站技术解决方案

根据网站的功能确定网站技术解决方案，应重点考虑下列几个方面。

- 是采用自建网站服务器，还是租用虚拟主机。
- 选择操作系统，用Unix，Linux还是Windows 2000/NT。分析投入成本、功能、开发、稳定性和安全性等。
- 相关程序开发。

5. 网站内容规划

不同类别的网站，在内容方面的差别很大，因此，网站内容规划没有固定的格式，需根据不同的网站类型来制定。

6. 网站测试和发布

在网站设计完成之后，应该进行一系列的测试，当一切测试正常之后，才能正式发布。主要测试包括下列内容。

- 网站服务器的稳定性、安全性。
- 各种插件、数据库、图像、链接等是否工作正常。
- 在不同接入速率情况下的网页下载速度。
- 网页对不同浏览器的兼容性。
- 网页在不同显示器和不同显示模式下的表现等。

7. 网站推广

网站推广活动一般发生在网站正式发布之后，当然也不排除一些网站在筹备期间就开始宣传的可能。网站推广是网络营销的主要内容，大部分的网络营销活动都是为了网站推广的需要。

8. 网站维护

网站发布之后，还要定期进行维护，主要包括下列几个方面。

- 服务器及相关软硬件的维护，对可能出现的问题进行评估，制定响应时间。
- 网站内容的更新、调整等，将网站维护制度化、规范化。

9. 网站财务预算

除了上述各种技术解决方案、内容、功能、推广、测试等内容应该在网站规划书中详细说明之外，网站建设和推广的财务预算也是重要内容。网站建设和推广在很大程度上受到财务预算的制约，所有的规划都只能在财务许可的范围之内。财务预算应按照网站的开发周期，包含网站所有费用的明细清单。

以上介绍的网站规划内容并非标准模板，事实上，对于不同的网站，网站规划的内容可能有很大差别，应根据具体情况分析、规划自己的网站。

1.3.5　设计网站栏目及地图

网站地图是一个网站所有链接的容器。它为"饥饿"的搜索引擎程序提供食物。网站地图最起码要包括主要网页的内容链接或者栏目链接。一个好的网站地图具有以下特点。

- 最起码提供文本链接到站点上最主要的页面上，根据网站的大小，网页数目的多少，它甚至可以链接到你所有的页面。
- 为每一个链接提供一个简短的介绍，以提示访问者这部分内容是关于哪方面的。
- 当用户查寻在你网站上原来看过的相关信息时，告诉他们如何去查询。只要在这一个网页内就可以得到所有希望查找内容的链接。
- 为搜索引擎提供一条绿色通道，使搜索引擎程序能迅速收录主要网页。
- 在网站地图的文本和超级链接里提及最主要的关键词短语，帮助搜索引擎识别所链接的页面主题是关于哪一方面的。
- 帮助搜索引擎轻松索引一些动态页面。由于一些页面是动态产生的，如果不是用户行为调用，将不会显示出来，可以将此链接放在网站地图上，以帮助搜索引擎米索引重要的动态页面。

为了使网站地图吸引大众，一定要在链接后写上一定的描述性短句。在描述里使用与此链接相关的关键词进行简单描述。

即使页面很小，给网站添加一个网站地图，也是有助于网站被搜索引擎索引的。对于大型网站，则网站地图的益处会更为明显。

1.3.6　制作网站页面

htm表示这个网页文件是一个静态的HTML文件。给它改名为index.htm。

- 网站第一页的名字通常是index.htm或index.html。其他页面的名字可以自己取。

双击index.htm文件进入编辑状态。在标题空格里输入网页名称，单击鼠标右键选择页面属性，打开"页面属性"窗口。在这里可以设置网站的标题、背景颜色或背影图像，超级链接的颜色（一般默认即可），其他保持默认即可。

此时光标位于左上角，可输入一句话，如"欢迎来到我的主页"。选取文字，在菜单中选择"窗口/属性"命令，打开属性面板，选取文字大小为6，再使文字居中，然后在文字前按几次Enter键使其位于页面中间。

如要选取字体，则选择字体中的最后一项：编辑字体列表。然后在对话框中选+号，接着在"可用字体"栏中选择需要加入到字体列表中的一种字体，单击中间的按钮就可以加入了。

- 在网页上最常用的是宋体字。不要将特殊的字体加到列表中使用，若别人电脑上未装此字体，会就看不到。如果需要用特殊字体的话，要做成图片后再使用。
- 在网页上输入空格的办法是：把输入法调为全角。

> **提示：**
> 可以通过按Shift+Enter快捷键在网页上换行，按Enter键切换段落。

1.3.7　发布与推广网站

1. 通过新闻媒体进行宣传

可以借助电视、广播、报刊杂志及其他印刷品等对网站进行宣传。

目前，电视是最大的宣传媒体。如果在电视上做广告，一定能收到像其他电视广告商品一样家喻户晓的效果，但对于个人网站而言就不太合适了。

2. 搜索引擎

搜索引擎是一个进行信息检索和查询的专门网站，是许多网民查询网上信息和网上冲浪的第一去处，所以在知名的网站中注册搜索引擎，可以提高网站的访问量，是推广和宣传主页的首选方法。注册的搜索引擎数目越多，主页被访问的可能性就越大。

3. 利用电子邮件

这个方法比较适合对自己熟悉的朋友使用，还可以在主页上提供更新网站邮件订阅功能，这样，在自己的网站被更新后，便可通知网友了；如果随便向自己不认识的网友发送邮件，宣传自己主页的话，就不太友好了，有些网友会把它当成垃圾邮件，会给网友留下不好的印象，有可能还会被列入黑名单，这样对自己提高访问量并无实质的帮助。

4. 使用留言板

处处留言、引人注目也是一种很好的宣传方法，在网上浏览、访问别人的网站时，当看到个不错的网站时，可以考虑在这个网站留下赞美的话，并把自己的网站的简介和地址写下来留给它，将来朋友看到这些留言的话，有兴趣的话就会去浏览。

1.4 认识网页页面元素

构成网页的基本元素包括标题、网站LOGO、页眉、页脚、主体内容、功能区、导航区、广告栏等。这些元素在网页中的位置安排，就是网页的整体布局。

1. 标题

每个网页的顶端都有一条信息，这条信息往往出现在浏览器的标题栏，而非网页中，这条信息也是网页布局中的一部分。

2. 网站LOGO

LOGO是网站所有者对外宣传自身形象的工具。LOGO集中体现了这个网站的文化内涵和内容定位。可以说，LOGO是一个网站最为吸引人、最容易被人记住的标志。如果网站所有者已经导入了CIS系统，那么LOGO的设计就要符合CIS的设定。如果所有者没有导入CIS，就要根据网站的文化内涵和内容定位设计LOGO。无论怎样，网站LOGO的设计都要在网站制作初期进行，这样才能从网站的长远发展角度出发，设计出一个能够长时间使用的、最能代表该网站的LOGO。LOGO在网站中的位置都比较醒目，目的是要使其突出，容易被人识别与记忆。在二级网页中，页眉位置一般都留给LOGO。另外，LOGO往往被设计成为一种可以回到首页的超链接。

3. 页眉

网页的上端即是这个页面的页眉。页眉并不是所有的网页中都有，一些特殊的网页就没有明确划分出页眉。页眉是一个页面中相当重要的位置，容易引起浏览者的注意，所以很多网站都会在页眉中设置宣传本网站的内容。

4. 主体内容

主体内容是网页中最重要的元素。主体内容并不完整，往往由下一级内容的标题、内容提要、内容摘编的超链接构成。主体内容借助超链接，可以利用一个页面，高度概括几个页面所表达的内容，而首页的主体内容甚至能在一个页面中高度概括整个网站的内容。

5. 页脚

网页的最底端部分被称为页脚，页脚部分通常被用来介绍网站所有者的具体信息和联络方式，其中一些内容被做成标题式的超链接，引导浏览者进一步了解详细的内容。

6. 功能区

功能区是网站主要功能的集中表现。一般位于网页的右上方或右侧边栏。功能区包括：电子邮件、信息发布、用户名注册、登录网站等内容。有些网站使用了IP定位功能，定位浏览者的所在地，然后在功能区显示当地的天气、新闻等个性化信息。

7. 导航区

如果说主体内容部分很重要的话，导航区的重要性与其不相上下，甚至，导航区的设计可以成为一种独立的设计，与网页布局设计分庭抗礼。之所以说导航区重要，是因为其所在位置左右着整个网页布局的设计。导航区一般分为4种位置，分别是左侧、右侧、顶部和底部。一般网站使用的导航区都是单一的，但也有一些网站为了使网页更便于浏览者操作，增加可访问性，往往采用了多导航技术，网站采用了左侧导航与底部导航相结合的方式。但是无论采用几个导航区，网站中的每个页面的导航区位置均是固定的。

8. 广告区

广告区是网站实现赢利或自我展示的区域。一般位于网页的页眉、右侧和底部。广告区的内容以文字、图像、Flash动画为主。通过吸引浏览者点击链接的方式达成广告效果。广告区设置要明显、合理、引人注目，这对整个网站的布局很重要。

1.4.1 网页页面元素种类

网页页面元素的种类有：导航、网站标志（Logo）、广告条（Banner）、图片、文字、动画、装饰物和超级链接。

1.4.2 网页图像元素的格式

网页中图像的格式通常有3种，即GIF、JPEG和PNG。目前大多数浏览器都支持GIF和JPEG格式。

- GIF是英文Graphic Interchange Format的缩写，即图像交换格式，文件最多使用256种颜色，最适合显示色调不连续或具有大面积单一颜色的图像。
- JPEG格式是一种压缩得非常紧凑的格式，专门用于不含大色块的图像。JPEG格式的图像有一定的失真度，但在正常情况下肉眼分辨不出来JPEG和GIF图像的区别，而JPEG文件的大小只有GIF文件的1/4。JPEG对图标之类的含大色块的图像不是很有效，不支持透明度、动态度，但它能够保留全真的色调格式。如果图像需要全彩模式才能表现效果，则JPEG格式是最佳的选择。
- PNG是英文Portable Network Graphic的缩写，即便携网络图像，PNG格式是一种非破坏性网页图像文件格式，它提供了将图像文件以最小的方式压缩却又不造成图像失真的技术。它不仅具备了GIF图像格式的大部分优点，而且还支持48-bit的色彩、更快的交错显示、跨平台的图像亮度控制、更多层的透明度设置。

1.4.3 网页多媒体元素的分类

1. 文本

文本指的是字母、数字和符号，与其他媒体元素相比，文字是最容易处理、占用存储空间最少、最方便利用计算机输入和存储的媒体元素。文本显示是多媒体教学软件中非常重要的一部分。在多媒体教学软件中，概念、定义、原理的阐述、问题的表述、标题、菜单、按钮、导航等都离不开文本信息。它是准确有效地传播教学信息的重要媒体元素。文字是一种常用的媒体元素。

文件格式和特点

- TXT：TXT文本是纯文本文件，是无格式的，即文件里没有任何有关字体、大小、颜色、位置等格式化信息。Windows系统的"记事本"就是支持TXT文本的编辑和存储工具。所有的文字编辑软件和多媒体集成工具软件均可直接调用TXT文本格式文件。
- DOC：此格式是Word字处理软件所使用的文件格式。
- WPS：此格式是中文字处理软件的格式，其中包含特有的换行和排版信息，它们被称为格式化文本，只能在特定的WPS编辑软件中使用。
- RTF：带格式的纯文本文件，Windows系统的"写字板"就是支持rtf文本的编辑和存储工具。

2. 图形

计算机中的图形是数字化的，是矢量图，矢量图形是通过一组指令集来描述的，这些指令描述构成一幅图的所有直线、圆、圆弧、矩形、曲线等的位置和大小、形状。显示时需要专门的软件读取这些指令，并将其转变为屏幕上显示的形状和颜色。矢量图是利用称为Draw的计算机绘图程序产生的。矢量图主要用于线形的图画、美术字、工程制图等。

文件格式和特点

- WMF：Windows图元文件格式。
- EMF：Windows增强型图元文件格式。
- CDR：CorelDRAW制作生成的文件格式。

3．图像

这里讲的图像指的是位图，它是由描述图像中各个像素点的强度与颜色的数位集合组成的。位图图像适合表现比较细致，层次和色彩比较丰富，包含大量细节的图像。生成位图图像的方法有多种，最常用的是利用绘图软件工具绘制，用指定的颜色画出每个像素点来生成一幅图形。

文件格式和特点

- BMP：BMP（Bitmap的缩写）图像文件格式是几乎所有Windows环境下的图形图像软件都支持的格式。这种图像文件将数字图像中的每一个像素对应存储，一般不使用压缩方法，因此BMP格式的图像文件都较大，特别是具有24位色深（2的24次方的颜色）的真彩色图像更是如此。由于BMP图像文件的无压缩特点，在多媒体节目制作中，通常不直接使用BMP格式的图像文件，只是在图像编辑和处理的中间过程使用它保存最真实的图像效果，编辑完成后转换成其他图像文件格式，再应用到多媒体项目制作中。

- PNG：PNG（Portable Network Graphics）图像文件格式提供了类似于GIF文件的透明和交错效果。它支持使用24位色彩，也可以使用调色板的颜色索引功能。可以说PNG格式图像集中了最常用的图像文件格式（如GIF，JPEG）的优点，而且它采用的是无损压缩算法，保留了原来图像中的每一个像素。

- JPG、JPEG：JPG、JPEG图像文件格式采用的是较先进的压缩算法。这种算法在对数字图像进行压缩时，可以保持较好的图像保真度和较高的压缩比。这种格式的最大特点是文件非常小，用户可以根据自己的需要选择JPEG文件的压缩比，当压缩比为16∶1时，获得压缩图像效果几乎与原图像难以区分；当压缩比达到48∶1时，仍可以保持较好的图像效果，仔细观察图像的边缘可以看出不太明显的失真。因为JPEG图像的压缩比很高，因此非常适用于要处理大量图像的场合。JPEG图像格式是目前应用范围非常广泛的一种图像文件格式。

4．动画

动画是通过一系列彼此有差别的单个画面来产生运动画面的一种技术，通过一定速度的播放可达到画中形象连续变化的效果。要实现动画首先需要有一系列前后有微小差别的图形或图像，每一幅图片称为动画的一帧，它可以通过计算机产生和记录。只要将这些帧以一定的速度放映，就可以得到动画，称为逐帧动画。

文件格式和特点

- FLC：Flash源文件存放格式。在Flash中，大量的图形是矢量图形，因此，在放大与缩小操作中没有失真，它制作的动画文件所占的体积较小。Flash动画编辑软件功能强大，操作简单，易学易用。

- SWF：Flash动画文件格式。

- GIF：GIF格式是常见的二维动画格式。

- AVI：严格说来，AVI格式并不是一种动画格式，而是一种视频格式，它不但包含画面信息，亦包含声音效果。因为包含声音的同步问题，因此，这种格式多以时间为播放单位，在播放时，不能控制其播放速度。

5．声音

声音通常有语音、音效和音乐三种形式。语音指人们讲话的声音；音效指声音的特殊效果，它可以是从自然界中录音的，也可以采用特殊方法人工模拟制作；音乐则是一种最常见的声音形式。

在多媒体教学软件中，语言解说与背景音乐是多媒体教学软件中重要的组成部分。最常见的通常有三类声音，即波形声音、MIDI和CD音乐，而在多媒体教学软件中使用最多的是波形声音。

文件格式和特点

- WAV：波形声音文件格式，波形声音是通过对声音采样生成的。在软件中存储着在经过模数转换后形成的千万个独立的数码组，数码数据表示了声音在不连续的时间点内的瞬时振幅。

- MIDI：MIDI声音文件格式，MIDI（乐器数字接口）是一个电子音乐设备和计算机的通讯标准。MIDI数据不是声音，而是以数值形式存储的指令。一个MIDI文件是一系列带时间特征的指令串。实质上，它是一种音乐行为的记录，当将录制完毕的MIDI文件传送到MIDI播放设备中去时，才形成了声音。MIDI数据是依赖于设备的，MIDI音乐文件所产生的声音取决于放音的MIDI设备。

- MP3：MP3是以MPEG Layer 3标准压缩编码的一种音频文件格式。MPEG编码具有很高的压缩率。一分钟CD音质（44100 Hz，16 Bit，2 Stereo，60 Second）的WAV文件如果未经压缩需要10兆左右的存储空间。MPEG Layer 3的压缩率高达1∶12。以往1分钟左右的CD音乐经过MLPEG Layer 3格式压缩编码后，可以压缩到1兆左右的容量，其音色和音质还可以保持基本完整而不失真。

6. 视频

视频（Video）与动画一样，由连续的画面组成，只是画面是自然景物的动态图像。视频一般分为模拟视频和数字视频，电视、录像带是模拟视频信息。当图像以每秒24帧以上的速度播放时，由于人眼的视觉暂留作用，我们看到的就是连续的视频。多媒体素材中的视频指数字化的活动图像。VCD光盘存储的就是经过量化采样压缩生成的数字视频信息。视频信号采集卡是将模拟视频信号在转换过程中压缩成数字视频，并以文件形式存入计算机硬盘的设备。将视频采集卡的视音频输入端与视音频信号的输出端（如摄像机、录像机、影碟机等）连接之后，就可以采集捕捉到的视频图像和音频信息。

视频文件是由一组连续播放的数字图像（Video）和一段随连续图像同时播放的数字伴音共同组成的多媒体文件。其中的每一幅图像称为一帧（frame），随视频同时播放的数字伴音简称为"伴音"。

文件格式和特点

- AVI：AVI（Audio Video Interleave）是Microsoft公司开发的一种伴音与视频交叉记录的视频文件格式。在AVI文件中，伴音与视频数据交织存储，播放时可以获得连续的信息。这种视频文件格式灵活，与硬件无关，可以在PC机和Microsoft Windows环境下使用。
- VOB：DVD视频文件存储格式。
- DAT：VCD视频文件存储格式。
- wmv：Mpeg编码视频文件。
- MPEG：同上。
- RM：实时声音（real audio）和实时视频（real video）是在计算机网络应用中发展起来的多媒体技术，它可以为使用者提供实时的声音和视频效果。Real采用的是实时流（streaming）技术，它把文件分成许多小块，像工厂里的流水线一样下载。用户在采用这种技术的网页上欣赏音乐或视频时，可以一边下载一边用Real播放器收听或收看，不用等整个文件下载完才收听或收看。Real格式的多媒体文件又称为实媒体（Real Media）或流格式文件，其扩展名是.RM、.RA或.RAM。在多媒体网页的制作中，已成为一种重要的多媒体文件格式。如果要在网页中使用类似Real格式文件那样的"流式播放"技术，不仅要求浏览器的支持，还需要使用支持流式播放的网页服务器。
- MOV：MOV是Apple公司为在Macintosh微机上应用视频而推出的文件格式。同时，Apple公司也推出了为MOV视频文件格式应用而设计的QuickTime软件。这种软件有在Macintosh和PC机上使用的两个版本，因此，在多媒体PC机上也可以使用MOV视频文件格式。QuickTime软件和MOV视频文件格式已经非常成熟，应用范围非常广泛。

1.4.4 网页动画元素

网页动画（FLASH）是一种交互式矢量多媒体技术，是目前网上最流行的动画格式。Internet上现在已有成千上万个Flash站点，提供了大量的Flash动画、电影及其他素材。

Flash是基于矢量的图形系统，只要用少量的向量数据就可以描述一个复杂的对象，占用的存储空间很小，非常适合于Internet上的使用。矢量图像可以做到真正的无级放大而失真。Flash还提供了一些增强功能，以支持位图、声音和渐变等。

|1.5| 网页版式与配色

制作网页时，首先是对页面进行布局，以便合理安排网页的内容。通过设置文本颜色、背景颜色、链接颜色和图像颜色等，可以构造出很多网页布局效果。一般来说，如果选择了一种颜色作为网站的主色调，那么在网页中就要保持这种风格。

1.5.1 页面版式的结构

网页版面布局是网页设计中的一项重要内容。版面指的是浏览器看到的完整的一个页面。因为每个人的显示器分辨率不同，所以同一页面的分辨率可能出现800X600像素、1024X768像素等。布局，就是以最适合浏览的方式将图片和文字摆放在页面的不同位置。网页版面布局是指定网页内容在浏览器中的显示方式，例如微标的位置、导航栏的显示、主要内容的排版等。经常用到的版面布局结构主要有以下几种。

1. "T"结构布局

页面顶部为横条的网站标志、广告条，下方左面为主菜单，右面显示主要内容，因为菜单条的背景较深，整体效果类似英文字母"T"，这是网页设计中用得最广泛的一种布局方式。这种布局的优点是页面结构清晰，主次分明。是初学者最容易上手的布局方法。缺点是规矩呆板，如果细节和色彩上不注意，很容易让人看之无味。

2. "口"型布局

这是一个象形的说法，就是页面一般上下各有一个广告条，左面是主菜单，右面是友情链接等，中间是主要内容。这种布局的优点是充分利用版面，信息量大。缺点是页面拥挤，不够灵活。

3. "三"型布局

这种布局多见于国外网站，国内用得不多。特点是页面上横向两条色块，将页面整体分割为四部分，色块中大多放广告条。

4. "POP"布局

POP引自广告术语，指页面布局像一张宣传海报，以一张精美图片作为页面的设计中心。常用于时尚类站。优点显而易见：漂亮吸引人，缺点就是速度慢。

1.5.2 认识网页安全色

了解了"数字色彩"以后，就会知道网页中的颜色会受到各种不同环境的影响。即使网页使用了非常合理、非常漂亮的配色方案，但是如果每个人浏览的时候看到的效果都各不相同，那么配色方案的意愿就不能够非常好地传达给浏览者。

216网页安全色是指在不同硬件环境、不同操作系统、不同浏览器中都能够正常显示的颜色集合（调色板）。也就是说，这些颜色在任何用户终端显示设备上的显示效果相同。网络安全色是当红色（Red）、绿色（Green）、蓝色（Blue）颜色数字信号值（DAC Count）为0、51、102、153、204、255时构成的颜色组合，它一共有 6X6X6 = 216 种颜色（其中彩色为210种，非彩色为6种）。

1.5.3 基本配色的方法

1. 对比色彩的搭配

一般来说，色彩的三原色（红、黄、蓝）最能体现色彩间的差异。色彩的强烈对比具有视觉诱惑力。对比色可以突出重点，产生强烈的视觉效果。通过合理使用对比色，能够使网站特色鲜明、重点突出。在设计时，通常以一种颜色为主色调，以对比色作为点缀，起到画龙点睛的作用。

2. 冷色色彩的搭配

冷色色彩搭配是指绿色、蓝色及紫色等色彩的搭配，这种色彩搭配可为网页营造出宁静、清凉和高雅的氛围。冷色色彩与白色搭配一般会获得较好的视觉效果。

3. 暖色色彩的搭配

暖色色彩搭配是指红色、橙色、黄色等色彩的搭配。这种色调的运用可为网页营造出温暖、和谐及热情的氛围。

4. 邻近色彩的搭配

邻近色是指在色环上相邻的颜色，如绿色和蓝色、红色和黄色。采用邻近色搭配可以避免网页色彩杂乱，易于达到页面和谐统一的效果。

5. 同种色彩的搭配

同种色彩搭配是指首先选定一种色彩，然后调整其透明度和饱和度，将色彩变淡或加深，而产生新的色彩，这样的页面看起来色彩统一，具有层次感。

6. 文字颜色与网页背景色形成反差

网页中文字的颜色与网页的背景色对比要突出，形成强烈的视觉反差。若底色深，则文字颜色浅；反之，底色浅，则文字颜色深。这样才能让浏览者在浏览文字内容时感到视觉清晰，不会产生阅读疲劳感。

1.6 设计网页图像元素

网页的构成元素种类比较多。在网页制作中，文本和图像起着不可或缺的作用，图文并茂的网页传递着丰富的信息，让网页的制作者和浏览者之间能有一个良好的沟通。

1.6.1 Logo设计

Logo就是网站的标志，它的设计能够充分体现网站的核心理念，并且设计要求动感、简约、大气、高品位，色彩搭配合理、美观，印象深刻。

完整的Logo设计，一般都是中英文两种方式，也要考虑中英文的比例搭配。一般要有英文图案、中文图案以及英文和中文的组合形式。有时还要考虑繁体、其他特定语言版本等，及打开后标示和文字是否美观。

网站Logo

1.6.2 设计横幅

Banner是横幅广告，是因特网上最基本的广告形式，Banner位于网页的顶端、中间或底部任何一处，一般横向贯穿整个或者大半个页面。Banner的尺寸有很多，但是常见的尺寸是480像素×60像素。使用GIF格式的图像文件，可以使用静态图像，也可以使用动画。除GIF格式外，还可以使用Flash动画。

简 约 极 致

网站条幅

1.6.3 设计按钮

步骤1 启用Photoshop CS6软件，然后按Ctrl+N快捷键，在弹出的对话框中将"宽度"设置为250像素，"高度"设置为151像素，将"背景内容"设置为白色。

步骤2 单击"确定"按钮，新建一个空白文档，在"图层"面板中单击"新建图层"按钮，新建"图层1"，再在工具箱中选择"矩形工具"，在工具选项栏中将工具模式设置为"形状"，任意设置一种颜色，然后在文档中绘制矩形。

"新建"对话框

绘制矩形

步骤3 在样式面板中选择样式为"雕刻天空样式"，可以看到此时颜色变为了斜角蓝白色样式的立体按钮。

步骤4 打开"图层样式"对话框，选择"投影"样式，设置好参数，单击"确定"按钮，为按钮添加投影效果。

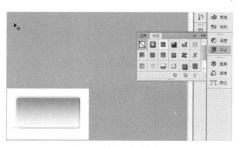

选择"雕刻天空样式"

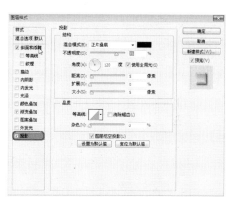

设置投影选项

步骤5 新建一个图层，在工具箱中选择"自定义形状"工具，在"工具"选项栏上选择颜色为白色，在"形状"中选择"复选标记"。

步骤6 在按钮的左侧拖动鼠标，绘制出图形。选择移动工具，把形状调到合适的位置。

步骤7 选择横排文字，输入文字，选中文字，再打开"样式"面板，选择"基本投影"，为文字添加阴影效果。

移动

基本投影

步骤8 选择移动工具，把文字调到合适的位置，至此按钮就制作完成了。

1.6.4　设计导航条

导航条是浏览者浏览网页时有效的指向标志。导航条可分为框架导航、文本导航和图片导航等；根据导航条放置的位置，又可分为横排导航条和竖排导航条。导航条的使用原则如下：

- 对于内容丰富的网站，可以使用框架导航，以便浏览者在任何页面都可快速切换到另一个栏目。
- 若利用JavaScript、DHTML等动态隐藏层技术实现导航条，则需注意浏览器是否支持。
- 图片虽然很美观，但占用空间较大，会影响打开网页的速度，不应多用。
- 多排导航条应在导航条很多的情况下使用。
- 导航条超过8个时可分成两行排列，如果栏目过多，则可以多行排列。

导航条

第2章

Dreamweaver CS6基本操作

本章重点：

本章主要介绍创建站点、管理站点、设置网页的文本以及设置网页的超级链接。

学习目的：

初步认识Dreamweaver CS6，为深入了解该软件做好基础。

参考时间：90分钟

主要知识	学习时间
2.1　Dreamweaver CS6的工作界面	20分钟
2.2　创建站点	10分钟
2.3　管理站点内容	10分钟
2.4　网页文件的基本操作	10分钟
2.5　设置网页文本	10分钟
2.6　为网页添加图像	10分钟
2.7　设置超级链接	10分钟
2.8　插入Flash	10分钟

2.1 | Dreamweaver CS6的工作界面

在学习Dreamweaver CS6之前，先来了解一下它的工作环境，便于以后的使用，Dreamweaver CS6的工作界面主要由菜单栏、文件工具栏、文件窗口、状态区、"属性"面板和面板组等组成。

Dreamweaver CS6的工作界面

2.1.1 菜单栏

在菜单栏中主要包括"文件"、"编辑"、"查看"、"插入"、"修改"、"格式"、"命令"、"站点"、"窗口"和"帮助"10个菜单。单击任意一个菜单，都会弹出下拉菜单，使用下拉菜单中的命令基本上能够实现Dreamweaver CS6的所有功能，菜单栏中还包括一个工作界面切换器和一些控制按钮。

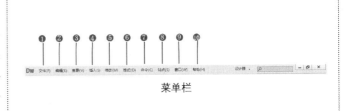

菜单栏

❶ **文件**：在该下拉菜单中包括了"新建"、"打开"、"关闭"、"保存"和"导入"等常用命令，用于查看当前文件或对当前文件进行操作。

❷ **编辑**：在该下拉菜单中包括了"拷贝"、"粘贴"、"全选"、"查找和替换"等用于基本编辑操作的标准菜单命令。

❸ **查看**：在该下拉菜单中包括了设置文件的各种视图命令，如"代码"视图和"设计"视图等，还可以显示或隐藏不同类型的页面元素和工具栏。

❹ **插入**：用于将各种网页元素插入到当前文件中，包括"图像"、"媒体"和"表格"等。

"文件"下拉菜单

"编辑"下拉菜单

"查看"下拉菜单

"插入"下拉菜单

⑤修改：用于更改选定页面元素或项的属性，包括"页面属性"、"合并单元格"和"将表格转换为 AP Div"等。

⑥格式：用于设置文本的格式，包括"缩进"、"对齐"和"样式"等。

⑦命令：提供对各种命令的访问，包括"开始录制"、"扩展管理"和"应用源格式"等。

⑧站点：用于创建和管理站点。

"修改"下拉菜单　　　　"格式"下拉菜单　　　　"命令"下拉菜单　　　　"站点"下拉菜单

⑨窗口：提供对Dreamweaver CS6中所有面板、检查器和窗口的访问。

⑩帮助：提示对Dreamweaver CS6文件的访问。

"窗口"下拉菜单　　　　"帮助"下拉菜单

2.1.2　文件工具栏

使用文件工具栏可以在文件的不同视图之间进行切换，如"代码"视图和"设计"视图等，在工具栏中还包含各种查看选项和一些常用的操作。

文件工具栏

文件工具栏中的常用按钮的功能如下。

❶"代码"按钮：单击该按钮，仅在文件窗口中显示和修改HTML源代码。

❷"拆分"按钮：单击该按钮，可在文件窗口中同时显示HTML源代码和页面的设计效果。

❸"设计"按钮：单击该按钮，仅在文件窗口中显示网页的设计效果。

❹"在浏览器中预览/调试"按钮 ：单击该按钮，在弹出的下拉菜单中选择一种浏览器，用于预览和调试网页。

提示：

在下拉菜单中选择"编辑浏览器列表"命令，弹出"首选参数"对话框，在该对话框中可以设置主浏览器和次浏览器。

"在浏览器中预览/调试"下拉菜单

"首选参数"对话框

❺ **"文件管理"按钮** ：单击该按钮，在弹出的下拉菜单中包括"消除只读属性"、"获取"、"上传"和"设计备注"等命令。

❻ **"检查浏览器兼容性"按钮** ：单击该按钮，在弹出的下拉菜单中包括"检查浏览器兼容性"、"显示所有问题"和"设置"等命令。

❼ **"标题"文本框**：用于设置或修改文件的标题。

"文件管理"下拉菜单　　"检查浏览器兼容性"下拉菜单

2.1.3　文件窗口

文件窗口用于显示当前创建和编辑的文件，在该窗口中，可以输入文字、插入图片和表格等，也可以对整个页面进行设置，通过单击文件工具栏中的"代码"按钮、"拆分"按钮、"设计"按钮或"实时视图"等按钮，可以分别在窗口中查看代码视图、拆分视图、设计视图或实时显示视图。

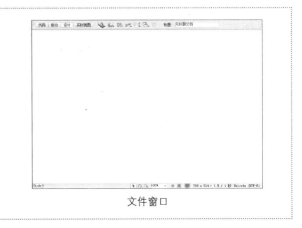

文件窗口

2.1.4　状态区

状态区位于文件窗口的底部，提供与用户正在创建的文件有关的其他信息。在状态区中包括卷标选择器、窗口大小弹出菜单和下载指示器等功能。

状态区

2.1.5　"属性"面板

"属性"面板是网页中非常重要的面板，用于显示在文件窗口中所选元素的属性，并且可以对选择的元素的属性进行修改，该面板中的内容因选定的元素不同会有所不同。

"属性"面板

通过双击"属性"面板空白处可将"属性"面板折叠起来。再次双击空白处，可展开"属性"面板。

折叠"属性"面板

2.1.6　面板组

面板组位于工作窗口的右侧，用于帮助用户监控和修改工作，其中包括"插入"面板、"CSS样式"面板和"组件"面板等。

1. 打开面板

如果需要使用的面板没有在面板组中显示出来，则可以使用"窗口"菜单将其打开，具体的操作步骤如下。

步骤1　在菜单栏中单击"窗口"菜单，在弹出的下拉菜单中选择需要打开的面板，在这里选择"资源"。

步骤2　打开"资源"面板。

面板组　　　　　　　　"窗口"下拉菜单　　　　"资源"面板

提示：

如果要关闭该面板，再次在菜单栏中执行"窗口|资源"命令即可。

2. 关闭与打开全部面板

按F4键，即可关闭工作界面中所有的面板。再次按F4键，关闭的面板又会显示在原来的位置上。

关闭全部面板

2.1.7 "常用"插入面板

　　网页元素虽然多种多样，但是它们都可以被称为对象。大部分的对象都可以通过"插入"面板插入到文件中。"插入"面板 包括"常用"插入面板、"布局"插入面板、"表单"插入面板、"数据"插入面板、"Spry"插入面板、"jQuery Mobile"插入面板、"InContext Editing"插入面板、"文本"插入面板和"收藏夹"插入面板。在面板中包含用于创建和插入对象的按钮。

　　"常用"插入面板用于创建和插入常用对象，例如表格、图像和日期等。

"常用"插入面板

2.1.8 "布局"插入面板

　　单击"插入"面板上方的下三角按钮，在弹出的下拉列表中选择"布局"选项，即可打开"布局"插入面板，该面板用于插入 Div 标签、绘制AP Div和插入Spry菜单栏等。

选择"布局"选项

"布局"插入面板

2.1.9 "表单"插入面板

　　单击"插入"面板上方的下三角按钮，在弹出的下拉列表中选择"表单"选项，即可打开"表单"插入面板。在"表单"插入面板中包含一些用于创建表单和插入表单元素（包括Spry验证构件）的按钮。

选择"表单"选项　　"表单"插入面板

2.1.10　"数据"插入面板

　　单击"插入"面板上方的下三角按钮，在弹出的下拉列表中选择"数据"选项，即可打开"数据"插入面板。使用该面板可以插入Spry数据对象和其他动态元素。

"数据"插入面板

2.1.11　"Spry"插入面板

　　单击"插入"面板上方的下三角按钮，在弹出的下拉列表中选择"Spry"选项，即可打开"Spry"插入面板。在该面板中包含一些用于构建Spry页面的按钮，例如Spry区域、Spry重复项和Spry折迭式等。

"Spry"插入面板

2.1.12　"jQuery Mobile"插入面板

　　单击"插入"面板上方的下三角按钮，在弹出的下拉列表中选择"jQuery Mobile"选项，即可打开"jQuery Mobile"插入面板。该面板用于插入jQuery Mobile页面和jQuery Mobile列表视图等。

"jQuery Mobile"插入面板

2.1.13 "InContext Editing"插入面板

单击"插入"面板上方的下三角按钮，在弹出的下拉列表中选择"InContext Editing"选项，即可打开"InContext Editing"插入面板。在该面板中包含生成InContext编辑页面的按钮。

"InContext Editing"插入面板

2.1.14 "文本"插入面板

单击"插入"面板上方的下三角按钮，在弹出的下拉列表中选择"文本"选项，即可打开"文本"插入面板。该面板中包含用于插入各种文本格式和列表格式的按钮。

"文本"插入面板

2.1.15 "收藏夹"插入面板

单击"插入"面板上方的下三角按钮，在弹出的下拉列表中选择"收藏夹"选项，即可打开"收藏夹"插入面板。该面板用于将最常用的按钮分组和组织到某一公共位置。

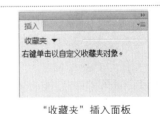

"收藏夹"插入面板

2.2 创建站点

Dreamweaver可以用于创建单个网页，但在大多数情况下，是将这些单独的网页组合起来成为站点。Dreamweaver CS6不仅提供了网页编辑特性，而且带有强大的站点管理功能。

有效地规划和组织站点，对建立网站是非常必要的。合理的站点结构能够加快对站点的设计，提高工作效率，节省时间。如果将所有的网页都存储在一个目录下，当站点的规模越来越大时，管理起来就会变得很不容易。因此一般来说，应该充分利用文件夹来管理文件。

2.2.1　认识站点

Dreamweaver站点是一种管理网站中所有关联文件的工具，通过站点可以实现将文件上传到网络服务器、自动跟踪和维护、管理文件以及共享文件等功能。严格地说，站点也是一种文件的组织形式，由文件和文件所在的文件夹组成，不同的文件夹保存不同的网页内容，如images文件夹用于存放图片，这样便于以后管理与更新。

Dreamweaver中的站点包括本地站点、远程站点和测试站点3类。本地站点用于存放整个网站框架的本地文件夹，是用户的工作目录，一般制作网页时只需建立本地站点。远程站点是存储于Internet服务器上的站点和相关文件。通常情况下，为了不连接Internet而对所建的站点进行测试，可以在本地计算机上创建远程站点，来模拟真实的Web服务器进行测试。

测试站点是Dreamweaver处理动态页面的文件夹，使用此文件夹生成动态内容并在工作时连接到数据库，用于对动态页面进行测试。

提示：

静态网页是标准的HTML文件，采用HTML编写，是通过HTTP在服务器端和客户端之间传输的纯文本文件，其扩展名是htm或html。

动态网页以.asp、jsp、php等形式为后缀，以数据库技术为基础，含有程序代码，是可以实现如用户注册、在线调查、订单管理等功能的网页文件。动态网页能根据不同的时间、不同的来访者显示不同的内容，动态网站更新方便，一般在后台直接更新。

2.2.2　站点及目录的作用

站点是用来存储一个网站的所有文件的，这些文件包括网页文件、图片文件、服务器端处理程序和Flash动画等。

在定义站点之前，首先要做好站点的规划，包括站点的目录结构和链接结构等。这里讲的站点目录结构是指本地站点的目录结构，远程站点的结构应该与本地站点相同，便于网页的上传与维护。链接结构是指站点内各文件之间的链接关系。

2.2.3　合理建立目录

站点的目录结构与站点的内容多少有关。如果站点的内容很多，就要创建多级目录，以便分类存放文件；如果站点的内容不多，目录结构可以简单一些。创建目录结构的基本原则是方便站点的管理和维护。目录结构创建是否合理，对于网站的上传、更新、维护、扩充和移植等工作有很大的影响。特别是大型网站，目录结构设计不合理时，文件的存放就会混乱。甚至到了无法更新维护的地步。因此，在设计网站目录结构时，应该注意以下几点：

● 无论站点的大小，都应该创建一定规模的目录结构，不要把所有的文件都存放在站点的根目录中。如果把很多文件都放在根目录中，很容易造成文件管理的混乱，影响工作效率，也容易发生错误。

● 按模块及其内容创建子目录。

● 目录层次不要太深，一般控制在5级以内。

● 不要使用中文目录名，防止因此而引起的链接和浏览错误。

● 为首页建立文件夹，用于存放网站首页中的各种文件，首页使用率最高，为它单独建一个文件夹很有必要。

● 目录名应能反映目录中的内容，方便管理维护。但是这也容易导致一个安全问题，浏览者很容易猜测出网站的目录结构，也就容易对网站实施攻击。所以在设计目录结构的时候，尽量避免目录名和栏目名完全一致，可以采用数字、字母、下划线等组合的方式来提高目录名的猜测难度。

2.2.4 创建本地站点

在开始制作网页之前，最好先定义一个新站点，这是为了更好地利用站点对文件进行管理，也可以尽可能减少错误，如链接出错、路径出错等。

使用Dreamweaver的向导创建本地站点的具体操作步骤如下。

步骤1 打开Dreamweaver CS6，在菜单栏中选择"站点丨新建站点"命令，弹出"站点设置对象"对话框，在对话框中输入站点的名称。	**步骤2** 单击对话框中的"浏览文件夹"按钮，选择需要设为站点的目录。

设置站点名称	浏览文件夹

步骤3 弹出"选择根文件夹"对话框，选择需要设为根目录的文件夹，然后单击"打开"按钮。

步骤4 单击"打开"按钮后，将会打开该文件夹，单击"选择"按钮。

步骤5 返回"站点设置对象"对话框，单击"服务器"选项，在弹出的对话框中单击"添加新服务器"按钮，即可弹出配置服务器的对话框。

步骤6 在对话框中可以设置服务器的名称、连接方式等，设置完成后单击"保存"即可。

单击"添加新服务器"按钮

配置服务器

步骤7 返回"站点设置对象"对话框，本地站点文件夹已设定为选择的文件夹，在对话框中单击"保存"按钮，完成本地站点的创建。

步骤8 本地站点创建完成，在"文件"面板中的"本地文件"窗口中会显示该站点的根目录。

选择文件夹

完成设置

站点根目录

2.3 管理站点内容

　　创建站点的主要目的就是有效地管理站点文件。无论是创建空白文件还是利用已有的文件创建站点时，都需要对站点中的文件夹或文件进行操作。利用"文件"面板，可以对本地站点中的文件夹和文件进行创建、删除、移动和复制等操作。

2.3.1 添加文件或删除文件

1. 添加文件夹

　　站点中的所有文件被统一存放在单独的文件夹内，根据包含文件的多少，又可以细分到子文件夹里。在本地站点中创建文件夹的具体操作步骤如下。

步骤1 打开"文件"面板，可以看到所创建的站点。在面板的"本地文件"窗口中右击站点名称，弹出右键快捷菜单，选择"新建文件夹"命令。

步骤2 新建文件夹的名称处于可编辑状态，可以为新建的文件夹重新命名，将新建文件夹命名为"效果"。

步骤3 在不同的文件夹名称上右击鼠标，并选择"新建文件夹"命令，就会在所选择的文件夹下创建子文件夹。例如在"效果"文件夹下创建"001"子文件夹。

新建文件夹

重命名

新建文件夹

提示：

　　如果想修改文件夹名，选定文件夹后，单击文件夹的名称或按F2键，将名称启动处于可编辑状态，输入新的名称即可。

2. 添加文件

　　文件夹创建完成后，就可以在文件夹中创建相应的文件了，创建文件的具体操作步骤如下。

步骤1 打开【文件】面板，在准备新建文件的文件夹上单击鼠标右键，在弹出的快捷菜单中选择【新建文件】命令。

步骤2 新建文件的名称处于可编辑状态，可以为新建的文件重新命名。新建的文件名默认为"untitled.html"，可将其改为"index.html"。

选择【新建文件】命令

重命名文件

提示：

　　创建文件时，一般应先创建主页，文件名应设定为index.htm或index.html，否则，上传后将无法显示网站内容。文件名后缀.html不可省略，否则就不是网页了。

2.3.2 实战：删除文件或文件夹

要从本地站点中删除文件或文件夹，具体操作步骤如下。

步骤1 在"文件"面板中，选中要删除的文件或文件夹。

步骤2 单击鼠标右键，在弹出的菜单中选择"编辑 | 删除"命令。或直接按Delete键。

步骤3 这时会弹出提示对话框，询问是否要删除所选的文件或文件夹。单击"是"按钮，即可将文件或文件夹从本地站点中删除。

选择文件夹或文件

选择"删除"命令

提示对话框

📎 **提示：**

与站点的删除操作不同，对文件或文件夹的删除操作会从磁盘上将相应的文件或文件夹删除。按Delete键，也可将其删除。

2.3.3 重命名文件或文件夹

下面介绍如何重命名文件，具体操作步骤如下。

步骤1 在"文件"面板中，选中要重命名的文件或文件夹。

步骤2 单击鼠标右键，在弹出的菜单中选择"编辑 | 重命名"命令。或者双击该文件或文件夹，即可为该文件重新命名。

选择"重命名"命令 　　重命名后的效果

| 2.4 | 网页文件的基本操作

浏览网页时，文本是最直接的获取信息的方式。文本是基本的信息载体，不管网页内容如何丰富，文本自始至终都是网页中最基本的元素。

本章对文本的一些基本操作进行介绍，例如插入文本、文本属性设置、项目列表等。

2.4.1 创建空白网页

文本是制作网页中最基本的内容，也是网页中的重要元素。一个网页，主要是靠文本内容来传达信息的。文本是网页的主要显示方式，更是网页的灵魂。

　　新建、保存及打开网页文件，是正式学习网页制作的第一步，也是网页制作的基本条件。下面介绍网页文件的新建、保存等基本操作，具体操作步骤如下。

步骤1　启动Dreamweaver CS6软件，打开项目创建窗口。

步骤2　在菜单栏中执行"文件｜新建"命令，打开"新建文件"对话框，在"空白页"的"页面类型"项目列表中选择"HTML"，然后在右边的"布局"列表中选择"无"。

项目创建项目

【新建文件】对话框

步骤3　单击"创建"按钮，新建HTML网页文件，创建一个空白的HTML网页文件。

步骤4　在菜单栏中执行"文件｜保存"命令，打开"另存为"对话框，在该对话框中为网页文件选择存储的位置和文件名，并选择保存类型，如HTML Documents。

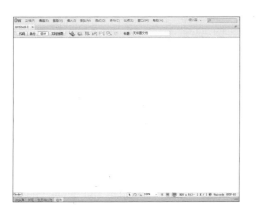

新建的HTML文件

【另存为】对话框

> **提示：**
>
> 　　保存网页的时候，使用者可以在"保存类型"下拉列表中根据制作网页的要求选择不同的文件类型，区别文件的类型主要是文件后面的后缀名称不同。设置文件名的时候，不要使用特殊符号，尽量不要使用中文名称。

步骤5　单击"保存"按钮，即可将网页文件保存。

2.4.2　打开网页文件

　　下面介绍如何打开网页文件，具体操作步骤如下。

步骤1　如果要打开一个网页文件，可以在菜单栏中执行"文件｜打开"命令，在"打开"对话框中选择要打开的网页文件。

步骤2　单击"打开"按钮，即可在Dreamweaver中打开网页文件。

选择"打开"命令	"打开"对话框

2.5 设置网页文本

在Dreamweaver CS6中，用户可以通过直接输入、复制和粘贴或导入的方式，轻松地将文本插入到文件中，除此之外，还可以通过"插入"面板上的"文本"选项插入一些文本内容，如日期、特殊字符等。

2.5.1 为网页输入文本

插入和编辑文本是网页制作的重要步骤，也是网页制作不可缺少的组成部分。在Dreamweaver中，插入网页文本比较简单，可以直接输入，也可以将其他电子文本中的文字内容复制到其中。本节将具体介绍网页文本输入和编辑的操作步骤。

步骤1 启动Dreamweaver CS6软件，打开随书附带光盘中的"CDROM\素材\第2章\输入文本.html"文件。

步骤2 将光标插入到网页文件标题的下面，并输入文本。

打开素材文件	输入文本

2.5.2 实战：设置文本属性

步骤1 继续上一个例子，选中输入的文本，在"属性"面板中单击"CSS" [图CSS]按钮，然后在"字体"文本框中选择"楷体"，按Enter键，弹出"新建CSS规则"对话框，在"选择器名称"下方的文本框中输入名称，然后单击"确定"按钮。

步骤2 单击文本框右侧的"加粗"按钮[B]、"居中对齐"按钮[≡]，然后将字体颜色设置为"#F60"，字体大小设置为"36px"。在"垂直"选项的右侧单击下三角按钮，在弹出的下拉列表中选择"顶端"。

设置字体	新建"CSS规则"对话框	设置页面属性

步骤3　将网页文件进行保存，按F12键在浏览器中浏览最后效果。

浏览网页

2.5.3　设置段落格式

　　一般情况下，在网页中要输入大量的文字来对某件事或者某件物品进行详细的讲解，为了便于分析，我们会在制作的过程中为其设置简单的段落格式。设置段落格式的具体操作步骤如下。

步骤1　打开随书附带光盘中的"CDROM\素材\第2章\设置段落.html"文件，将鼠标放在段落中任意位置或选择段落中的一些文本。执行"格式 | 段落格式"命令或者在"属性"面板的"格式"下拉列表中选择段落格式。

步骤2　选择一个段落格式，例如标题1，与所选格式关联的HTML标记（表示"标题1"的h1、表示"预先格式化的"文本的pre等）将应用于整个段落。若选择"无"选项，则删除段落格式。

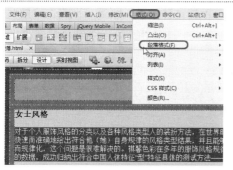

在菜单栏中选择"格式"下的"段落格式"

在页面属性面板中选择

步骤3　在段落格式中对段落应用标题标签时，Dreamweaver会自动地添加下一行文本，作为标准段落，若要更改此设置，可执行"编辑 | 首选参数"命令，在弹出的对话框中，在"常规"分类的"编辑选项"区域中，取消所选的"标题后切换到普通段落"复选框。

取消"标题后切换到普通段落"复选框

2.5.4　设置列表格式

　　项目列表格式主要是在项目的属性对话框中进行设置。使用"列表属性"对话框可以设置整个列表或个别列表项的外观。可以设置编号样式、重置计数或设置个别列表项或整个列表的项目符号样式选项。

步骤1　新建一个网页文件，然后执行"格式 | 列表 | 项目列表"命令，然后在文件中输入几段文字。

步骤2　将插入点放置在列表项的文本中，然后在菜单栏中执行"格式 | 列表 | 属性"命令，打开"列表属性"对话框。

插入项目列表并输入文字

"列表属性"对话框

步骤3 在弹出的对话框中单击"列表类型"右侧的下三角按钮，在弹出的下拉列表中选择"编号列表"选项，单击"样式"右侧的下三角按钮，选择"大写罗马字母"选项，然后单击"确定"按钮。

设置"列表属性"对话框

在设置项目属性的时候，如果在"列表属性"对话框中的"开始计数"文本框中输入有序编号的起始数值，那么在光标所处的位置上整个项目列表会重新编号。如果在"重设计数"文本框中输入新的编号起始数字，那么在光标所在的项目列表处以输入的数值为起点，重新开始编号。

更改项目列表属性后的效果

2.5.5 实战：设置特殊字符

在浏览网页时，经常会看到一些特殊的字符，如◎、€、◇等。这些特殊字符在HTML中以名称或数字的形式表示，称为实体。HTML包含版权符号（©）、"与"符号（&）、注册商标符号（®）等Dreamweaver本身拥有字符的实体名称。每个实体都有一个名称（如—）和一个数字等效值（如—）。下面将对Dreamweaver CS6中的特殊字符进行介绍。

步骤1 打开随书附带光盘中的"CDROM\素材\第2章\输入文本.html"文件，将光标插入到"在下方输入文本"下面的空白处，单击"文本"插入面板，然后单击"字符"按钮 🔲 右侧的下三角按钮，在展开的下拉列表中可看到Dreamweaver中的特殊符号。

步骤2 单击其中任意一个，即可插入相应的符号。

选择特殊字符

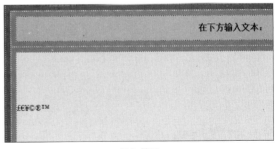

插入符号

步骤3 如果要使用Dreamweaver中的其他字符，可以在展开的下拉列表中选择"其他字符"命令，打开"插入其他字符"对话框。

步骤4 在"插入其他字符"对话框中单击想要插入的字符，然后单击"确定"按钮，即可在网页文件中插入相应的字符。

插入其他字符

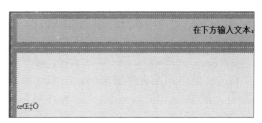

插入其他字符

2.5.6 实战：制作图文混排网站页面

下面介绍将图片插入到文本中的操作步骤。

步骤1 打开随书附带光盘中的"CDROM\素材\第2章\制作图文混排网站页面.html"文件，将光标插入到文本的任意位置。

步骤2 执行"插入|图像"命令，在弹出的对话框中打开随书附带光盘中的"CDROM\素材\第2章\黑色衣服.jpg"图片，然后单击"确定"按钮。在"弹出的图像标签辅助功能属性"对话框中单击"确定"即可完成插入图片。

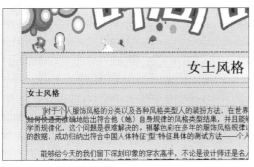

将光标插入到文本中

插入图片后的效果

步骤3 选中图片，右键单击鼠标，在弹出的快捷菜单中执行"对齐|左对齐"命令，即可将图片混排于文本中。

步骤4 执行"插入|图像"命令，在弹出的对话框中打开随书附带光盘中的"CDROM\素材\第2章\蓝色衣服.jpg"图片文件，然后单击"确定"按钮，使用同样方法将这张图片混排于文本中，即可完成图文混排网站页面。

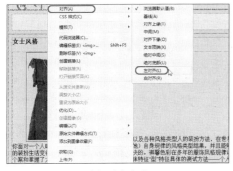

选择对齐方式

完成图文混排网站页面

| 2.6 | 为网页添加图像

为网页添加图像可以使网页充满活力、富有美感，并可以直观地体现网页要突出的内容，而网页的风格也是需要依靠图像才能得以体现。在网页中使用图像是有限制的。准确地使用图像来体现网页的风格，同时又不会影响浏览网页的速度，这是在网页中插入图像的基本要求。

首先，使用的图像素材要贴近网页风格，能够明确表达所要说明的内容，并且图片要富于美感，能够吸引浏览者的注意，并能够通过图片对网站产生兴趣。最好是用自己制作的图片来体现设计意图。当然选择其他合适的图片经过加工和修改之后再运用到网页中也是可以的，但一定要注意版权问题。

其次，在选择美观、得体的图片的同时，还要注意图片的大小。相对而言，图像所占文件大小往往是文字的数百至数千倍，所以图像是导致网页文件过大的主要原因。过大的网页文件往往会造成浏览速度过慢等问题，所以尽量使用小一些的图像文件也是很重要的。

2.6.1 插入图像

新建一个网页文件，执行"插入 | 图像"命令，选择一幅图片。

选择"图像"命令

插入图片后的效果

2.6.2 实战：鼠标经过图像

鼠标经过图像效果是由两张图片组成的，正常显示为原始图像，当鼠标经过时显示另一张图像，鼠标离开后又恢复为原始图像。下面介绍鼠标经过图像的制作步骤。

步骤1 新建网页文件，执行"修改 | 页面属性"命令，在弹出的"页面属性"对话框中，按需要设置"字体"、"字号"、"颜色"、"背景图像"等选项，然后单击"确定"按钮。

设置页面属性

设置页面属性后的效果

步骤2 执行"插入 | 表格"命令，在弹出的"表格"对话框中设置要插入表格的"行"和"列"，将表格宽度设置为1014像素。"边框粗细"、"单元格粗细"、"单元格边距"均设置为"0"。然后单击"确定"按钮。

步骤3 在单元格中输入文本并调整单元格的大小。

设置表格属性

输入文本并调整单元格

步骤4 选中第一行单元格，在"属性"面板中单击 `<> HTML` 按钮，然后单击"格式"右侧的下三角按钮，在弹出的下拉列表中选择"标题1"，然后选择其他单元格，将格式设置为"标题2"。

步骤5 将光标插入到表格中，在"属性"面板中单击 `CSS` 按钮，切换至该面板后，单击"居中对齐"按钮 `≡`。

设置字体格式

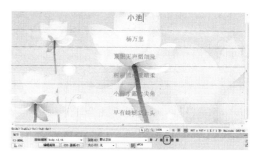

选择居中对齐

步骤6 选择第一行单元格，删除第一行的文字，然后执行"插入|图像对象|鼠标经过对象"命令，在弹出的"插入鼠标经过图像"对话框中，在"原始图像"右侧单击"浏览"按钮，在弹出的"原始文件"对话框中选择一张素材图片，然后单击"确定"按钮，返回"插入鼠标经过图像"对话框，在"鼠标经过图像"右侧单击"浏览"按钮，在弹出的对话框中选择一张鼠标经过时要变成的图像，返回"插入鼠标经过图像"对话框，单击"确定"按钮。

"插入鼠标经过图像"对话框

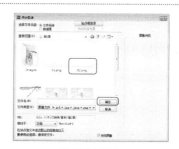

选择素材图片

浏览"鼠标经过图像"

在"插入鼠标经过图像"对话框中单击"确定"按钮

步骤7 返回到网页文件中保存该网页后，按F12键在浏览器中查看效果。

鼠标未经过时的效果　　　　　　　　　　鼠标经过后的效果

2.6.3 实战：添加背景图片

下面介绍在网页文件中插入图片的方法。

新建网页文件，然后执行"修改｜页面属性"命令，在弹出的"页面属性"对话框中单击"背景图片"右侧的"浏览"按钮，弹出"选择图像源文件"对话框，选择素材图片所在的文件，单击所需的文件，单击"确定"按钮返回到"页面属性"对话框，然后单击"确定"按钮，即可完成添加背景图片的操作。

单击"浏览"

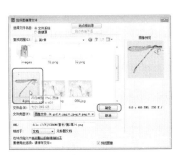  

选择素材文件　　　　　　　单击"确定"按钮　　　　　　　添加背景后的效果

2.7 设置超级链接

在一个文档中可以创建以下几种类型的链接。

● 链接到其他文档或者文件（例如图片、影片或声音文件等）的链接。
● 命名锚记链接，此类链接跳转至文档内的特定位置。
● 电子邮件链接，此类链接新建一个已填好收件人地址的空白电子邮件。
● 空链接和脚本链接，此类链接用于在对象上附加行为，或者创建执行JavaScript代码的链接。

2.7.1　文本和图像链接

　　浏览网页时，会看到一些带下划线的文字，将鼠标移动到文字上时，鼠标指针将变成🖐形状，单击鼠标，会打开一个网页，这样的链接就是文本链接。

　　浏览网页时，如果将鼠标移动到图像上之后，鼠标指针变成🖐形状，单击鼠标打开一个网页，这样的链接就是图像链接。

　　下面介绍利用菜单命令创建文字或图片链接的创建。

步骤1　新建网页文件，在场景中输入文本或图片，将需要添加链接的文字或图片选中。	**步骤2**　执行"修改｜创建链接"命令，选择该命令后，弹出"选择文件"对话框，选择一个网页文件即可。
 选择文本	 选择目标文件

> 💡 **提示：**
> 在"属性"面板中单击"浏览文件"按钮📁，选择一个网页文件即可。

2.7.2　实战：创建E-mail链接

　　电子邮件链接是一种特殊的链接，点击这种链接，不会跳转到相应的网页上，而是会启动计算机中相应的Email程序（一般是outlook express），允许书写电子邮件，发往链接指向的邮箱。

步骤1　新建网页文件，在场景中输入文本或图片，将需要添加链接的文字或图片选中。	 选中文本
步骤2　执行"插入｜电子邮件链接"命令添加电子邮件链接，在弹出的"电子邮件链接"对话框的"电子邮箱"右侧输入电子邮件地址，然后单击"确定"按钮即可。	 输入链接邮箱

> 💡 **提示：**
> 电子邮箱的格式为：用户名@域名（服务提供商名）。

2.7.3　锚记链接

　　创建锚记链接就是先在文档的指定位置设置命名锚记，并给该命名锚记一个唯一名称以便引用。再通过创建链接至相应命名锚记的链接，可以实现同一页面或不同页面指定位置的跳转，使访问者能够快速地浏览到选定位置的内容，加快页面浏览的速度。

步骤1 打开随书附带光盘中的"CDROM\素材\第2章\锚记链接"文件，将光标插入到文本"设置"的前面。	**步骤2** 执行"插入 | 锚记链接"命令，弹出"命名锚记"对话框，进行命名后单击"确定"按钮，在文本"设置"前面将出现 ⚓ 图标。

将光标插入到文本"设置"前	锚记链接

步骤3 选中文本"主页"，在"属性"面板的"链接"右侧输入"#设置"，即输入"#"号并输入前面设置的锚记名。	
步骤4 添加完锚记链接后按Ctrl+S快捷键将网页保存，再按F12键预览，当单击网页上方的"主页"链接时，网页会立刻跳转至网页下方的"设置"处。	

添加命名锚记链接

以上是在同一网页内设置锚记链接，如果想单击当前页面中的"主页"，让其跳转至"index1.html"中的"设置"处，只要先在"index1.html"页的"设置"处添加命名锚记，然后修改"index.html"页，在"属性"面板的"链接"栏中将需要跳转的网页名加在命名锚记前就可以了，即将链接改为"index1.html#设置"。

2.7.4 空链接

所谓空链接，就是指向自身的链接。之所以指向自身，是为了在链接上添加行为，改善用户的浏览体验，如当光标移动到图片链接上时，此图片切换成另一幅图片。

另一种情况是，当前显示页和链接所指位置是同一页，此时链接页面已经打开，再链接至本页已多此一举，但没有链接又会造成页面上显示有差异，所以要添加一个空链接，让页面风格保持一致。

新建网页文件并输入文本，选择将要设置空链接的文字，在"属性"面板的"链接"文本框中输入一个"#"。

添加空链接

2.7.5　下载链接

　　如果链接指向的不是HTML文档，而是其他类型的文档，那么单击链接后，出现的结果也不相同。

　　如果链接的是图像文档，如GIF、JPG或PNG文档，点击后则会在浏览器窗口中显示图像。如果是浏览器不能识别的文档类型，如带有".rar"扩展名的压缩文件，则会打开"新建下载任务"对话框，询问是否下载该文件。

　　如果同意下载，单击"浏览"按钮，弹出"另存为"对话框，选择保存位置即可。

2.7.6　实战：创建具有链接的网页

　　下面以实例介绍创建具有链接的网页。

步骤1　新建网页文件，执行"修改 | 页面属性"命令，弹出"页面属性"对话框，在"外观（CSS）"选项组中单击"文本颜色"右侧的下三角按钮，选择一种颜色，在"背景图像"右侧单击"浏览"按钮，在弹出的"选择图像源文件"对话框中选择"背景1.jpg"素材图片，然后单击"确定"按钮。

设置字体颜色并设置背景

选择背景图片

步骤2　返回到"页面属性"对话框，将"左边距"、"右边距"、"上边距"、"下边距"均设置为0px，然后单击"确定"按钮。

步骤3　执行"插入 | 表格"命令，在弹出的"表格"对话框中设置表格的"行"和"列"，将"表格宽度"设置为"100%"，然后单击"确定"按钮。

设置页面边距

设置表格属性

步骤4　插入表格后，在"属性"面板中单击"对齐"右侧的下三角按钮，在弹出的下拉列表中选择"居中对齐"命令。

步骤5　然后将表格的高度调整到合适的高度，并选择要插入图像的表格，在"属性"面板中将"水平"设置为"居中对齐"，将"垂直"设置为"居中"。

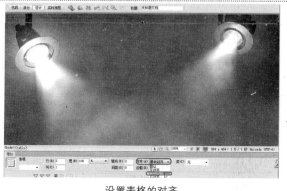

设置表格的对齐

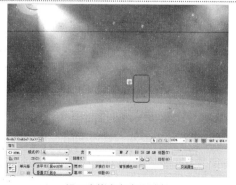

设置表格中文本的对齐

步骤6 执行"插入 | 图像"命令，在弹出的"选择图像源文件"对话框中选择一幅素材，然后单击"确定"按钮，在弹出的对话框中的"替换文本"右侧的文本框中输入名称为"图1"，然后单击"确定"按钮。

步骤7 在插入图片的两侧输入文本"上一张"和"下一张"。使用同样的方法制作出三个网页文件，将新建网页文件中插入的图片分别命名为"图2"、"图3"、"图4"，切换到第二个网页文件，将光标插入到已插入图片的前面。

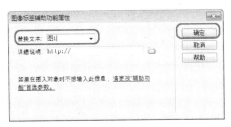

为插入图片命名

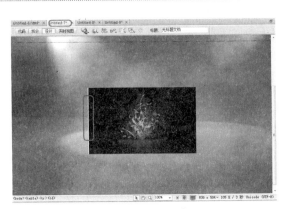

将光标插入到图片前面

步骤8 执行"插入 | 命名锚记"命令，即可在图片前面出现"命名锚记"图标 。

步骤9 切换到第一个网页文件，选中文本"下一张"，在"属性"面板中"链接"右侧的文本框中输入第二个网页文件的名称，在该名称后面继续输入"#图2"。

插入"锚记"

设置连接

步骤10 切换到第三个网页文件，将光标插入到图片的前面，执行"插入 | 命名锚记"命令，然后切换到第二个网页文件，选中文本"下一张"，然后在属性面板中的"链接"右侧的文本框中输入第三个网页文件的名称，在该文件名称后面继续输入"#图3"。然后以同样的方法为第三个网页文件和第四个网页文件设置链接，即可完成具有链接的网页。

2.8 插入Flash

在网页中可以插入的Flash对象有：Flash动画、Flash按钮和Flash文本等。

Flash技术是传递基于矢量的图形和动画的首选解决方案，与Shockwave电影相比，其优势是文件小且网上传输速度快。

在网页中插入Flash动画的具体操作步骤如下。

步骤1　新建网页文件，执行"插入丨媒体丨插件"命令，在弹出的"选择文件"对话框中选择一个".swf"格式的视频文件，然后单击"确定"按钮，即可插入Flash动画。

步骤2　保存后即可按F12键在浏览器中查看效果。

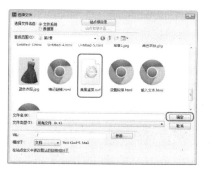

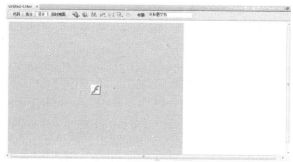

选择文件　　　　　　　　　　　　　　　　插入Flash动画后的效果

2.9 操作答疑

通过专家答疑可以对困惑的地方做进一步的了解，通过操作习题可以巩固本章所学的知识。

2.9.1 专家答疑

（1）如何只对部分文本进行单独设置？

答：通过选中字体后在窗口下方的属性界面，可以对所选文本的属性进行设置，还可以设置表格内容的各种属性。

（2）HTML与CSS的区别？

答：HTML是网页的结构，CSS是网页的样式，JavaScript是行为。比如，盖房子先要把结构建出来，然后用CSS来装饰。比如用Dreamweaver的属性面板来设置一个字的字体、颜色和大小，设置完成后，就会自动生成一个.style1的红色代码，在<style></style>之间就是CSS，CSS的名称为"层叠样式表"，从字面也就能理解了。

2.9.2 操作习题

1. 选择题

（1）文本信息最基本的信息载体，不管网页内容如何丰富，文本自始至终都是网页中最基本的（　　　）。

A.元素　　　　　　　　B.像素　　　　　　　　C.单元格　　　　　　　D.载体

（2）在Dreamweaver CS6中默认的保存方式为（　　　）。

A.All Documents　　　　B.HTML. Documents　　　C.XML.Files　　　　D.Text Files

2. 填空题

（1）在Dreamweaver中，编辑段落的方式主要操作包括_____、_____、_____、_____等。

（2）_____是制作网页中最基本的内容，也是网页中的重要元素。

3. 操作题

制作一个简单的文本网页。

最终效果图

（01）利用"页面属性"对话框设置文本效果和插入背景。

（02）利用插入表格调整板式。

（03）利用窗口下的属性界面，设置插入表格的颜色和字体颜色。

第**3**章

页面布局

本章重点：

    主要讲解页面的布局，Dreamweaver提供了表格、框架、AP Div等网页定位技术，这些都是网页制作技术的精髓。表格在网页布局中起到十分重要的作用，使用表格可以对列表数据进行布局。框架将显示窗口分成许多子窗口，每个窗口内显示独立的文档。AP Div是一种页面元素，可以定位于网页上的任何位置。

学习目的：

    通过对本章的学习，熟练地掌握表格、框架、AP Div等网页定位技术，能够独立完成简单网页制作。

参考时间： 70分钟

主要知识	学习时间
3.1　利用表格布局页面	10分钟
3.2　表格的基本操作	10分钟
3.3　使用AP Div	10分钟
3.4　使用Spry布局对象	10分钟
3.5　创建框架	10分钟
3.6　保存框架和框架文件	10分钟
3.7　设置框架和框架集属性	10分钟

| 3.1 | 利用表格布局页面

表格在网页布局中起到十分重要的作用，在制作网页时，表格用途非常广泛，除了可以排列数据和图像外，更多的用于网页的布局，将其有序地排列，可以增加网页的逻辑性。

无论是在日常生活和工作中，还是在网页设计中，使用表格都可以清晰地显示列表数据，Dreamweaver可以将各种数据排列成行和列，从而更容易阅读信息。

3.1.1 插入表格

在网页设计中，表格是最常用的排版方式之一，表格不但可以用于罗列数据，它也是目前进行页面元素定位的主要手段之一，通过在网页中插入表格，就可以对网页内容进行精确定位。

步骤1 运行Dreamweaver CS6，在开始页面中选择"新建"栏下的"HTML"选项，新建"HTML"文档。

步骤2 在菜单栏中选择"插入 | 表格"命令，选择该命令后，系统会自动弹出"表格"对话框，在该对话框中设置表格的行数、列数、表格宽度等基本属性。

新建"HTML"文档

"表格"对话框

步骤3 设置完成后，单击"确定"按钮，就可以插入表格。

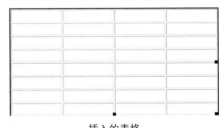

插入的表格

"表格"对话框中的各项参数如下。

❶**行数**：该参数用于设定表格的行数。"列"参数用于设定表格的列数。

❷**表格宽度**：用于设置表格的宽度，在右侧的列表中可选择单位，"像素"或"百分比"。

❸**边框粗细**：用于设置表格边框的宽度，如果设置为0，在浏览时看不到表格的边框。

❹**单元格边距**：设置单元格内容和单元格边界之间的像素数。

❺**单元格间距**：设置单元格之间的像素数。

❻**标题**：可以定义表头样式，4种样式可以任选一种。

❼**辅助功能**：用于设置标题及摘要信息。

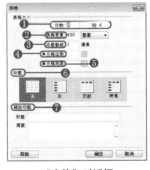

"表格"对话框

📑 **提示：**

选择"插入"面板中的"常用"选项卡，单击"表格"按钮，同样可以打开"表格"对话框。

3.1.2 设置表格属性

表格的属性一般在"属性"面板中进行修改，具体操作步骤如下。

步骤1 在菜单栏中选择"插入 | 表格"命令，在弹出的对话框中，将"行数"设置为4，将"列数"设置为10，"表格宽度"设置为300像素，"边框粗细"设置为1。

步骤2 单击"确定"按钮，完成表格的创建，选择创建的表格。

"表格"对话框

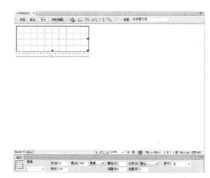

创建的表格

步骤3 在"属性"面板中将"宽度"设置为300，"填充"设置为3，"间距"设置为3，"对齐"方式设置为"居中对齐"，"边框"设置为5，"类"设置为"无"。

步骤4 设置表格属性后可看到表格的效果。

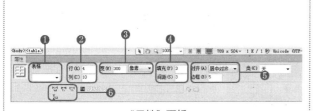

"属性"面板

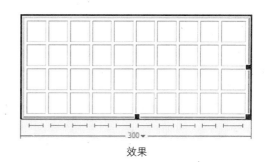

效果

在"属性"面板中的各项表格参数如下。

❶**表格**：在下面文本框中可以为表格命名。

❷**行**：设置表格行数；列：设置表格列数。

❸**宽**：设置表格的宽度。

❹**填充**：设置单元格内容和单元格边界之间的像素数；间距：设置相邻的表格单元格间的像素数。

❺**对齐**：设置表格的对齐方式，在下拉列表中包含"默认"、"左对齐"、"居中对齐"和"右对齐"4个选项；"边框"：用于设置表格边框的宽度。

❻**清除列宽** ：用于清除列宽。清除行高 ：用于清除行高。将表格宽度转换成像素 ：将表格宽度转换为像素。将表格宽度转换成百分比 ：将表格宽度转换为百分比。

> **提示：**
> 将光标插入单元格中，在"属性"面板中也可以对单元格属性进行设置。

3.1.3 实战：插入嵌套表格

嵌套表格就是在一个表格的单元格内插入另一个表格。如果嵌套表格宽度的单位为百分比，将受它所在单元格宽度的限制；如果单位为像素，当嵌套表格宽度大于所在单元格的宽度时，单元格宽度将变大。

步骤1 打开Dreamweaver，在菜单栏中选择"插入 | 表格"命令，打开"表格"对话框，将"行数"设置为8，"列数"设置为8，"表格宽度"设置为500像素，"边框粗细"设置为1像素，"单元格间距"设置为0。

步骤2 单击"确定"按钮，插入表格，在"属性"面板中，将"宽度"设置为500，"填充"设置为4，"间距"设置为4，"对齐"方式设置为"居中对齐"，"边框"设置为6，"类"设置为"无"。

"表格"对话框

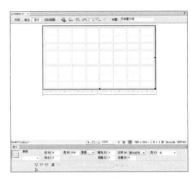

插入表格

步骤3 将光标放置在需要插入嵌套表格的位置，在菜单栏中选择"插入 | 表格"命令，打开"表格"对话框，将"行数"设置为2，"列数"设置为3，"表格宽度"设置为150像素。

步骤4 在"属性"面板中可以对嵌套表格属性进行设置，"填充"设置为1，"间距"设置为1，"对齐"方式设置为"右对齐"，"边框"设置为1，"类"设置为"无"。

插入嵌套表格

嵌套表格属性

步骤5 设置完成后，选择"文件 | 保存"命令，将文档进行保存，按F12键在浏览器中预览效果。

预览效果

3.2 表格的基本操作

在网页中，表格用于网页内容的排版。在使用表格具体布局网页前，先来学习表格的基本操作。

3.2.1　改变表格和单元格的大小

　　当改变整个表格的大小时，表格中的所有单元格都会按比例改变大小。如果表格的单元格指定了明确的宽度或高度，则改变表格大小将更改文档窗口中的单元格的可视大小，但不改变这些单元格的指定宽度和高度。

步骤1　选择表格，然后将鼠标放置在表格选择框关键点上，当光标变为状态时，单击鼠标左键并拖动鼠标，即可改变表格的大小。	**步骤2**　选择表格，在属性面板的"宽度"文本框中输入数值，在文本框右侧的下拉列表中选择单位，可以调整表格宽度。

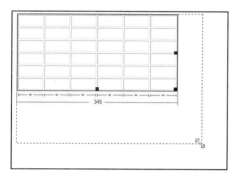

使用鼠标改变表格大小

在"属性"面板中调整表格宽度

步骤3　通过拖动单元格边框，可以改变单元格的大小。	**步骤4**　将光标放置在单元格中，在属性面板的"宽"、"高"文本框中输入数值，调整单元格的大小。

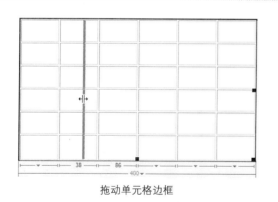

拖动单元格边框

在"属性"面板中调整单元格的大小

> **提示：**
> 只可对当前单元格的左、右、下边框进行拖动，调整单元格的大小。

3.2.2　实战：创建表格排序

　　表格排序功能主要针对具有格式数据的表格，是根据表格列表中的内容来排序的，具体操作步骤如下。

步骤1　打开Dreamweaver CS6，在开始页面中，单击"新建"栏下的"HTML"选项，新建"HTML"文档，在菜单栏中选择"插入丨表格"命令，打开"表格"对话框。	**步骤2**　打开"表格"对话框，在"表格"对话框中设置表格的基本属性，包括行数、列数、表格宽度等，单击"确定"按钮，然后在插入的表格中输入文字。

"表格"对话框

姓名	数学	语文	英语	总分
张月月	98	101	112	311
张晓阳	97	98	102	297
李阳	89	105	90	284
刘亮	88	97	120	305
吴晓新	78	89	86	253
夏天	95	100	94	289
夏阳	94	70	87	251
李明爱	84	80	86	250
章阳	76	80	97	253

输入文字

步骤3 选择表格，或将光标放置在任意单元格中。在菜单栏中选择"命令｜排序表格"命令，系统将自动弹出"排序表格"对话框，在该对话框中进行设置。

步骤4 排序表格后的效果。

"排序表格"对话框

姓名	数学	语文	英语	总分
张月月	98	101	112	311
刘亮	88	97	120	305
张晓阳	97	98	102	297
夏天	95	100	94	289
李阳	89	105	90	284
吴晓新	78	89	86	253
章阳	76	80	97	253
夏阳	94	70	87	251
李明爱	84	80	86	250

排序后的效果

在"排序表格"对话框中可以对以下选项进行设置。

❶**排序按**：确定根据哪个列的值对表格进行排序。

❷**顺序**：可以选择"按字幕顺序"和"按数字顺序"两种排序方式，以及是以"升序"还是"降序"进行排列。

❸**再按**：确定另一个应用排序的列数。

❹**顺序**：选择第二种排序方法的排序顺序。

❺**排序包含第一行**：指定将表格的第一行包括在排序中。如果第一行不移动，则不需选择此复选框。

❻**排序标题行**：指定使用与主体行相同的条件对表格的 thead 部分中的所有行进行排序。

❼**排序脚注行**：指定按照与主体行相同的条件对表格的 tfoot 部分中的所有行进行排序。

❽**完成排序后所有行颜色保持不变**：指定排序之后表格行属性应该与同一内容保持关联。

姓名	数学	语文	英语	总分
张月月	98	101	112	311
刘亮	88	97	120	305
张晓阳	97	98	102	297
夏天	95	100	94	289
李阳	89	105	90	284
吴晓新	78	89	86	253
章阳	76	80	97	253
夏阳	94	70	87	251
李明爱	84	80	86	250

预览效果

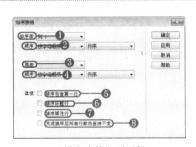

"排序表格"对话框

3.3 | 使用AP Div

AP Div是CSS中的定位技术，在Dreamweaver中将其进行了可视化操作。文本、图像、表格等元素只能固定其位置，不能互相叠加在一起，使用AP Div功能则可以将其放置在网页中的任何一个位置，还可以按顺序排放网页文档中的其他构成元素。

3.3.1 创建 AP Div

Dreamweaver可以很方便地在网页上创建AP Div，并精确地定位AP Div的位置。

方法一： 在菜单栏中选择"插入 | 布局对象 | AP Div"命令，就可以创建一个AP Div。

方法二： 在"布局"插入面板中拖曳"绘制AP Div"按钮到文档窗口中，即可创建一个AP Div，在文档窗口中单击鼠标左键并拖动到合适大小后释放，就可以绘制一个AP Div。

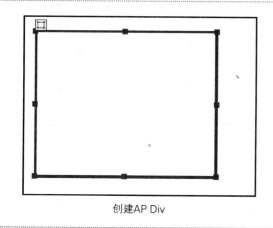

创建AP Div

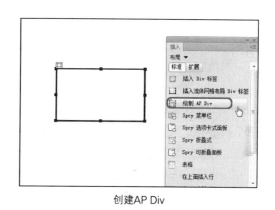

创建AP Div

提示：

要绘制多个AP Div，可以在按住Ctrl键的同时进行绘制。

3.3.2 设置AP Div的属性

在文档窗口中单击创建的AP Div的边框线，即可选中该AP Div，此时，会在"属性"面板中显示出当前AP Div的属性。

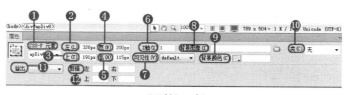

"属性"面板

"属性"面板中的各选项参数功能说明如下。

❶ **CSS–P元素：** 在此文本框中输入一个新的名称，用于标识选中的AP Div。AP Div名称只能包含字母和数字，并且只能以字母开头。

❷ **左：** 用于设置AP Div的左边界与浏览器窗口左边界的距离。

❸ **上：** 用于设置AP Div的右边界与浏览器窗口右边界的距离。

❹ **宽：** 设置AP Div的宽度，在改变数值时必须加后缀，即PX。

❺ **高：** 设置AP Div的高度，在改变数值时必须加后缀，即PX。

⑥ **Z轴**：设置AP Div在垂直方向上的索引值，主要用于设置AP Div的堆叠顺序，值大的AP Div位于上方，值可以为正也可以为负，还可以为0。

⑦ **可见性**：用于设置AP Div在浏览器上的显示状态，包括"default"、"inherit"、"visible"和"hidden" 4个选项。

ⓐ default（默认）：此选项不指定AP Div的可见性，但大多数情况下，此选项会继承父级AP Div的可见性属性。

ⓑ inherit（继承）：选择该选项，会继承父级AP Div的可见性属性。

ⓒ visible（可见）：选择该选项，会显示AP Div及其中的内容。

ⓓ hidden（隐藏）：选择该选项，会隐藏AP Div及其中的内容。

⑧ **背景图像**：指定AP Div的背景图像。单击文本框右侧的"浏览文件"按钮，在弹出的"选择图像源文件"对话框中浏览并选择图像文件，或者在文本框中直接输入图像文件的路径。

⑨ **背景颜色**：为AP Div指定背景颜色，单击色块，在弹出的颜色选择器中选择一种颜色，还可以在右侧的文本框中输入颜色的十六进制数值。

⑩ **类**：可以在下拉列表中选择要添加的样式。

⑪ **溢出**：用于设置当AP Div中内容超过AP Div大小时，在浏览器中如何显示AP Div。包括"visible"、"hidden"、"scroll"和"auto" 4个选项。

ⓐ visible（可见）：选择该选项时，AP Div大小会自动符合AP Div内容的大小，便于所有的AP Div内容都能在浏览器中显示出来。

ⓑ hidden（隐藏）：选择该选项时，当AP Div内容超出原AP Div的大小时，AP Div大小保持不变，多余的AP Div内容在浏览器显示时将会被裁掉，不会被显示出来。

ⓒ scroll（滚动）：选择该选项时，不管AP Div内容是否超出AP Div的大小，在浏览器中AP Div的右侧和下方都会显示滚动条。

ⓓ auto（自动）：选择该选项时，会自动控制AP Div。当AP Div内容超过AP Div大小时，在AP Div的右侧或者下方会出现滚动条，如果AP Div内容没有超过AP Div大小，便不会为AP Div添加滚动条。

⑫ **剪辑**：用于设置AP Div可见区域的大小。在"左"、"右"、"上"和"下"文本框中，可以指定AP Div的可见区域的左、右、上、下端相对于AP Div左、右、上、下端的距离。剪辑后，只有指定的矩形区域才是可见的。

3.4 | 使用Spry布局对象

Spry布局有视觉增强功能，可以将它们应用于使用JavaScript的HTML页面上的几乎所有的元素。此效果通常用于在一段时间内高亮显示信息，创建动画过渡或者以可视方式修改页面元素。可以将此效果直接应用于HTML元素，而无需其他自定义标签。

3.4.1 使用Spry菜单栏导航菜单

Spry菜单栏构件是一组可导航的菜单按钮，当站点访问者将鼠标悬停在其中的某个按钮上时，将显示相应的子菜单。使用菜单栏可在紧凑的空间中显示大量可导航信息，并使站点访问者无须深入浏览站点即可了解站点上提供的内容。

插入Spry 菜单栏的具体操作步骤如下。

步骤1 新建并保存文档，在菜单栏中选择"插入丨布局对象丨Spry菜单栏"命令，选择命令后，打开"Spry菜单栏"对话框。	**步骤2** 在"Spry菜单栏"对话框中选择"水平"选项，单击"确定"按钮，插入Spry菜单栏。

"Spry菜单栏"对话框

插入Spry菜单栏

步骤3　在菜单栏中选择"文件|保存"命令保存文档，按F12键在浏览器中预览效果。

提示：
　　如果创建的文件没有保存过，在选择"Spry菜单栏"命令时会弹出对话框，提示用户先保存文件。

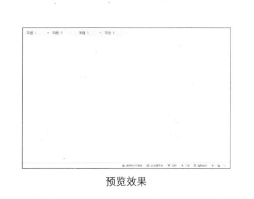

预览效果

3.4.2　实战：创建Spry选项卡式面板

　　插入Spry选项卡式面板的具体操作步骤如下。

步骤1　新建并保存文档，在菜单栏中选择"插入|布局对象|Spry选项卡式面板"命令。

步骤2　将文字"标签1"删除，输入"Auto 1"；将"内容 1"删除，并在其位置上插入图像"Auto 1.jpg"。

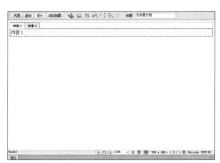

插入Spry选项卡式面板

输入文字并插入图像

步骤3　将文字"标签2"删除，输入"Auto 2"；将"内容 2"删除，并在其位置上插入图像"Auto 2.jpg"。
步骤4　在"属性"面板上，将宽和高设置为682*433。

输入文字并插入图像

设置"宽和高"

步骤5 在菜单栏中选择"文件 | 保存"命令，保存文档，按F12键在浏览器中预览。

Spry选项卡式面板

3.4.3 以Spry折叠式显示选项卡

当访问者选择不同的选项卡时，折叠构件的面板会相应地展开或收缩。在折叠构件中，每次只能有一个内容面板处于打开且可见的状态。

步骤1 新建并保存文档，在菜单栏中选择"插入 | 布局对象 | Spry折叠式"命令，选择命令后，插入Spry折叠式显示选项卡。

步骤2 将文字"标签 1"删除，然后在其位置上插入图像"狗.jpg"。

插入Spry折叠式

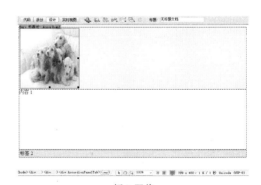

插入图像

步骤3 将文字"内容 1"删除，并在其位置上输入文字。

步骤4 将光标放置在"标签2"中，此时会显示出 👁 图标，单击 👁 图标，显示面板中的内容，将文字"标签2"删除，然后在其位置上插入图像"兔子.jpg"。

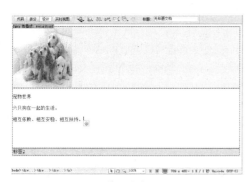

输入文字

插入图像

步骤5　将文字"内容2"删除，并在其位置上输入文字。

步骤6　在菜单栏中选择"文件|保存"命令保存文档，按F12键在浏览器中预览效果。

输入文字

设置素材属性

3.4.4　使用Spry可折叠面板管理内容

可折叠面板构件是一个面板，可将内容存储到紧凑的空间中。当用户选择构件的选项卡时即可隐藏或显示存储在可折叠面板中的内容。

步骤1　新建并保存文档，在菜单栏中选择"插入|布局对象|Spry可折叠面板"命令，在文档中插入Spry可折叠面板。

步骤2　将文字"标签"删除，并在其位置插入图像，在属性面板中对图片的大小进行设置。

插入Spry可折叠面板

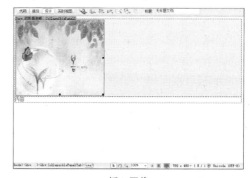

插入图像

步骤3　将文字"内容"删除，并在其位置输入文字。

步骤4　在菜单栏中选择"文件|保存"命令保存文档，按F12键在浏览器中预览效果。

输入文字	预览效果

3.5 创建框架

框架是浏览器窗口中的一个区域，它可以显示与浏览器窗口的其余部分中显示的内容无关的HTML文档。框架的作用就是把浏览器窗口划分为若干个区域，每个区域可以分别显示不同的网页。当在文件中建立框架时，Dreamweaver可以创建一个无标题的框架集文件，在每个框架中创建无标题文件，如果某个页面被划分成两个框架，它实际上包含的却是3个独立的文件：一个框架集文件和两个框架内容文件。

3.5.1 创建预定义框架集

使用预定的框架集可以很轻松地选择需要创建的框架集。

步骤1 启动Dreamweaver CS6，在开始页面中，单击"新建"栏下的"HTML"选项，即可新建一个空白文档。

步骤2 在菜单栏中选择"插入 | HTML | 框架"命令，在弹出的子菜单中选择一种框架集，在这里选择"左侧及上方嵌套"命令。

空白文档

选择"左侧及上方嵌套"命令

步骤3 页面中会弹出一个"框架标签辅助功能属性"对话框，在该对话框中可以为创建的每一个框架指定标题。

步骤4 单击"确定"按钮，此时页面中就会创建一个"左侧及上方嵌套"的框架。

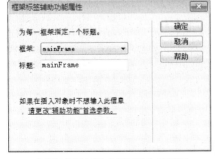

"框架标签辅助功能属性"对话框	创建的框架

3.5.2 实战：在框架中添加内容

在创建好一个框架后，需要为创建的框架中添加内容，以丰富网页，在框架中添加内容的具体操作步骤如下。

步骤1 在开始页面中，单击"新建"栏下的"HTML"选项，即可新建一个空白文档。在菜单栏中选择"插入 | HTML | 框架 | 上方及左侧嵌套"命令。

步骤2 在弹出的"框架标签辅助功能属性"对话框中单击"确定"按钮，即可在页面中创建"上方及左侧嵌套"框架。

"打开"对话框

新建图层

步骤3 在文档窗口中单击顶部框架的边框，然后在"属性"面板中的"值"文本框中输入240。

步骤4 将光标放置在创建好的顶部框架中，在"属性"面板中单击"页面属性"按钮，弹出"页面属性"对话框，在左侧的"分类"列表中选择"外观（HTML）"选项，然后在右侧的设置区域中将"左边距"和"上边距"设置为0。

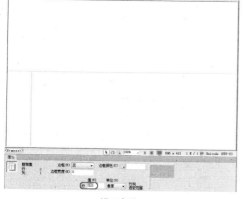

设置框架

"页面属性"对话框

步骤5 设置完成后单击"确定"按钮，在菜单栏中选择"插入 | 图像"命令，弹出"选择图像源文件"对话框，在该对话框中打开随书附带光盘中的"CDROM\素材\第3章\004.jpg"。

步骤6 单击"确定"按钮，即可在框架中插入素材图像。在"属性"面板中可对图像进行调整。

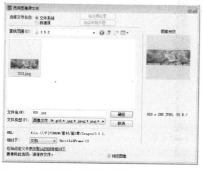

"选择图像源文件"对话框

插入素材图像

步骤7 在文档窗口中单击左侧框架的边框，然后在"属性"面板中的"值"文本框中输入190。

步骤8 将鼠标放置在左侧框架中，在"属性"面板中单击"页面属性"按钮，弹出"页面属性"对话框，在左侧的"分类"列表中选择"外观（HTML）"选项，然后在右侧的设置区域中将"左边距"和"上边距"设置为0，设置完成后单击"确定"按钮。

设置值

"页面属性"对话框

步骤9 在菜单栏中选择"插入 | 表格"命令，弹出"表格"对话框，在该对话框中将"行数"设置为4，"列"设置为1，"表格宽度"设置为180像素，"边框粗细"、"单元格边距"和"单元格间距"设置为0，单击"确定"按钮。

步骤10 插入表格，将鼠标置入第一个单元格中，在"属性"面板中将"水平"设置为"居中对齐"，"高"设置为25，"背景颜色"设置为"#009966"。

"表格"对话框

"属性"面板

步骤11 在该单元格中输入文字，并选择输入的文字，在"属性"面板中单击"编辑规则"按钮。

步骤12 弹出"新建CSS规则"对话框，在该对话框中将"选择器类型"设置为"类（可应用于任何HTML元素）"，"选择器名称"命名为n，设置完成后单击"确定"按钮。

单击"编辑规则"按钮

"新建CSS规则"对话框

步骤13 弹出".n的CSS规则定义"对话框,在左侧的"分类"列表框中选择"类型"选项,然后在右侧的设置区域中将"Font-family"设置为"黑体","Font-size"设置为17px,"Color"设置为"#FFF"。

步骤14 单击"确定"按钮,即可为选择的文字应用该样式。

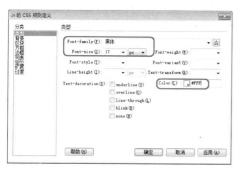

".n的CSS规则定义"对话框

应用样式

步骤15 使用同样的方法,设置第三个单元格,并输入文字,然后为输入的文字应用样式"n"。

步骤16 将光标置入第二个单元格中,在"属性"面板中,将"水平"设置为"居中对齐","高"设置为100。

设置单元格并输入文字

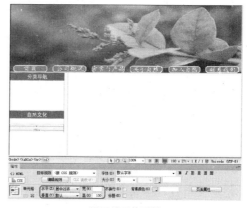

设置单元格属性

步骤17 在单元格中输入文字,并选择输入的文字,在"属性"面板中单击"编辑规则"按钮,弹出"新建CSS规则"对话框,在该对话框中将"选择器类型"设置为"类(可应用于任何HTML元素)","选择器名称"命名为m。

步骤18 设置完成后单击"确定"按钮,弹出"m的CSS规则定义"对话框,在左侧的"分类"列表框中选择"类型"选项,然后在右侧的设置区域中将"Font-size"设置为14px。

"新建CSS规则"对话框

"m的CSS规则定义"对话框

步骤19 单击"确定"按钮，即可为选择的文字应用该样式。

步骤20 使用同样的方法，设置第四个单元格，并输入文字，然后为输入的文字应用样式"m"。

选择文字样式

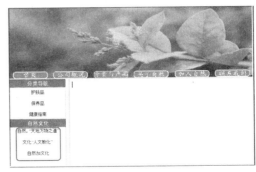
设置第四个单元格

步骤21 单击右侧的页面，在菜单栏中选择"插入 | 表格"命令，在打开的对话框中设置一个4行3列，宽度为585像素的表格。

步骤22 单击第一个行的第一个单元格，在"属性"面板中设置宽为200，高为100，用前面同样的方法插入图像，在"属性"面板上设置图像大小为200X100。

插入表格

插入图像

步骤23 以同样的方法设置第一行的第二个和第三个单元格。

步骤24 在第二行的三个单元格中输入相应的文字，分别为：美白护肤品、保湿护肤品、隔离霜，在"属性"面板中设置为"居中对齐"。

设置单元格

输入文字

步骤25 选中第一个单元格的文字，在"属性"面板中单击"编辑规则"按钮，在该对话框中将"选择器类型"设置为"类（可应用于任何HTML元素）"，将"选择器名称"命名为 V 。设置完成后单击"确定"按钮，弹出".v的CSS规则定义"对话框，在左侧的"分类"列表框中选择"类型"选项，然后在右侧的设置区域中将"Font-size"设置为14px，以同样的方法设置第二单元格和第三单元格。

步骤26 以设置第一行同样的方法设置第三行。设置图像的属性，在"属性"面板中将其大小设置为200X125。以设置第二行同样的方法设置第四行，输入相应的文字，然后为输入的文字应用样式"V"，以进行设置。

设置文字

插入图像

步骤27 选中框架，保存整个框架，按F12键在浏览器中预览。

预览效果

3.5.3 创建嵌套框架集

在原有的框架内创建一个新的框架被称之为嵌套框架集。一个框架集文件可以包含多个嵌套框架。创建嵌套框架集的具体操作步骤如下。

步骤1 在菜单栏中选择"文件 | 新建"命令，新建空白文档，在菜单栏中选择"插入 | HTML | 框架"命令，在弹出的子菜单中选择一种框架集，在这里选择"左侧及上方嵌套"命令，在弹出的对话框中，单击"确定"按钮，此时页面中就会创建一个"左侧及上方嵌套"的框架。
步骤2 将鼠标放置在右侧的框架中，在菜单栏中选择"修改 | 框架集 | 拆分右框架"命令。

创建框架

拆分右框架

步骤3 执行"拆分右框架"命令后，在文档窗口中可以看到嵌套框架的效果。

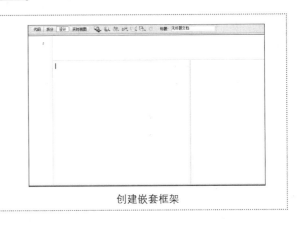

创建嵌套框架

3.6 | 保存框架和框架文件

在浏览器中预览框架集之前，必须保存框架集文件以及在框架中显示的所有文档。

3.6.1 保存框架

创建框架文件时，如果像保存普通文件一样保存框架，只会保存鼠标所定位的框架内容，当编辑完框架及框架文件后，必须对框架及框架文件进行保存。在Dreamweaver中保存框架，框架内容将丢失，所以选择一个恰当的保存方法是非常重要的。

步骤1 在菜单栏中选择"文件|保存全部"命令，整个框架边框会出现一个阴影框，同时会弹出"另存为"对话框。在"文件名"文本框中输入名称。

输入名称

步骤2 单击"保存"按钮，弹出"另存为"对话框。此时右侧的第二个框架内侧出现阴影，说明要对该框架进行保存，在"文件名"文本框中输入名称。

输入名称

步骤3 单击"保存"按钮，若再出现"另存为"对话框，则进行保存，直到全部保存完，框架保存完成。

3.6.2 保存框架文件

在"框架"面板或文档窗口中选择框架，然后执行下列操作之一。

❶**保存框架**：保存框架文件。
❷**框架另存为**：将框架文件保存为新文件。

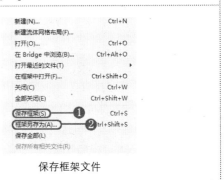

保存框架文件

3.6.3 保存框架集文件

在"框架"面板或文档窗口中选择框架集，然后执行下列操作之一。

保存框架集文件：在菜单栏中选择"文件 | 保存框架页"命令。

将框架集文件保存为新文件：在菜单栏中选择"文件 | 框架集另存为"命令。

3.6.4 保存所有的框架集文件

首先保存框架集文件，在菜单栏中选择"文件 | 保存全部"命令，此时，框架集边框会显示选择线，并在保存文件对话框的文件名域提供临时文件名UntitledFrameset-1，根据自己的需要修改保存文件的名字，然后单击"保存"按钮即可。

随后则保存主框架文件，文件名域中的文件名则变为Untitled-1，设计视图（文档窗口）中的选择线也会自动地移到主框架中，然后单击"保存"按钮。保存完主框架后，才会保存其他框架文件。

选择"保存全部"

> **提示：**
> 在菜单栏中选择"文件 | 保存全部"命令，即可保存所有的文件(包括框架集文件和框架文件)。

3.7 设置框架和框架集属性

框架和框架集都有自己的属性面板。可以方便地控制两者的属性，框架的属性包括框架名称、源文件、边框、尺寸和滚动条等，框架集的属性包括框架面积、框架边界颜色和距离等。

3.7.1 设置框架属性

在文档窗口中，按住Shift+Alt快捷键单击选择一个框架，或者在"框架"面板中单击选择框架，即可在"属性"面板中显示框架属性。框架"属性"面板中的各参数功能如下所述。

设置框架属性

❶**框架名称**：在此文本框中输入新的名称，为框架重新命名，可以用作链接的目标属性或脚本在引用概况时所用的名称。

❷**源文件**：此文本框中显示的是在框架中显示的源文件的位置，单击文本框右侧的"浏览文件"按钮，在弹出的对话框中选择源文件。或者在文本框中直接输入源文件的路径。

❸ **"边框"下拉列表**：用于设置在浏览器中查看框架时是否显示当前框架的边框。在下拉列表中共有三个选项，即"默认"、"是"和"否"。选择"是"选项，在浏览器中查看框架时会显示框架的边框，选择"否"选项，在浏览器中查看框架时框架边框被隐藏。大多数浏览器默认为显示边框，除非父框架集已将"边框"设置为"否"。只有当共享该边框的所有框架都将"边框"设置为"否"时，边框才是隐藏的。

④**"滚动"下拉列表**：用于设置在浏览器中查看框架时是否显示滚动条，此选项与"边框"选项相似，不过在"滚动"选项中含有"自动"选项，大多数浏览器默认为自动，滚动条的显示取决于浏览器的窗口空间。

⑤**不能调整大小**：勾选此复选框，可以完好地保证框架边框不会被浏览者在浏览器中通过拖动来调整框架的大小。

⑥**边框颜色**：设置当前框架与相邻的所有边框的颜色，在显示边框的情况下，边框颜色才会被显示。

⑦**边界宽度**：以像素为单位设置左边距和右边距的距离（框架边框与内容之间的空间）。

⑧**边界高度**：以像素为单位设置上边距与下边距的距离（框架边框与内容之间的空间）。

3.7.2　设置框架集属性

框架集有其自身的"属性"面板，在文档窗口中单击框架集的边框，即可选择一个框架集。此时，会在"属性"面板中显示框架集属性。

框架集"属性"面板中的各参数功能如下所述。

框架集"属性"面板

①**"边框"下拉列表**：用于设置在浏览器中查看文档时框架的周围是否显示边框。在该下拉列表中选择"是"选项时，在浏览器中查看文档会显示边框，如果选择"否"选项，在浏览器中查看文档时便不会显示边框。如果选择"默认"选项，那么边框是否显示将由浏览器来确定。

②**边框宽度**：用于指定框架集中所有边框的宽度。

③**边框颜色**：单击颜色图标，在弹出的颜色拾取器中选择边框的颜色，或者在颜色文本框中输入颜色的十六进制值。

④**行或列**：属性面板中显示的行或列，是由框架集的结构而定。

⑤**单位**：行、列尺寸的单位，在该下拉列表中包含像素、百分比和相对3个选项。

3.7.3　改变框架的背景颜色

在制作网页的过程中，为了使网页更加美观，还可以为框架设置不同的背景颜色。改变框架背景颜色的具体操作步骤如下。

步骤1　按Ctrl+O快捷键，在弹出的对话框中选择随书附带光盘中的"CDROM\素材\第3章\榴莲吧1.html"文件，单击"打开"按钮，即可打开选择的素材文件。	**步骤2**　将鼠标置入需要改变背景颜色的框架中。在菜单栏中选择"修改｜页面属性"命令，弹出"页面属性"对话框，在左侧的"分类"列表中选择"外观（CSS）"选项，然后在右侧的设置区域中将"背景颜色"设置为"#91B172"。

打开文件	"页面属性"对话框

步骤3 设置完成后单击"确定"按钮，即可为选择的框架填充背景颜色。

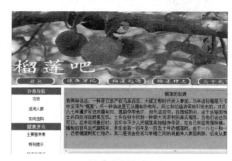

填充背景颜色

3.7.4 实战：使用框架制作网页

通过以上对框架的介绍，相信读者对框架已经了解了，接下来将使用框架制作网页。

步骤1 启用Dreamweaver CS6，在菜单栏中选择"文件 | 新建"命令。弹出"新建文档"对话框，选择"空白页"选项卡，在"页面类型"下拉列表框中选择"HTML"选项，在"布局"组中选择"无"选项。单击"创建"按钮，创建一个空白的网页文档。

步骤2 在"属性"面板中单击"页面属性"按钮，弹出"页面属性"对话框，在左侧的"分类"列表框中选择"外观（HTML）"选项，然后在右侧的设置区域中将"左边距"和"上边距"设置为0。

新建文档

"页面属性"对话框

步骤3 设置完成后，单击"确定"按钮，然后在菜单栏中选择"插入 | HTML | 框架 | 上方及左侧嵌套"命令。弹出"框架标签辅助功能属性"对话框，在该对话框中单击"确定"按钮，即可在空白页面中插入一个"上方及左侧嵌套"的框架。

步骤4 将鼠标放置在主框架中，在"属性"面板中单击"页面属性"按钮，在弹出的"页面属性"对话框中单击"背景图像"文本框右侧的"浏览"按钮。

"上方及左侧嵌套"框架

"页面属性"对话框

步骤5 在弹出的"选择图像源文件"对话框中选择随书附带光盘中的"CDROM\素材\第3章\Images\012.jpg"图像，单击"确定"按钮，在"页面属性"对话框中设置"左边距"为0px、"上边距"为0px，单击"确定"按钮，即可在主框架中添加背景图像。

步骤6 将上方的框架选中，在"属性"面板中设置"行"的值为25，"单位"为"百分比"。

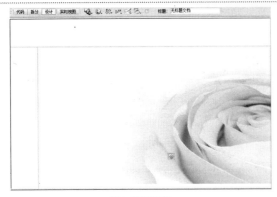

添加背景图像

"属性"面板

步骤7 将鼠标放置在上方的表格中，在菜单栏中选择"插入 | 表格"命令。在弹出的"表格"对话框中设置"行数"为1、"列"为1、"表格宽度"为100百分比，其他参数均为0。

步骤8 单击"确定"按钮，即可在上方的框架中插入一个1行1列的表格，表格宽度为100。

"表格"对话框

插入表格

步骤9 将鼠标放置在插入的单元格内，在菜单栏中选择"插入 | 图像"命令，在弹出的"选择图像源文件"对话框中，选择随书附带光盘中的"CDROM\素材\第3章\横幅.jpg"图像文件，单击"确定"按钮，即可在单元格中插入图像。

步骤10 选择左侧的框架，在"属性"面板中设置"列"为15，将鼠标放置在左侧的框架中，在该框架中插入一个4行1列的表格，"表格宽度"为100百分比，其他参数均为0。

插入图像

插入表格

步骤11 将鼠标放置在第一个单元格内,在"属性"面板中将"水平"设置为"居中对齐","高"设置为25,"背景颜色"设置为"#84BF6B",在该单元格中输入文字。

步骤12 选择输入的文字,在CSS"属性"面板中单击"编辑规则"按钮。弹出"新建CSS规则"对话框,在该对话框中将"选择器类型"设置为"类(可应用于任何HTML元素)",将"选择器名称"命名为n,设置完成后单击"确定"按钮。

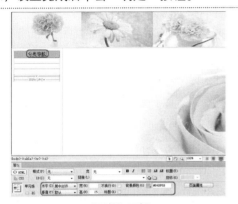

"属性"面板

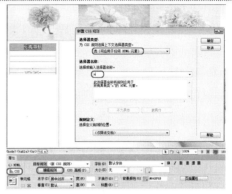

"新建CSS规则"对话框

步骤13 弹出".n的CSS规则定义"对话框,在左侧的"分类"列表框中选择"类型"选项,在右侧的设置区域中,将"Font-family"设置为"黑体","Font-size"设置为17px,"Color"设置为"#FFF"。

步骤14 单击"确定"按钮,即可为选择的文字应用该样式。使用同样的方法,设置第三个单元格,输入文字,然后为输入的文字应用样式"n"。

".n的CSS规则定义"对话框

文字样式

步骤15 将鼠标置入第二个单元格中,在"属性"面板中将"水平"设置为"居中对齐","高"设置为100。

步骤16 在单元格中输入文字,并选择输入的文字,在"属性"面板中单击"编辑规则"按钮,弹出"新建CSS规则"对话框,在该对话框中将"选择器类型"设置为"类(可应用于任何HTML元素)","选择器名称"命名为m。

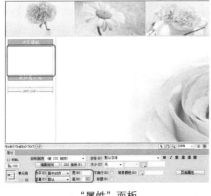

"属性"面板

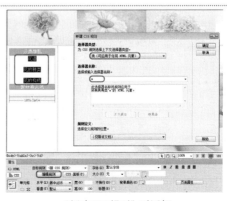

"新建CSS规则"对话框

步骤17 设置完成后单击"确定"按钮,弹出".m的CSS规则定义"对话框,在左侧的"分类"列表框中选择"类型"选项,在右侧的设置区域中将"Font-size"设置为14px。

步骤18 单击"确定"按钮,即可为选择的文字应用该样式。使用同样的方法,设置第四个单元格,并输入文字,然后为输入的文字应用样式"m"。

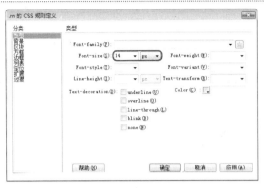

".m的CSS规则定义"对话框

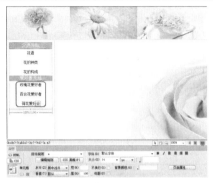

文字样式

步骤19 将鼠标放置在主框架中,在菜单栏中选择"插入丨HTML丨框架丨上方及下方"命令。打开"框架标签辅助功能属性"对话框,单击"确定"按钮,即可在页面中插入一个框架集。

步骤20 选中上方的框架,在"属性"面板中将"行"设置为12。

插入框架集

"属性"面板

步骤21 将鼠标放置在上方的框架集中,插入一个1行6列的表格,表格宽度为101百分比,将新插入的单元格选中,在"属性"面板中将"水平"设置为"居中对齐","高"设置为40。

步骤22 将每个单元格的宽度设置为16,并在单元格中分别输入"首页"、"意义"、"养护技巧"、"保养方法"、"关于我们"、"联系我们"。

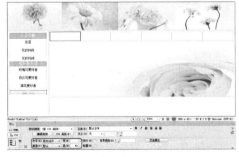

插入表格

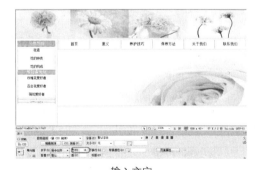

输入文字

步骤23 选中第一个单元格中输入的文字，在"属性"面板中单击"编辑规则"按钮，弹出"新建CSS规则"对话框，在对话框中将"选择器类型"设置为"类（可应用于任何HTML元素）"，将"选择器名称"命名为m。设置完成后单击"确定"按钮，弹出".m的CSS规则定义"对话框，在左侧的"分类"列表框中选择"类型"选项，然后在右侧的设置区域中将"Font-size"设置为17px。

步骤24 其余的单元格以同样的方法来设置文字的属性。

".m的CSS规则定义"对话框

设置文字属性

步骤25 将鼠标放置在主框架内，输入文本。将鼠标放置在下方的框架中，在该框架中插入一个1行4列的表格，表格宽度为101百分比。

步骤26 选中新插入的表格，在"属性"面板中将"水平"设置为"居中对齐"，"高"为150，"宽"为205，选中下方的框架，往上推拉到适当的位置。

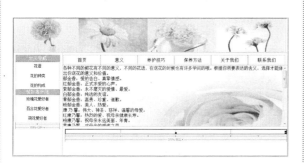

插入表格

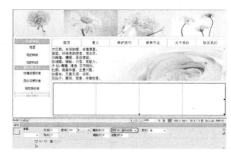

"属性"面板

步骤27 将光标放置在第一个单元格内，在菜单栏中选择"插入｜图像"命令，在弹出的"选择图像源文件"对话框中选择"图像1.jpg"，单击"确定"按钮，即可在单元格中插入图像，将宽和高设置为205*150。

步骤28 使用同样的方法，在其他的单元格中插入图像。

插入图像

插入图像

步骤29 在菜单栏中选择"文件｜保存全部"命令，将制作的框架储存到相应的文件中，储存文档后，按F12键在预览窗口中进行预览。

预览效果

3.7.5 实战：制作产品展示界面

利用框架和表格的应用来制作产品展示界面。

步骤1 启用Dreamweaver CS6，在菜单栏中选择"文件｜新建"命令。弹出"新建文档"对话框，选择"空白页"选项卡，在"页面类型"下拉列表框中选择"HTML"选项，在"布局"组中选择"无"选项。单击"创建"按钮，即可创建一个空白的网页文档。

步骤2 在"属性"面板中单击"页面属性"按钮，弹出"页面属性"对话框，在左侧的"分类"列表框中选择"外观（HTML）"选项，然后在右侧的设置区域中将"左边距"和"上边距"设置为0。

创建空白的网页文档

"页面属性"对话框

步骤3 设置完成后，单击"确定"按钮，然后在菜单栏中选择"插入｜HTML｜框架｜对齐下缘"命令。弹出"框架标签辅助功能属性"对话框，在该对话框中单击"确定"按钮，即可在空白页面中插入一个"对齐下缘"的框架。

步骤4 将鼠标放置在上方的框架中，并在菜单栏中选择"插入｜表格"命令，设置行为4，列为1，表格宽度为101百分比，其他参数为0。

对齐下缘

"表格"对话框

步骤5 将第一行的高设置为45，并输入文字"默黛家纺"，选择输入的文字，在"属性"面板中单击
"编辑规则"命令，在弹出的对话框中将"选择器类型"设置为"类（可应用于任何HTML元素）"，
"选择器名称"命名为n。设置完成后单击"确定"按钮，弹出".n的CSS规则定义"对话框，在左侧
的"分类"列表框中选择"类型"选项，然后在右侧的设置区域中将"Font-size"设置为25px。单击
"确定"按钮，即可为选择的文字应用该样式。

步骤6 选择第二行，在"属性"面板中将高设置为20，在菜单栏中选择"插入 | 图像"命令，在弹出
的"选择图像源文件"对话框中选择随书附带光盘中的"CDROM\素材\第3章\013.jpg"图像，单击
"确定"按钮，在"属性"面板中将图像的宽和高设置为1007x20，选择"手形工具" 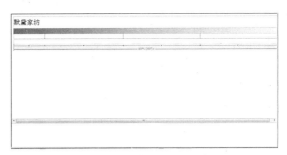调整到适当的
位置，即可在单元格中插入图像。

".n的CSS规则定义"对话框	插入图像

步骤7 将鼠标放置在第三行中，在"属性"面板中单击"拆分单元格为行或列"按钮，在弹出的对
话框中选择"列"，设置列数为4，单击"确定"按钮。

步骤8 在"属性"面板中，将每个单元格中的宽和高设置为252X200。

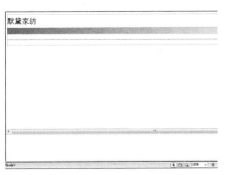

拆分单元格

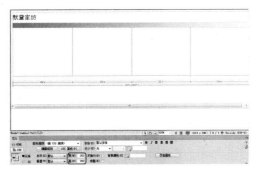

设置单元格

步骤9 将各个单元格插入图像，在"属性"面板中将图像的宽和高设置为251x200。

步骤10 以第三行同样的方法设置第四行，将其拆分为4个单元格，在"属性"面板中，将每个单元格
的宽和高设置为252X100。

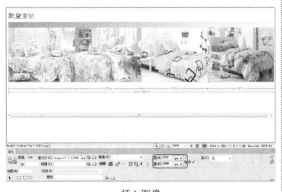

插入图像

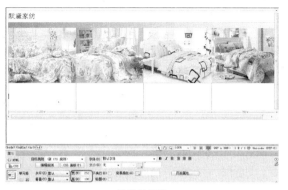

拆分单元格

步骤11 在第一个单元格中输入"纯棉印花空调被"，在"属性"面板中，将"水平"设置为"居中对齐"，单击"编辑规则"按钮，在弹出的对话框中，将"选择器类型"设置为"类（可应用于任何HTML元素）"，"选择器名称"命名为m。设置完成后单击"确定"按钮，弹出".m的CSS规则定义"对话框，在左侧的"分类"列表框中选择"类型"选项，然后在右侧的设置区域中将"Font-size"设置为14px。

步骤12 单击"确定"按钮，即可改变文字样式，在设置完成后，按Enter键，在下一行输入"原价：￥1150"，按Enter键，在下一行输入"特惠价：￥999"，选择输入的文字，在"属性"面板中的"目标规则"中选择"新CSS规则"命令。

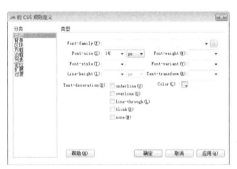

".m的CSS规则定义"对话框

选择"新CSS规则"命令

步骤13 单击"编辑规则"按钮，在弹出的对话框中将"选择器类型"设置为"类（可应用于任何HTML元素）"，"选择器名称"命名为v。设置完成后单击"确定"按钮，弹出".v的CSS规则定义"对话框，在左侧的"分类"列表框中选择"类型"选项，然后在右侧的设置区域中将"Font-size"设置为17px。

步骤14 按照以上同样的方法，在第二、三、四单元格中输入文字，并将文字进行属性设置。将文字样式分别设置为m和v。

".v的CSS规则定义"对话框

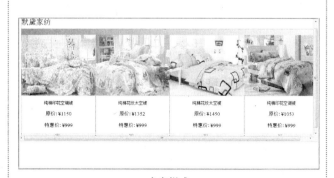

文字样式

步骤15 将鼠标放置在下方的框架中，在"属性"面板中单击"页面属性"按钮，在弹出的对话框中，单击"背景图像"右侧的"浏览"按钮，在打开的对话框中选择"CDROM\素材\第3章\018.jpg"文件，单击"确定"按钮。

步骤16 制作完成后，将界面整个进行调整，在菜单栏中选择"文件 | 保存全部"命令，将制作的框架储存到相应的文件中，保存完场景后，按F12键在预览窗口中进行预览。

插入背景图像

预览效果

| 3.8 | 操作题

前面是我们对页面布局的详细介绍，在这里将举出多个常见的问题进行解答，以方便我们学习以及巩固前面所学习的知识。

3.8.1 专家答疑

（1）如何绘制多个AP Div？

答：要绘制多个AP Div，可以在按住Ctrl键的同时进行绘制。

（2）嵌套表格宽度单位百分比和像素的区别？

答：如果嵌套表格宽度的单位为百分比，将受它所在单元格宽度的限制；如果单位为像素，当嵌套表格宽度大于所在单元格宽度时，单元格宽度将变大。

（3）在框架中如何填充背景图像？

答：在"属性"面板中单击"页面属性"按钮，单击"背景图像"右侧的浏览按钮，在打开的对话框中选择背景图像即可。

3.8.2 操作习题

1. 选择题

（1）在文档窗口中按住（　　　）键的同时单击需要选中的AP Div，即可选中多个AP Div。

A.Alt　　　　B.Tab　　　　C.Shift　　　　D.Ctrl

（2）要绘制多个AP Div，可以按住（　　　）键的同时进行控制。

A.Alt　　　　B.Tab　　　　C.Shift　　　　D.Ctrl

2. 填空题

（1）将光标放置在需要插入AP Div的位置，然后在菜单栏中选择＿＿＿＿＿＿ | ＿＿＿＿＿＿ | ＿＿＿＿＿＿命令。即可创建一个AP Div。

（2）在文档窗口中单击AP Div的＿＿＿＿＿＿或＿＿＿＿＿＿，即可选择单个AP Div。

3. 操作题

利用框架和表格制作化妆品网站。

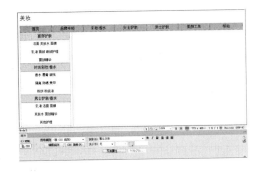 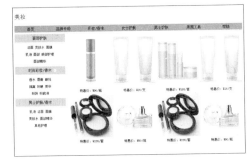

（01）启用Dreamweaver CS6，在菜单栏中选择"文件 | 新建"命令。新建空白文档。

（02）在菜单栏中选择"插入 | HTML | 框架 | 上方及左侧嵌套"命令。弹出"框架标签辅助功能属性"对话框，在该对话框中单击"确定"按钮，即可在空白页面中插入一个"上方及左侧嵌套"的框架。

（03）分别在框架上方和左侧插入表格，来输入文字，在"属性"面板中进行文字设置，在主框架中插入表格，并在第一行和第三行插入图像，将整体来调整，最后保存，按F12键进行预览。

第4章

使用CSS美化网页

本章重点：

在网页制作中，如果不使用CSS样式，那么对文档运用格式将会十分繁琐。CSS样式可以对文档进行精细的页面美化，还可以保持网页风格的一致性，达到统一的效果，并且便于调整修改，降低了网页编辑和修改的工作量。

学习目的：

了解CSS的概念及特点，熟悉CSS的基本语法，学会使用CSS样式对网页进行布局设置，能够使用CSS美化网页。

参考时间：40分钟

主要知识	学习时间
4.1　CSS的概念	10分钟
4.2　创建CSS样式	10分钟
4.3　CSS样式的编辑	10分钟
4.4　使用CSS过滤器	10分钟

4.1 CSS的概念

CSS是Cascading Style的简称，也被译作"层叠样式表单"或"级联样式表"，用于控制网页中内容的外观。利用其可以制作出很多绚丽、美观的页面效果，可以实现HTML标记无法表现的效果。

对用户来说，CSS是一个非常灵活、方便的工具，可以不用再将繁琐的样式编写在文档的结构中，可以将所有文档的样式与内容脱离开，在行内定义、标题定义中，甚至可以作为外部样式文件供HTML调用。

4.1.1 CSS的特点

默认情况下，Dreamweaver均使用CSS样式表设置文本格式。使用"属性"面板或菜单命令应用于文本的样式，将自动创建为CSS规则；当CSS样式更新后，所有应用了该样式的文档格式都会自动更新。CSS样式表的特点如下。

- 使用CSS样式表可灵活设置网页中文字的字体、颜色、大小、间距等。
- 使用CSS样式表可灵活设置一段文字的间距、行高、缩进及对齐方式等。
- 使用CSS样式表可方便地为网页中的元素设置不同的背景颜色、背景图像及位置。
- 使用CSS样式表可为网页中的元素设置各种过滤器，从而产生透明、模糊、阴影等效果。
- 使用CSS样式表可灵活地与脚本语言相结合，从而产生各种动态效果。
- CSS样式表在所有浏览器中几乎都可以使用，并且由于CSS样式是直接的HTML格式的代码，因此网页打开的速度非常快。
- 使用CSS样式表便于修改、维护和更新大量网页。

4.1.2 CSS的基本语法

下面介绍CSS如何控制页面中的各个标记。从控制HTML标记的不同方法入手，介绍各种选择器的概念，以及选择器的声明等，最后介绍CSS继承在实际设计中的运用。

CSS选择器：选择器（selector）是CSS中很重要的概念，所有HTML语言中的标记都是通过不同的CSS选择器进行控制的。用户只需通过选择器对不同的HTML标签进行控制，并赋予各种样式声明，即可实现各种效果。读者应掌握以下几个方面的内容：

- 标记选择器
- 类别选择器
- ID选择器

选择器声明的继承：在利用CSS选择器控制HTML标记时，除了每个选择器的属性可以一次声明多个，选择器本身也可以同时声明多个，并且任何形式的选择器包括标记选择器、class类别选择器、ID选择器等都是合法的。这里主要介绍选择器集体声明的各种方法，以及选择器之间的嵌套关系。读者应掌握以下两方面的内容：

- 集体声明
- 选择器的嵌套

现在首先讨论在HTML页面内直接引用样式表的方法，这个方法必须把样式表的信息包括在"style"和"/style"标记中。为了使样式在整个页面中产生作用，应把该组标记及其内容放到<head>和</head>中去。

例如，要设置HTML页面中所有H1标题字显示为红色，其代码如下：

```
<html>
<head>
<title>this is a CSS samples</title>
<style type= "text/css" >
<! --
```

```
HI {color：red}
-->
</style>
</head>
</body>
    …页面内容…
</body>
</html>
```

在使用样式表的过程中，经常会有几个标志用到同一个属性，例如规定HTML页面中凡是粗体字、斜体字、1号标题字显示为红色，按照上面介绍的方法应书写为：

B{ color：red}

I{ color：red}

H1{ color：red}

上面所述的写法很麻烦，引进分组的概念会使其变得简洁明了，上述代码可写成：

B,I,H1,{color: red}

4.1.3 CSS样式表的选择器类型

在"CSS规则定义"对话框中，选择"分类"列表框的"类型"选项，在该类别中主要包含文字的字体、颜色及字体的风格设置，可以对以下选项进行设置。

❶**Font-family**：在该下拉列表中可选择所需字体。用户可以选择列表中的"编辑字体列表"选项，在弹出的"编辑字体列表"对话框中添加需要的字体。

选择字体

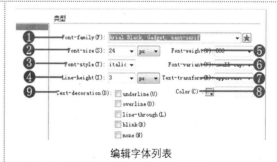

编辑字体列表

❷**Font-Size**：用于调整文本的大小，常用的单位是"px"，可以通过选择数字和度量单位确定特定的大小，也可以选择相对大小。

❸**Font-style**：用于设置字体的风格，在该下拉列表框中包含"normal"、"italic"和"oblique"三种字体样式，默认为"normal"。

❹**Line-height**：用于控制行与行之间的垂直距离，也就是设置文本所在行的高度。选择"normal"选项时，系统将自动计算字体大小的行高。为了更加精确，用户也可以输入确切的值以及选择相应度量单位。

❺**Font-weight**：用于设置显示元素的文本中所用的字体为加粗，用户可根据所需进行相应的设置。在设置的数值中，400是正常值，而值700，属于粗体。

❻**Font-variant**：用于设置文本的小型大写字母，用户可根据所需进行设置。

❼**Text-transform**：将所选内容中的每个单词的首字母大写或将文本设置为全部大写或小写，用户可根据需要进行设置。

❽**Color**：用于设置文本的颜色，用户可根据需要进行设置。

❾**Text-decoration：**控制连接文本的显示状态，可向文本中添加下划线、上划线、删除线或是文本闪烁。用户可根据所需进行设置。

| 4.2 | 创建CSS样式

　　在Dreamweaver CS6中，可将CSS样式分为8个类型，分别为背景、区块、方框、边框、列表、定位、扩展和过滤。下面介绍如何创建CSS样式，具体操作步骤如下。

步骤1　在菜单栏中选择"格式｜CSS样式｜新建"命令。  格式菜单栏	**步骤2**　系统将自动弹出"新建CSS规则"对话框。  "新建CSS规则"对话框
步骤3　在该对话框中将"选择器类型"设置为"复合内容（基于选择的内容）"，将"规则定义"设置为"仅限该文档"。 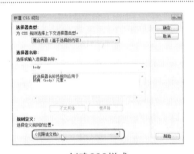 创建CSS样式	**步骤4**　单击"确定"按钮，可以在弹出的对话框中对CSS样式进行设置。  CSS新建样式

　　在"新建CSS规则"对话框中的各个选项功能如下。

　　❶**类（可应用于任何HTML）元素：**创建一个作为class属性应用于任何HTML元素的自定义样式。类名称必须以英文字母或句点开头，不可包含空格或其他符号。

　　❷**ID（进应用一个HTML元素）：**定义包含特定ID属性的标签的格式。ID名称必须以英文字母开头，Dreamweaver将自动在名称前添加#，不可包含空格或其他符号。

　　❸**标签（重新定义HTML元素）：**重新定义特定HTML标签的默认格式。

　　❹**复合内容（基于选择的内容）：**定义同时影响两个或多个标签、类或ID的复合规则。

　　❺**仅限该文档：**在当前文档中嵌入样式。

　　❻**新建样式表文件：**创建外部样式表。

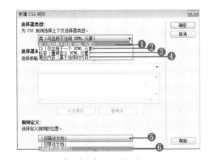

新建CSS规则

📄 **提示：**

　　在"属性"面板中，单击"编辑规则"按钮，或在菜单栏中选择"窗口｜CSS样式"命令，在打开的"CSS样式"面板中单击"新建CSS规则"按钮，也可打开"新建CSS规则"对话框。

4.2.1 创键新的CSS样式

首先创建一个包含 CSS 规则（定义段落文本样式）的外部样式表。在外部样式表中创建样式时，可以在中央位置同时控制多个 Web 页面的外观，而不需要为每个 Web 页面分别设置样式，创建CSS样式表的具体操作步骤如下。

步骤1 在菜单栏中选择"文件 | 打开"命令，打开"打开"对话框。打开随书附带光盘中的"CDROM\素材\第4章\001.html"文件。

步骤2 打开"css样式"面板，在面板中右击鼠标，在弹出的快捷菜单中选择"新建"命令，打开"新建CSS规则"对话框。

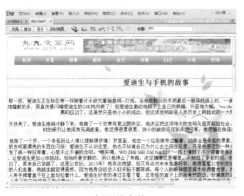

打开的文件

"新建CSS规则"对话框

在该对话框中定义要创建的CSS样式的类型，如果要使该CSS样式在全部HTML标记中应用，在"选择器类型"下拉列表中选择"类"选项，即可创建一个自定义样式表。如果要在特定标记中应用，从"选择器类型"下拉列表中选择"标签"选项，然后在"选择器名称"下拉列表中选择需要的标记即可。如果要创建特定文本的CSS样式，可以从"选择器类型"下拉列表中选择"复合内容"选项。选择复合内容选项后，"选择器名称"下拉列表中包括如下4个选项。

"标签"选择器

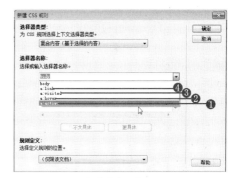

复合内容选择器

❶a：active：定义了链接被激活时的样式，即鼠标已经单击了链接，但页面还没有跳转时。

❷a：hover：定义了鼠标停留在链接的文字上时的样式。常见设置有文字颜色的改变、下划线出现等。

❸a：link：定义了设置有链接的文字的样式。常见的有带下划线（或没有下划线）的文本。

❹a：visited：浏览者已经访问过的链接的样式，一般设置其颜色不同于"a：link"时的颜色，以便给浏览者明显的提示。

步骤3 在"选择器类型"下拉列表中选择"类"选项，然后在"选择器名称"文本框中输入.zt，在"规则定义"下拉列表中选择"仅限该文档"选项。

步骤4 单击"确定"按钮，打开".zt的CSS规则定义"对话框，在对话框中进行相应的设置。

新建CSS规则

设置CSS规则

步骤5 单击"确定"按钮，在"CSS样式"面板中可以看到新建的样式。

4.2.2 设置CSS属性

在Dreamweaver中，用户可以自定义CSS规则的属性，如文本字体、背景图像和颜色、间距和布局属性以及列表元素的外观。在设置CSS属性之前，必须新建或打开一个CSS样式，然后进行相应的设置，下面将对其进行简单的介绍。

打开或新建一个场景，然后选择要编辑的CSS样式，在"CSS样式"面板中单击"编辑样式…"按钮。

弹出"……的CSS规则定义"对话框。在"分类"列表中选择"类型"选项卡，设置文本的属性。

提示：

在Dreamweaver中，当设置字号时，建议使用"pt（点数）"作为单位。"pt"是计算机字体的标准单位，这个单位的好处是设定的字号会随着显示器分辨率的变化而调整大小，可以防止在不同分辨率的显示器中字体大小不一致。

编辑样式按钮

"类型"选项卡

4.2.3 创建嵌入式CSS样式

通常把在HTML页面内部定义的CSS样式表叫做嵌入式CSS样式表。创建方法是使用style标签，并在该标签中定义一系列CSS规则。

下面介绍创建嵌入式CSS样式的具体操作方法：

步骤1 运行Dreamweaver CS6软件，打开随书附带光盘中的"CORDM\素材\第4章\002.html"文件。

步骤2 在菜单栏中选择"窗口 | CSS样式"命令。

| 打开的文件 | CSS样式 |

步骤3 执行完该命令后，在弹出的"CSS样式"面板中单击底部的"新建CSS规则"按钮 。

步骤4 在弹出的"新建CSS规则"对话框中，将"选择器类型"设置为"类（可应用于任何HTML元素）"，"选择器名称"设置为".ct"。

| 选择新建样式 | "新建CSS规则"对话框 |

步骤5 单击"确定"按钮，系统将会自动弹出".ct的CSS规则定义"对话框。

步骤6 在该对话框的"分类"列表框中选择"类型"选项，然后在右侧的设置区域中，将"Font-family"设置为"黑体"，"Font-size"设置为14px，"Color"设置为"#00CC66"。

| ".ct的CSS规则定义"对话框 | 设置".ct的CSS规则定义"对话框 |

步骤7 单击"确定"按钮，可以在"CSS样式"面板中进行查看。选择需要应用样式的文字，在新建样式上单击鼠标右键，在弹出的快捷键菜单中选择"应用"命令。

步骤8 执行应用命令即可完成创建嵌入式CSS样式。

| 选择应用命令 | 选择"应用"命令的效果 |

4.2.4 实战：链接外部样式表

在Dreamweaver中，外部样式表是包含了样式信息的一个单独文件。用户在编辑外部CSS样式表时，可以使用Dreamweaver的链接外部CSS样式功能将其他页面的样式应用到当前页面中。具体操作步骤如下。

步骤1 打开"CSS样式"面板，单击底部的"附加样式表"按钮  。

步骤2 弹出"链接外部样式表"对话框。

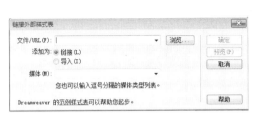

选择"附加样式表"按钮 　　　　　　　　　　　　　"链接外部样式表"对话框

步骤3 在该对话框中单击"浏览"按钮。在弹出的"选择样式表文件"对话框中选择需要连接的样式，单击"确定"按钮。

步骤4 返回到"链接外部样式表"对话框，单击"确定"按钮。

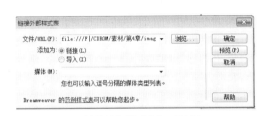

"选择样式表文件"对话框 　　　　　　　　　　　　　"链接外部样式表"对话框

步骤5 外部样式表链接完成，在"CSS样式"面板中可以进行查看。

4.2.5 实战：使用CSS布局模板

CSS布局的基本构造块是div标签，它是一个HTML标签，在大多数情况下，作为文本、图像或其他页面元素的容器。当创建CSS布局时，会将div标签放在页面上，向这些标签中添加内容，然后将它们放在不同的位置上。与表格单元格（被限制在表格行和列中的某个现有位置）不同，div标签可以出现在Web页上的任何位置。可以用绝对方式（指定X和Y坐标）或相对方式（指定与其他页面元素的距离）来定位div标签。

使用CSS布局模板的具体操作步骤如下。

步骤1 选择"文件|新建|"命令，在弹出的"新建文档"对话框中依次选择"空白|HTML模板"选项。

步骤2 单击"创建"按钮，创建CSS布局模板。

创建布局模板 　　　　　　　　　　　　　　创建CSS布局模板

步骤3 将文档中的文字删除，然后输入适当的文字。

步骤4 保存文档，按F12键在浏览器中预览。

4.3 | CSS样式的编辑

使用Dreamweaver编辑文档内部或外部规则都十分方便。对文档内部样式进行修改后，该CSS样式所控制的文本立刻重新设置；对外部样式进行修改并保存后，将影响与它链接的所有文档。

4.3.1 修改CSS样式

可以使用以下方法对CSS样式进行修改。

在"属性"面板中的"目标规则"下拉列表框中选择需要修改的样式，然后单击"编辑规则"按钮，在弹出的"CSS规则定义"对话框中进行修改。

在"属性"面板中修改

在"CSS样式"面板中选择需要修改的CSS样式，在"属性"栏中对其进行修改。

在文档中选择需要修改CSS样式的文本，切换"CSS样式"面板到"当前"选择模式下，在"属性"栏中可以对CSS样式进行修改。

"属性"栏

在"当前"选择模式中修改

4.3.2 删除CSS样式

使用以下方法可以将已有CSS样式删除。

在面板中，右键单击需要删除的样式，在弹出的快捷菜单中选择"删除"命令。

在"CSS样式"面板中，选择需要删除的样式，按Delete键进行删除。

在"CSS样式"面板中，选择需要删除的样式，单击"删除CSS规则"按钮 🗑。

选择"删除"命令

在"当前"选择模式中修改

4.3.3 复制CSS样式

复制CSS样式的具体操作步骤如下。

步骤1 在"CSS样式"面板中，右键单击需要复制的样式，在弹出的快捷菜单中选择"复制"命令。

步骤2 在弹出的"复制CSS样式"对话框中可以修改样式的类型以及重命名。

步骤3 单击"确定"按钮，CSS样式复制完成。返回"CSS样式"面板中进行查看。

选择"复制"命令

"复制CSS规则"对话框

查看复制样式

4.3.4 实战：用CSS样式美化页面内容

本例主要是通过使用CSS样式来美化页面，具体操作步骤如下。

步骤1 运行Dreamweaver CS6软件，在开始页面中，单击"新建"栏下的"HTML"选项，即可新建"HEML"文档。

步骤2 在菜单栏中选择"插入 | 表格"命令。

新建HTML文档

选择"表格"命令

步骤3 选择该命令后，弹出"表格"对话框，在该对话框中将"行数"设置为2，"列"设置为8，"表格宽度"设置为877像素，"边框粗细"设置为0。

步骤4 在该对话框中单击"确定"按钮，即可插入表格。

"表格"对话框

插入的表格

步骤5 此时表格呈选中状态，在"属性"面板中将"对齐"设置为"居中对齐"。

步骤6 选择第一行中的所有单元格。

设置"属性"面板

选择单元格

步骤7 在"属性"面板中单击"合并所选单元格，使用跨度"按钮 口 ，将选中的单元格合并。

步骤8 将光标置入刚刚合并的单元格中，在菜单栏中选择"插入|图像"命令。

合并单元格

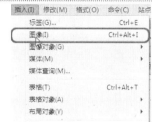

选择"图像"命令

步骤9 选择该命令后，系统将自动弹出"选择图像源文件"对话框，在该对话框中打开随书附带光盘中的"CDROM\素材\第4章\images\009.jpg"文件。

步骤10 单击"确定"按钮，即可插入选择的图像。

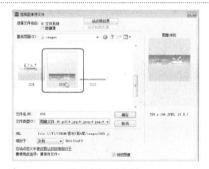

选择插入的图像

插入的图像

步骤11 此时，图像呈选中状态，在"属性"面板中，将"宽"设置为728px，将"高"设置为118px。

步骤12 将光标置入第二行的第一个单元格中，并输入相应文字。

设置"属性"面板

输入相应的文字

步骤13 使用相同方法，继续在其他单元格中输入文字，并适当调整单元格的宽度。

步骤14 选择该表格中的第二行，在"属性"面板中将"背景颜色"设置为"#1D81B2"。

输入的文字

设置背景颜色

步骤15 将光标置入表格的右侧，在菜单栏中选择"插入 | 表格"命令。

步骤16 选择该命令后，系统将弹出"表格"对话框，在该对话框中，将"行数"设置为5，"列"设置为2，"表格宽度"设置为877像素。

选择"表格"命令

设置"表格"对话框

步骤17 在该对话框中单击"确定"按钮，即可插入表格。

步骤18 此时，表格处于选中状态，在"属性"面板中将"对齐"设置为"居中对齐"。

设置"表格"对话框

设置对齐方式

步骤19 选择第1行单元格，在属性面板中单击"合并所选"按钮，使用跨度按钮将其合并。将光标置入新合并的表格中，在菜单栏中选择"插入 | 图像"命令。

步骤20 选择该命令后系统将自动弹出"选择图像源文件"对话框，在该对话框中打开随书附带光盘中的"CDROM\素材\第4章\images\010.jpg"文件，插入完成后，合并单元格。

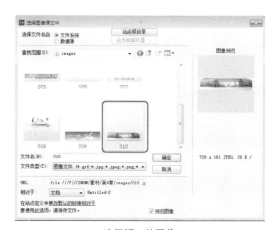

选择插入的图像

步骤21 单击"确定"按钮，即可插入选择的图像。

步骤22 此时图像处于选择状态，在"属性"面板中，将"宽"设置为877px，"高"设置为160px。

插入的图片

设置"框和高"

步骤23 将光标置入第2行的第1个单元格和第2个单元格中，使用相同方法，插入图像，并设置图像的大小。

步骤24 将光标置入第3行的第一个单元格中，并输入相应的文字。

插入图像并设置大小

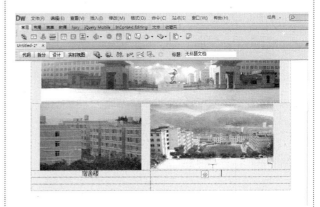

输入的文字

步骤25 在其他单元格中输入文字。选中单元格，单击鼠标右键，在弹出的快捷菜单中选择"对齐丨居中对齐"命令。设置对齐方式后的效果。此时，表格呈选中状态，在"属性"面板中，将"背景颜色"设置为"#D1E6F9"。在文档窗口中选择单元格，单击"属性"面板中的"合并所选单元格，使用跨度"按钮□，即可合并所选单元格。

设置对齐后的效果

合并单元格

步骤26 将光标置入合并的单元格中，并输入相应的文字。

输入的文字

步骤27 选中最后一行单元格，单击"属性"面板中的"合并所选单元格，使用跨度"按钮，即可合并所选单元格。

步骤28 将光标置入合并的单元格中，输入相应的文字。

合并单元格

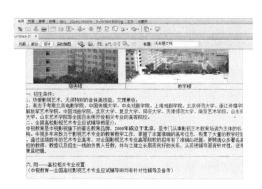

输入的文字

步骤29 选择新输入文字的单元格，单击鼠标右键，在弹出的快捷菜单中选择"对齐 | 居中对齐"命令。

步骤30 设置对齐后的效果。

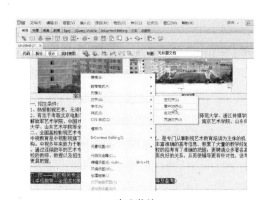

右击菜单

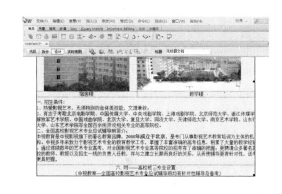

设置后的效果

步骤31 在菜单栏中选择"格式 | CSS样式 | 新建"命令。

步骤32 在弹出的"新建CSS规则"对话框中，将"选择器类型"设置为"类（可应用于任何HTML元素）"，将"选择器名称"命名为".ziti1"。

新建命令

"新建CSS规则"对话框

步骤33 在对话框中单击"确定"按钮，弹出".ziti1的 CSS规则定义"对话框，在左侧的"分类"列表框中选择"类型"选项，然后在"Font-family"下拉列表中选择"华文仿宋"，将"Font-size"设置为16px，将"Color"设置为"#000"。

步骤34 单击"确定"按钮，在文档窗口中选择需要应用样式的文字，然后打开"CSS样式"面板，在新建的样式上单击鼠标右键，在弹出的快捷菜单中选择"应用"命令。

".ziti1CSS规则定义"对话框

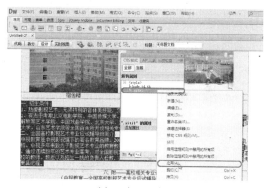

选择"应用"命令

步骤35 应用样式后的效果。

步骤36 选择菜单中的"格式｜CSS样式｜新建"命令。

完成后的效果

步骤37 在弹出的"新建CSS规则"对话框中，将"选择器类型"设置为"类（可应用于任何HTML元素）"，将"选择器名称"命名为".ziti2"。

步骤38 在该对话框中单击"确定"按钮，弹出".ziti2的 CSS规则定义"对话框，在左侧的"分类"列表框中选择"类型"选项，然后在"Font-family"下拉列表中选择"黑体"，"Font-size"设置为12px，"Color"设置为"#696"。

"新建CSS样式"对话框

".ziti2的CSS规则定义"对话框

步骤39 单击"确定"按钮，在文档窗口中选择需要应用样式的文字，然后打开"CSS样式"面板，在新建的样式上单击鼠标右键，在弹出的快捷菜单中选择"应用"命令。

步骤40 设置完成后将文档保存，按F12键在浏览器中进行预览。

应用样式

预览效果

|4.4| 使用CSS过滤器

在Dreamweaver中，CSS过滤器能把可视化的过滤器和转换效果添加到一个标准HTML元素上。灵活应用滤镜的特点。可使页面变得更加的美仑美奂。

4.4.1 实例：Alpha滤镜

应用Alpha滤镜的具体操作步骤如下。

步骤1 启动Dreamweaver，打开随书附带光盘中的"CDROM\素材\第4章\004.html"文件。

步骤2 在菜单栏中选择"格式 | CSS样式 | 新建"命令。

打开的文件

选择应用命令

步骤3 选择该命令后，在弹出的"新建CSS规则"对话框中将"选择器类型"设为"类（可应用于任何HTML元素）"，"选择器名称"命名为"alpha"。

步骤4 单击"确定"按钮，在弹出的".alpha的CSS规则定义"对话框中选择"分类"列表框中的"扩展"选项。

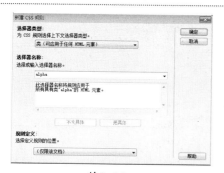

输入alpha

选择"扩展"选项

步骤5 在"Filter"下拉列表中选择"Alpha(Opacity=?, FinishOpacity=?, Style=?, StartX=?, StartY=?, FinishX=?, FinishY=?)"选项。在本例中将Opacity的值设置为200，Style设置为2，删除其他参数。

步骤6 单击"确定"按钮，在文档窗口中选择需要应用样式的文字及图像，然后在新建样式上单击鼠标右键，在弹出快捷菜单中选择"应用"命令。

步骤7 将文档保存，按F12键可以在网页中进行预览。

设置"Filter"选项

选择"应用"命令

预览后的效果

4.4.2 Blur 滤镜

应用Blur滤镜的具体操作步骤如下。

步骤1 打开随书附带光盘中的"CDROM\素材\第4章\005.html"文件。在菜单栏中选择"格式 | CSS样式 | 新建"命令。

步骤2 选择该命令后，在弹出的"新建CSS规则"对话框中将"选择器类型"设置为"类（可应用于任何HTML元素）"，选择器名称命名为"blur"。

打开的文件

设置"新建CSS规则"对话框

步骤3 单击"确定"按钮，在弹出的".blur的CSS规则定义"对话框中，选择"分类"列表框中的"扩展"选项。

步骤4 在"Filter"下拉列表中选择"Blur（Add=?，Direction?，Strength?）"选项。本例将"Add"设置为"true"，"Direction"设置为260，"Strength"设置为30。

选择"扩展"选项

设置"blur"滤镜

步骤5 单击"确定"按钮。在文档窗口中选择需要应用样式的文字及图像，然后在新建的样式上单击鼠标右键，在弹出的快捷菜单中选择"应用"命令。

步骤6 设置完成后，将文档保存。按F12键可以在网页中进行预览。

选择"应用"命令

预览后的效果

提示：

Add用于设置是否显示模糊对象。0（false）表示不显示，1（true）表示显示。Direction用于设置模糊的方向，单位为度，0度代表垂直向上，每45度一个单位。默认为向左的270度。Strength用于设置多少像素的宽度将受模糊影响。

4.4.3 实战：FlipH滤镜

应用FlipH滤镜的具体操作步骤如下。

步骤1 启动Dreamxeaver CS6软件，打开随书附带光盘中的"CDROM\素材\第4章\006.html文件，在菜单栏中选择"格式\CSS样式\新建"命令。

步骤2 选择该命令后，在弹出的"新建CSS规则"对话框中，将"选择器类型"设置为"类（可应用于任何HTML元素）"，"选择器名称"命名为".Flip"。

打开的文件

设置"新建CSS规则"对话框

步骤3 单击"确定"按钮，在弹出的".Flip的CSS规则定义"对话框中选择"分类"列表框中的"扩展"选项。

步骤4 在"Filter"下拉列表中选择"FlipH"选项。

选择"扩展"选项

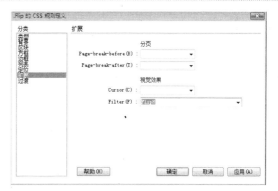

选择"FlipH"滤镜

步骤5 单击"确定"按钮。在文档窗口中选择需要应用样式的图像，在新建的样式上单击鼠标右键，在弹出的快捷菜单中选择"应用"命令。

步骤6 设置完成后，将文档保存。按F12键在网页中进行预览。

选择"应用"命令

预览效果

4.4.4 Glow滤镜

应用Glow滤镜的具体操作步骤如下。

步骤1 打开随书附带光盘中的"CDROM\素材\第4章\007.html"文件，在菜单栏中选择"格式 l CSS样式 l 新建"命令。	**步骤2** 选择该命令后，在弹出的"新建CSS规则"对话框中，将"选择器类型"设置为"类（可应用于任何HTML元素）"，"选择器名称"命名为".glow"。

打开的文件

设置"新建CSS样式"对话框

步骤3 单击"确定"按钮，在弹出的".glow的CSS规则定义"对话框中，选择【分类】列表框中的"扩展"选项。	**步骤4** 在"Filter"下拉列表中选择Glow(Color=?, Strength=?)选项。本例将Color设置为#FE00，设置Strength为5。

选择"扩展"选项

选择并设置滤镜

步骤5 单击"确定"按钮。在文档窗口中选择需要应用样式的文字，然后在新建的样式上单击鼠标右键，在弹出快捷菜单中选择"应用"命令。

步骤6 设置完成后，将文档保存，按F12键可以在网页中进行预览。

选择"应用"命令

预览后的效果

4.4.5 实战：Gray滤镜

应用Gray滤镜的具体操作步骤如下。

步骤1 启动Dreamweaver CS6软件，打开随书附带光盘中的"CDROM\素材\第4章\008.html"文件，在菜单栏中选择"格式 | CSS样式 | 新建"命令。

步骤2 选择该命令后，在弹出的"新建CSS规则"对话框中将"选择器类型"设置为"类（可应用于任何HTML元素）"，将"选择器名称"命名为".gray"。

打开的文件

设置"新建CSS样式"对话框

步骤3 单击"确定"按钮，弹出".gray的CSS规则定义"对话框，在"分类"列表框中选择"扩展"选项。

步骤4 在"Filter"下拉列表中选择"Gray"选项。

选择"扩展"选项

选择"Gray"滤镜

步骤5 单击"确定"按钮,在文档窗口中选择需要应用样式的图像,在新建的样式上单击鼠标右键,在弹出的快捷菜单中选择"应用"命令。

步骤6 设置完成后,将文档保存。按F12键在网页中进行预览。

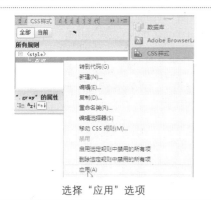

选择"应用"选项

预览后的效果

4.4.6 Inve滤镜

应用Invert滤镜的具体操作步骤如下。

步骤1 启动Dreamweaver,打开随书附带光盘中的"CDROM\素材\第4章\009.html"文件,在菜单栏中选择"格式|CSS样式|新建"命令。

步骤2 选择该命令后,在弹出的"新建CSS规则"对话框中,将"选择器类型"设置为"类(可应用于任何HTML元素)","选择器名称"命名为".invert"。

打开的文件

设置"新建CSS规则"对话框

步骤3 单击"确定"按钮,弹出".invert的CSS规则定义"对话框,在"分类"栏中选择"扩展"选项。

步骤4 在"Filter"下拉列表中选择"Invert"选项。

选择"扩展"选项

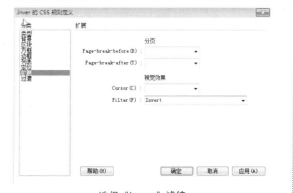

选择"Invert"滤镜

步骤5 单击"确定"按钮,在文档窗口中选择需要应用样式的图像,然后在新建的样式上单击鼠标右键,在弹出快捷菜单中选择"应用"命令。

步骤6 设置完成后,将文档保存,按F12键在网页中进行预览。

选择"应用"命令

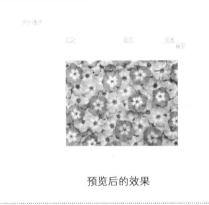

预览后的效果

4.4.7 实战：Wave滤镜

应用Wave滤镜的具体操作步骤如下。

步骤1 打开随书附带光盘中的"CDROM\素材\第4章\010.html"文件，在菜单栏中选择"格式 | CSS样式 | 新建"命令。

步骤2 选择该命令后，在弹出的"新建CSS规则"对话框中，将"选择器类型"设置为"类（可应用于任何HTML元素）"，"选择器名称"命名为".wave"。

打开的文件

设置"新建CSS规则"对话框

步骤3 单击"确定"按钮，在弹出的".wave的CSS规则定义"对话框中，选择"分类"列表框中的"扩展"选项。

步骤4 在"Filter"下拉列表中选择Wave(Add=?, Freq=?, LightStrength=?, Phase=?, Strength=?)选项。本例将Add设置为0，设置Freq为6，设置LightStrength为16，设置Phase为0，设置Strength为15。

选择"扩展"选项

设置"Wave"滤镜

步骤5 单击"确定"按钮，在文档窗口中选择需要应用样式的图像，在新建样式上单击鼠标右键，在弹出的快捷菜单中选择"应用"命令。

步骤6 设置完成后，将文档保存，按F12键在网页中进行预览。

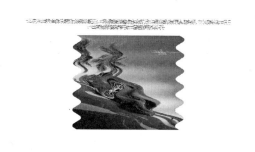

选择"应用"选项 预览后的效果

4.4.8 实战：Shadow滤镜

应用Shadow滤镜的具体操作步骤如下。

步骤1 打开随书附带光盘中的"CDROM\素材\第4章\011.html"文件，在菜单栏中选择"格式 I CSS样式 I 新建"命令。

步骤2 选择该命令后，在弹出的"新建CSS规则"对话框中将"选择器类型"设为"类（可应用于任何HTML元素）"，"选择器名称"命名为".mask"。

打开的文件

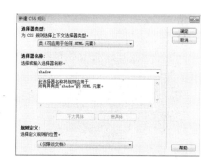

"新建CSS规则"对话

步骤3 单击"确定"按钮，弹出".shadow的CSS规则定义"对话框，在"分类"列表框中选择"扩展"选项。

步骤4 在"Filter"下拉列表中选择Shadow(Color=?, Direction=?)选项。本例将Color设置为#000，设置Direction为140。

选择"扩展"选项 设置"Sadow"滤镜

步骤5 单击"确定"按钮，在文档窗口中选择需要应用样式的文字及图像，然后在新建的样式上单击鼠标右键，在弹出快捷菜单中选择"应用"命令。

步骤6 设置完成后将文档保存，按F12键在网页中进行预览。

选择"应用"选项　　　　　　　　　　　预览后的效果

4.4.9　实战：Xray滤镜

应用Xray滤镜的具体操作步骤如下。

步骤1　打开随书附带光盘中的"CDROM\素材\第4章\012.html"文件，在菜单栏中选择"格式 | CSS样式 | 新建"命令。

步骤2　选择该命令后，在弹出的"新建CSS规则"对话框中将"选择器类型"设置为"类（可应用于任何HTML元素）"，"选择器名称"命名为".Xray"。

打开的文件

"新建CSS规则"对话框

步骤3　单击"确定"按钮，在弹出的".xray 的 CSS规则定义"对话框中选择"分类"列表框中的"扩展"选项。

步骤4　在"Filter"下拉列表中选择"Xray"选项。

选择"扩展"选项

选择"Xray"滤镜

步骤5　单击"确定"按钮，在文档窗口中选择需要应用样式的图像，然后在新建的样式上单击鼠标右键，在弹出的快捷菜单中选择"应用"命令。

步骤6　设置完成后将文档保存，按F12键在浏览器中进行预览。

选择"应用"命令

预览后的效果

4.5 │ 操作答疑

本章主要讲解了如何美化网页，在这里将举出多个常见的问题进行解答，以方便读者学习及巩固前面所学习的知识。

4.5.1 专家答疑

（1）CSS基本语法是什么？

答：CSS是Cascading Style Sheet 的简称，也被译作"层叠样式表单"或"级联样式表"，可用于控制网页中内容的外观。利用其可以制作出很多绚丽、美观的页面效果，可以实现HTML标记无法表现的效果。

对用户来说，CSS是一个非常灵活、方便的工具，可以不用再将繁琐的样式编写在文档的结构中，可以将所有文档的样式从内容中脱离出来，在行内定义、标题中定义，甚至可以作为外部样式文件供HTML调用。

默认情况下，Dreamweaver均使用CSS样式设置文本格式。使用"属性"面板或菜单命令，应用于文本的样式将自动创建为CSS规则；当CSS样式更新后，所有应用了该样式的文档格式都会自动更新。

（2）设置CSS属性的概念？

答：在Dreamweaver中，可以自定义CSS规则的属性，如文本字体、背景图像和颜色、间距和布局属性以及列表元素的外观，在设置CSS属性之前，必须新建或打开一个CSS样式，然后进行相应的设置。

4.5.2 操作习题

1. 选择题

（1）"Font-size"用于调整文本的（　　　）。

A.字体颜色　　　　B.倾斜角度　　　　C.粗细　　　　　D.大小

（2）在"CSS样式"面板中单击（　　　）按钮可以对CSS样式进行修改。

A.附加样式表　　　B.编辑样式　　　　C.新建CSS规则　　　D.删除CSS规则

2. 填空题

（1）在Dreamweaver CS6中，可将CSS样式属性分为_____种类型，包括_____、_____、_____、_____、_____、_____、_____和_____。

（2）在Dreamweaver CS6中，Alpha滤镜主要用于设置对象的_____。

3. 操作题

根据本章介绍的知识，使用CSS样式制作建筑公司网站。

|01|02|03|

（01）使用CSS样式制作网页。

（02）使用CSS过滤器设置网页。

（03）创建CSS样式美化网页。

第5章

使用模板与库

本章重点：

在Dreamweaver CS6中运用模板和库项目能够创建具有统一风格的网页，同时也更方便网站的维护。本章主要介绍模板和库的基础知识和应用：创建模板、更新模板及基于模板的网页、创建库项目等。

学习目的：

通过本章内容的学习，可以使读者轻松使用模板和库的组合维护网站，更方便地对远程网站进行更新，而不用一个一个网页文件上传到远程网站中。

参考时间：40分钟

主要知识	学习时间
5.1　使用模板的优点	20分钟
5.2　使用库项目	20分钟

5.1 | 使用模板

在Dreamweaver中，模板是一种特殊类型的文档，用于设计固定的页面布局。使用模板创建文档可以使网站和网页具有统一的结构和统一的风格，如果有多个网页想要用同一风格来制作，使用模板绝对是最有效的，并且也是最快的方法。

5.1.1 使用模板的优点

使用模板创建文档可以使网站和网页具有统一的结构和外观，模板实质上就是作为创建其他文档的基础文档。在创建模板时，可以说明哪些网页元素应该长期保留、不可编辑，哪些元素可以编辑修改。

模板具有以下优点：
● 风格一致、系统性强、省去了制作统一页面的麻烦。
● 如果要修改共同的页面元素，不必一个一个地修改，只要更改应用它们的模板即可。
● 免除了以前没有此功能时还要备份，一不小心就要覆盖文档的困扰。

模板由可编辑区域和不可编辑区域两部分组成。不可编辑区域包含了页面中的所有元素，构成页面的基本框架，可编辑区域是为了添加相应的内容而设置的。在后期维护中，可通过改变模板的不可编辑区域，快速更新整个站点中所有应用了模板的页面布局。模板的运用在网页设计过程中主要表现在创建模板、定义模板的可编辑区域和管理模板等操作。

5.1.2 创建空白模板

在Dreamweaver中提供了多种创建模板的方法，可以创建空白模板文档，也可以使用"资源"面板创建模板，或者是从现有的文档创建模板。

创建空白模板的步骤如下。

步骤1 启动Dreamweaver CS6软件，在菜单栏中选择"文件 | 新建"命令，弹出"新建文档"对话框，选择"空白页"选项卡，在"页面类型"下拉列表框中选择"HTML模板"选项，在"布局"下拉列表框中选择"无"选项。

步骤2 单击"创建"按钮，即可创建一个空白的模板文档。

新建文档

新建空白文档

5.1.3 创建和删除可编辑区域

在插入可编辑区域之前，应该将文档另存为模板，若在文档不是模板的情况下插入一个可编辑区域，则会警告该文档自动另存为模板。

在模板中创建可编辑区域的步骤如下。

步骤1 在菜单栏中选择"文件 | 打开"命令，在弹出的"打开"对话框中选择随书附带光盘中的"CDROM\Templates\模板.dwt"文件，在文档窗口中选择要插入编辑区域的图像。

步骤2 在菜单栏中选择"插入 | 模板对象 | 可编辑区域"命令，弹出"新建可编辑"对话框，在"名称"文本框中输入文字。

步骤3 单击"确定"按钮，插入可编辑区域，模板中的可编辑区域会被突出显示。

选择图像

"新建可编辑区域"对话框

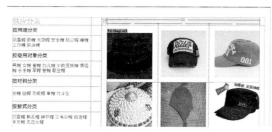

插入可编辑区域

提示：

在定义可编辑区域时，可以定义整个表格或一个单元格为可编辑区域，但不能同时定义几个单元格。AP元素和AP元素中的内容是彼此独立的。将AP元素定义为可编辑时，允许改变AP元素的位置；将AP元素中的内容定义为可编辑时，则允许改变AP元素中的内容。

删除可编辑区域的步骤如下。

步骤1 在菜单栏中选择"文件 | 打开"命令，在弹出的"打开"对话框中选择随书附带光盘中的"CDROM\Templates\模板1.dwt"文件，单击"打开"按钮，即可打开选择的模板文件，然后在文档窗口中单击可编辑区域左上角的选项卡以选中可编辑区域。

步骤2 在菜单栏中选择"修改 | 模板 | 删除模板标记"命令，即可将可编辑区域删除，但其中的内容会被保留。

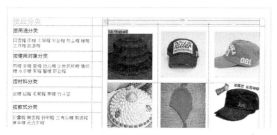

选择可编辑区域

删除模板

提示：

如果要删除某个可编辑区域和其中的所有内容，先选中该可编辑区域，然后按Delete键即可。

5.1.4 实战：创建可选区域和重复区域

用户可将可选区域设置为在基于模板的文档中显示或隐藏。插入可选区域后，即可为模板参数设置特定的值，也可以为模板区域定义条件语句，还可以定义比较复杂的条件语句和表达式。

1. 创建可选区域

下面介绍如何创建可选区域，其具体操作步骤如下。

步骤1 打开随书附带光盘中的"CDROM\Templates\模板.dwt"文件，在文档窗口选择要插入可选区域的位置，然后在菜单栏中选择"插入 | 模板对象 | 可编辑的可选区域"命令。

步骤2 弹出"新建可选区域"对话框，输入可选区域的名称，如果要设置可选区域的值，选择"高级"选项卡，然后单击"确定"按钮。这样就可以创建可选区域，最后将网页保存。

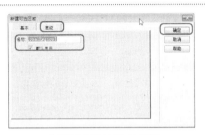

"新建可选区域"对话框

创建可选区域

2. 创建重复区域

下面介绍如何创建重复区域，其具体操作步骤如下。

步骤1 打开随书附带光盘中的"CDROM\Templates\模板.dwt"文件，在文档窗口选择要插入重复区域的位置，然后在菜单栏中选择"插入 | 模板对象 | 重复区域"命令。

选择插入重复区域的位置

> **提示：**
>
> 也可以选择要设置为重复区域的文本或内容。

步骤2 弹出"新建重复区域"对话框，在"名称"文本框中输入名称，如"重复区域1"。

步骤3 单击"确定"按钮，即可创建一个重复区域，最后将网页进行保存。

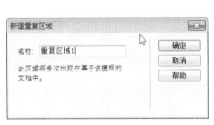

"新建重复区域"对话框

创建重复区域后的效果

5.1.5 实战：从模板中分离

利用"从模板分离"功能可以将文档从模板中分离，分离后的模板依然存在，而文档从模板中分离后，文档的不可编辑区域变为可以进行编辑，为以后修改网页带来了很大的方便。

从模板中分离文档的操作步骤如下。

步骤1 启动Dreamweaver软件后，在菜单栏中选择"文件 | 新建"命令。弹出"新建文档"对话框，在"站点CDROM的模板"中选择"模板"，然后单击"创建"按钮。

步骤2 执行完该操作后，即可新建一个模板文档。

创建模板

新建模板文档

步骤3　在菜单栏中选择"修改｜模板｜从模板中分离"命令，即可将当前文档从模板中分离出来。

当前文档从模板中分离出来

5.1.6　更新模板及基于模板的网页

当对模板进行更新后，站点中应用该模板的网页文档也会进行相应的更新。

更新模板的具体步骤如下。

步骤1　打开随书附带光盘中的"CDROM\Templates\模板.dwt"文件。

步骤2　将光标置入网页文档中合适的位置。

打开模板文件

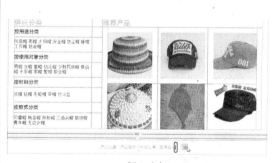

插入光标

步骤3　在属性面板中将"背景颜色"设为"#990066"。

步骤4　设置完成后，在菜单栏中选择"文件｜保存"命令，随即弹出"更新模板文件"对话框，选择基于此模板更新的文件，单击"更新"按钮。

插入背景颜色

"更新模板文件"对话框

步骤5 弹出"更新页面"对话框，在该对话框中保持其默认设置，单击"关闭"按钮即可。

步骤6 打开随书附带光盘中的"CDROM\素材\第5章\Untitled-4.html"文件。即可发现此网页文档就会自动更新。

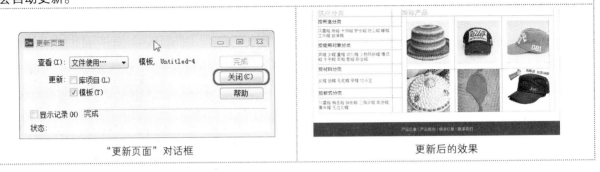

"更新页面"对话框　　　　　　　　　　　　更新后的效果

5.2 使用库项目

库是一种特殊的Dreamweaver文件，本节将要学习的内容有"认识库项目"、"创建库项目"、"插入库项目"、"编辑库项目"以及"制作模板和基于模板的网页"等知识。

5.2.1 认识库项目

在制作网站的过程中，有时候需要把一些网页元素应用在数十个甚至数百个页面中，但要修改这些多次使用的页面元素时，如果要逐页地修改即费时又费力，而使用Dreamweaver CS6中的库项目，就可以极大减少这种重复的劳动，从而节省时间。

Dreamweaver CS6把网站中需要重复使用或需要经常更新的页面元素（如图像、文本或其他对象）存入库中。存入库中的元素被称为库项目。需要时，可以把库项目拖动到文档中，这时Dreamweaver CS6会在文档中插入该库项目的HTML源代码的一份备份，并创建一个对外部库项目的引用。通过修改库项目，选择"修改｜库｜更新页面"命令，即可实现整个网站各个页面上与库项目的相关内容的一次性更新，这样既快捷又方便。

Dreamweaver CS6允许用户为每个站点定义不同的库。

5.2.2 创建库项目

在创建库项目时，应首先选取文档body（主体）的某一部分，然后由Dreamweaver CS6将这部分转换为库项目。

Dreamweaver 会自动将库文件存储在站点的本地的根文件夹下的"Library"子文件夹中，如果此文件夹不存在，当存储一个库文件时，Dreamweaver 将自动生成文件夹。

创建库项目的具体操作步骤如下。

步骤1 打开随书附带光盘中的"CDROM\素材\第5章\创建库项目.html"文件。

步骤2 打开素材文件后，在文档窗口选择图片。

步骤3 在菜单栏中选择"窗口｜资源"命令，打开"资源"面板，在该面板中单击"库"按钮，即可显示"库"样式。

选择图片　　　　　　　　　　　　　　　　"库"样式

步骤4 单击面板右下角的"新建项目"按钮  。即可将选择的图片转换为库项目。

步骤5 此时新建的库项目的名称处于可编辑状态，为其输入新的名称，输入完成后，按Enter键确认。

转换为库项目

输入库项目名称

5.2.3 实战：插入库项目

把库项目添加到页面时，实际的内容以及对项目的引用就会被插入到文档中，此时无需提供原项目就可以正常显示。

在页面中插入库项目的操作步骤如下。

步骤1 打开随书附带光盘中的"CDROM\素材\第5章\插入库项目.html"文件。

步骤2 将光标置于文档的空白部分。

步骤3 打开"资源"面板，单击"库"按钮  。

插入光标

单击"库"按钮

步骤4 在"库"面板中选择库项目"中药材"，单击下方的"插入"按钮。

步骤5 即可插入库项目，保存文档，按F12键预览效果。

单击"插入"按钮

单击"插入"按钮

5.2.4 实战：编辑库项目

编辑库项目包括更新库项目、重命名库项目、删除库项目和重新创建丢失的库项目。

1. 重命名库项目

重命名库项目的具体操作步骤如下。

步骤1 打开随书附带光盘中的"CDROM\Library\Untitled.lbi"文件。

步骤2 打开"资源"面板，在该面板中单击"库"按钮📖，即可显示"库"样式，然后单击需要重命名的库项目。此时，名称变为可编辑状态，输入一个新名称即可。

步骤3 输入完成后，按Enter键确认，Dreamweaver会弹出"更新文件"对话框，询问是否更新使用该项目的文档，用户可以根据需要进行选择。

编辑名称

"更新文件"对话框

2. 更新库项目

更新库项目的具体操作步骤如下。

步骤1 打开随书附带光盘中的"CDROM\Library\中药材.lbi"文件。	**步骤2** 选择图像，在属性面板中单击"亮度|对比度"按钮◑，随即弹出"亮度/对比度"对话框。将"亮度"设为"−11"，"对比度"设为"20"。
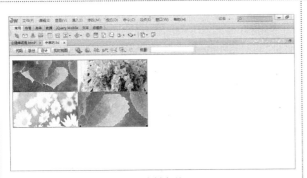 打开素材文件	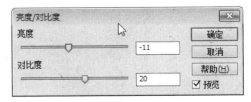 "亮度/对比度"对话框
步骤3 单击"锐化"按钮▲，在弹出的"锐化"对话框中，将锐化值设为"4"，单击"确定"按钮。	**步骤4** 设置完成后，选择"文件|保存"命令，随即弹出"更新库项目"对话框，单击"更新"按钮。
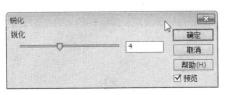 "锐化"对话框	 更新库项目

3. 删除库项目

删除库项目的具体操作步骤如下。

打开"资源"面板，在该面板中单击"库"按钮📖，即可显示"库"样式，选择需要删除的库项目。在选择的库项目上单击鼠标右键，在弹出的快捷菜单中选择"删除"命令，弹出信息提示对话框，单击"是"按钮，即可将选择的库项目删除。

5.2.5 实战：制作模板和基于模板的网页

通过使用模板，能够快速地制作出风格统一的网页。本例将介绍使用模板创建网页的方法，具体的操作步骤如下。

步骤1 启动软件后，在菜单栏中选择"文件 | 新建"命令，弹出"新建文档"对话框，选择"模板中的页"选项卡，然后在"站点"下拉列表框中选择"CDROM"选项，在"站点 CDROM"的模板"下拉列表框中选择"传媒网站1"选项，单击"创建"按钮，即可创建一个基于模板的网页文档。

步骤2 将光标置入"EditRegion3"可编辑区域中，然后在菜单栏中选择"插入 | 表格"命令。

"新建文档"对话框

光标置入可编辑区域

步骤3 弹出"表格"对话框，在该对话框中，将"行数"设置为2，"列"设置为1，"表格宽度"设置为100，"边框粗细"、"单元格边距"和"单元格间距"都设置为0。

步骤4 单击"确定"按钮，即可在可编辑区域内插入一个表格。

设置表格

插入表格

步骤5 将光标置入第一行的单元格中，在属性面板中单击"拆分单元格行或列"按钮 北，随即弹出"拆分单元格"对话框，选择"列"，将"列数"设为"3"。

步骤6 单击"确定"按钮，即可将单元格拆分。

"拆分单元格"对话框

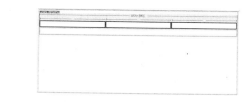

拆分单元格

步骤7 选择拆分的单元格，在属性面板中，将背景颜色设为"#74A4B8"，"水平"设为"居中对齐"。

步骤8 设置完成后，将光标置于第一列单元格中，输入文本内容，选中输入的文本，在属性面板中单击"编辑规则"按钮。

添加背景颜色

单击"编辑规则"按钮

步骤9 弹出"新建CSS规则"对话框，将"选择器类型"设置为"类"，"选择器名称"设置为"m"，设置完成后单击"确定"按钮。

步骤10 弹出".m的CSS规则定义"对话框，在"分类"列表中选择"类型"，在"类型"选项组中，将"Font-size"设置为18，"Color"设置为"#FFF"，设置完成单击"确定"按钮。

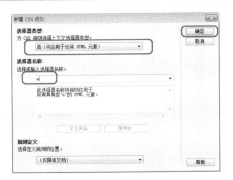

"新建CSS规则"对话框

".m的CSS规则定义"对话框

步骤11 使用同样的方法设置其他单元格中的文字。

步骤12 将光标置入第二行的单元格中，在属性面板中单击"拆分单元格行或列"按钮 北，弹出"拆分单元格"对话框，选择"行"，将"行数"设为"2"。

设置其他文字

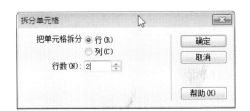

"拆分单元格"对话框

步骤13 选择新拆分单元格的第一行单元格，在属性面板中将"垂直"设置为"顶端"，并输入文本。选择输入的文本，在属性面板中单击"编辑规则"按钮，在弹出"新建CSS规则"对话框中，将"选择器类型"设置为"类"，选择器名称设置为"d"，设置完成后单击"确定"按钮。

步骤14 弹出".m的CSS规则定义"对话框，在"分类"列表中选择"类型"，在"类型"选项组中，将"Font-size"设置为22，"Color"设置为"#333"。

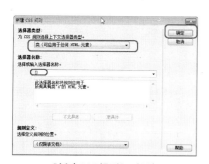

"新建CSS规则"对话框	".m的CSS规则定义"对话框	完成后的效果

步骤15　将光标置入第二行的单元格中，在属性面板中，将"垂直"设置为"顶端"。

步骤16　在菜单栏中选择"插入|图像"命令，在弹出的"选择源图像"对话框中，选择"底纹.jpg"。

步骤17　单击"确定"按钮，即可插入图像，选择插入的图像，在属性面板中，将"宽"设置为670，"高"设置为29。

步骤18　完成网页的制作后，对其进行保存。

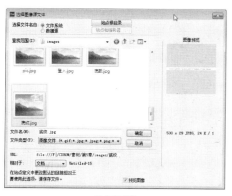

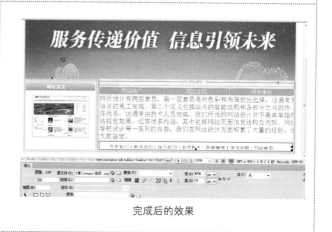

选择图像	完成后的效果

5.3 操作答疑

　　本章主要讲解的是如何使用模板和库，这里将举出多个常见的问题进行解答，以方便读者学习及巩固前面所学习的知识。

5.3.1 专家答疑

　　（1）为什么在定义可编辑区域时，不能同时定义多个单元格?

　　答：在定义可编辑区域时，可以定义整个表格或一个单元格为可编辑区域，但不能同时定义几个单元格为可编辑区域。

　　（2）为什么在某一些文档中不能插入可编辑区域?

　　答：在插入可编辑区域之前，应该将文档另存为模板，若在文档不是模板的情况下插入一个可编辑区域，则会警告该文档自动另存为模板。

5.3.2 操作习题

1. 选择题

　　（1）库项目的保存格式为（　　　）。

A.dwt   B.doc   C.lbi

（2）若要更改基于模板的文档的（   ），必须将该文档从模板中分离出来。

A.锁定区域   B.可编辑区域   C.重复区域

2. 填空题

（1）模板由_____和_____两部分组成。

（2）模板的运用在网页设计的过程中主要表现在_____、_____和_____等操作。

3. 操作题

为模板添加可编辑区域。

（01）打开随书附带光盘中的"CDROM\Templates\模板.dwt"文件。

（02）在模板中，选择网站主标题，然后在菜单栏中选择"插入 | 模板对象 | 可编辑的可选区域"命令。

（03）在弹出的"新建可编辑区域"对话框中保持默认值，单击"确定"按钮，这样即可创建一个"可编辑的可选区域"。

第**6**章

使用表单

本章重点：

使用表单可实现浏览网页者与网站管理员之间的交互，本章主要学习插入文本域、单选按钮和复选框、列表/菜单、跳转菜单、使用按钮激活表单等的方法。

学习目的：

在注册网站会员或者邮箱时，在网页中都要设置到密码和账号，才会注册成功，提交这些内容使用的就是表单。通过本章的学习用户可自主创建表单，实现网站管理员与用户之间的沟通交流。

参考时间：80分钟

主要知识	学习时间
6.1　表单概述	10分钟
6.2　创建表单域	10分钟
6.3　插入文本域	10分钟
6.4　单选按钮和复选框	15分钟
6.5　列表/菜单	10分钟
6.6　跳转菜单	10分钟
6.7　使用按钮激活表单	15分钟

6.1 | 表单概述

　　表单设计是一个网站成功的重要因素。网站管理者一般会使用表单域与用户进行动态交流沟通。如在线购物、搜索界面、调查问卷等过程都需一系列表单，用户填写好的表单提交给网站后台的服务器进行处理。

　　表单具有两个重要的组成部分：一个是描述表单的HTML源代码。另一个是具备服务器端的表单处理应用程序客户端脚本，如ASP和CGI等，能够处理输入到表单中的信息。

6.2 | 创建表单域

　　在表单中有多个表单元素和表单域，表单域中要放入表单元素才会生效，所以用户在制作表单的过程中先要创建表单域。创建一个基本表单域的具体操作步骤如下。

步骤1 打开随书附带光盘中的"CDROM\素材\第6章\001.html"文件。

打开素材文件

步骤2 将光标移到文档中的合适位置，在菜单栏中选择"插入|表单|表单"命令。

选择"表单"命令

步骤3 执行该命令后，在光标所在的文档窗口中出现红色的虚线框，即可插入表单。

插入表单

> 💡 **提示：**
> 在"属性"面板中可观察表单的属性，"属性"面板中的各项参数如下。
> - **表单ID**：输入标识该表单的唯一名称。
> - **动作**：设置该处理表单的动态页或脚本的路径。
> - **方法**：选择表单数据传输到服务器的传送方法，包括"默认"、"GET"和"POST"3个选项。
> - **默认**：用浏览器的默认设置将表单数据发送到服务器。
> - **GET**：将表单内的数据追加到请求该页的URL中。
> - **POST**：在HTTP请求中嵌入表单数据。

6.3 | 插入文本域

文本域包括单行文本域、多行文本域和插入密码域3种类型的内容。

6.3.1 单行文本域

最常见的表单对象是单行文本域，用户可以在文本域中输入字母、数字和文本等类型的内容。插入单行文本域的具体操作步骤如下。

步骤1 打开随书附带光盘中的"CDROM\素材\第6章\002.html"文件。将光标移到文档中的相应位置，在其中输入文字"用户名"。

步骤2 在菜单栏中选择"插入 | 表单 | 文本域"命令。在弹出的"输入标签辅助功能属性"对话框中单击"确定"按钮。

输入文字

"输入标签辅助功能属性"对话框

步骤3 弹出自动信息提示对话框，在提示对话框中单击"是"按钮，即可完成在单元格内插入单行文本域。

步骤4 选择插入的文本段后，在属性面板中将"字符宽度"设置为20。

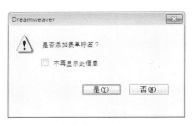

信息提示对话框

设置"字符宽度"

步骤5 使用上述相同方法，也可在其他单元格内输入文字并插入文本字段。

> **提示：**
> 在"表单"面板中选择"文本字段"按钮，可插入单行文本域。

6.3.2 实战：多行文本域

插入多行文本域与插入单行文本域基本相同，不同的是多行文本域允许输入更多的文本。插入多行文本域的具体操作步骤如下。

步骤1 打开随书附带光盘中的"CDROM\素材\第6章\003.html"文件。将光标移到文档中的相应位置，并输入"个人简介"。

步骤2 在菜单栏中选择"插入 | 表单 | 文本区域"命令。在弹出的"输入标签辅助功能属性"对话框中使用默认设置。单击"确定"按钮，弹出自动信息提示对话框，在提示对话框中单击"是"按钮，即可完成在单元格内插入多行文本域。

输入文字

插入文本区域

步骤3 选择插入的文本段后，在属性面板中将"字符宽度"设置为40。

步骤4 将文档进行保存，按F12键在浏览器中预览效果。

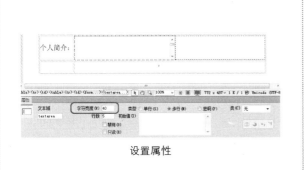

设置属性

预览效果

> **提示：**
> 在"表单"面板中选择"文本字段"按钮，即可插入多行文本域。

6.3.3 实战：插入密码域

密码域是特殊类型的文本域。在密码域的输入过程中，所输入的文本将被替换为星号或项目符号，以隐藏该文本，保护这些信息不被泄露，插入文本域的具体操作步骤如下。

步骤1 打开随书附带光盘中的"CDROM\素材\第6章\004.html"文件。将光标移到文档中的相应单元格内。

步骤2 选择插入的密码域，在"属性"面板中选择"密码"按钮。

指定光标位置

选择"密码"单选按钮

步骤3 将文档进行保存，按F12键在浏览器中预览效果，此时可发现，在密码文本框内输入信息时，所输入的信息将替换为黑色圆点。

输入密码

6.4 | 单选按钮和复选框

单选按钮只能选出一组选项中的一个选项，单选按钮通常在单选按钮组中使用，选中其中一个选项后，就会取消单选按钮组中的其他所有选项的选择。复选框允许用户在使用表单的过程中，选择任意多个适用的选项。

6.4.1 复选框

在使用表单时，经常会从一组选项中选择多个选项，此时就需要使用复选框。插入复选框的具体操作步骤如下。

步骤1 打开随书附带光盘中的"CDROM\素材\第6章\005.html"文件。将光标移到文档中的相应单元格内，并输入文字"专业"。

步骤2 在菜单栏中选择"插入｜表单｜复选框"命令。在弹出的"输入标签辅助功能属性"对话中单击"确定"按钮，将弹出自动信息提示对话框，在提示对话框中单击"是"按钮，即可在单元格内插入复选框。

指定光标位置

插入复选框

步骤3 在插入的复选框后面输入内容。

步骤4 使用上述相同方法，插入其他复选框，并输入内容。

输入内容

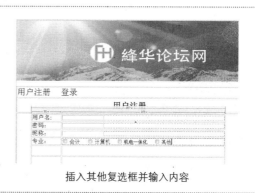

插入其他复选框并输入内容

6.4.2 实战：插入单选按钮

用户要在一组选项中选择一个选项时，可使用单选按钮，插入单选按钮的具体操作步骤如下。

步骤1 打开随书附带光盘中的"CDROM\素材\第6章\006.html"文件。将光标移到文档中的相应单元格内，并输入文字"学历"。

步骤2 在菜单栏中选择"插入丨表单丨单选按钮"命令。在弹出的"输入标签辅助功能属性"对话中单击"确定"按钮，将弹出自动信息提示对话框，在提示对话框中单击"是"按钮，即可在单元格内插入单选按钮。

指定光标位置

插入单选按钮

步骤3 在插入的单选按钮后面输入内容。

步骤4 使用上述相同方法，插入单选按钮，并输入内容。

输入内容

插入其他单选按钮并输入内容

6.4.3 实战：插入单选按钮组

在实际操作过程中，用户还可一次性插入多个单选按钮，此时需要使用"单选按钮组"命令。插入单选按钮组的具体操作步骤如下。

步骤1 打开随书附带光盘中的"CDROM\素材\第6章\007.html"文件。将光标移到文档中的相应单元格内，并输入文字"性别"。

步骤2 在菜单栏中选择"插入丨表单丨单选按钮组"命令。在弹出的"单选按钮组"对话框中的"名称"文本框中输入"性别"，单击"标签"下的第一个"单选"后，可在"标签"文本框中输入"男"。

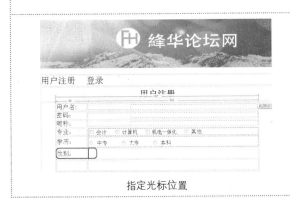

指定光标位置

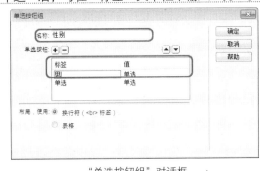

"单选按钮组"对话框

步骤3 使用上述相同方法，选择第二个标签"单选"，将其修改为"女"。

步骤4 单击"确定"按钮，将弹出自动信息提示对话框，在提示对话框中单击"是"按钮，即可在单元格内插入单选按钮组。

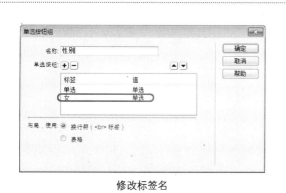

修改标签名

插入的单选按钮组

6.5 | 列表/菜单

在一个列表中，可包括一个或若干个项目。用户单击时弹出的下拉式菜单，称为下拉菜单；显示为一个列有项目的可滚动列表，用户可从中进行选择，这种列表被称为滚动列表。下面将讲述插入"列表/菜单"的具体操作步骤。

步骤1 打开随书附带光盘中的"CDROM\素材\第6章\008.html"文件。将光标移到文档中的相应单元格内，并输入文字"城市"。

步骤2 在菜单栏中选择"插入｜表单｜选择（列表/菜单）"命令。在弹出的"输入标签辅助功能属性"对话框中单击"确定"按钮，将弹出自动信息提示对话框，在提示对话框中单击"是"按钮，即可在单元格内插入"列表/菜单"。

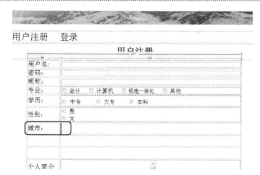

指定光标位置

插入的列表/菜单

步骤3 将插入的"列表/菜单"选中，在"属性"面板中单击"列表值"按钮。

步骤4 在弹出的"列表值"对话框中单击 **+** 按钮，添加项目标签。

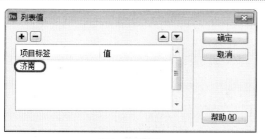

添加项目标签

添加其他项目标签

步骤5 单击"确定"按钮，查看"列表/菜单"。

步骤6 将文档进行保存，按F12键在浏览器中预览效果。

列表/菜单效果

预览效果

提示：

"列表/菜单"的"属性"面板中的各项参数说明如下。

● **选择：** 设置列表菜单的名称，这个名称是必需的，也必须是唯一的。
● **类型：** 设置当前对象为下拉菜单还是滚动列表。
● **"列表值"按钮：** 在弹出的"对话框"中可以增减和修改列表/菜单。若列表或菜单中的某项内容被选中，提交表单时它对应的值就会被传送到服务器端的表单处理程序；若没有对应的值，则传送标签本身。
● **初始化时选定：** 该文本框首先显示"列表值"对话框内的列表菜单内容，然后可在其中设置列表/菜单的初始选择，方法是单击要作为初始选择的选项，若【类型】设置为"列表"，则可初始选择多个选项，若"类型"设置为"菜单"，那么只能选择一个选项。
● **类：** 可将CSS规则应用于对象。

6.6 跳转菜单

若用户想要建立URL与弹出菜单/列表中选项之间的关联，可使用跳转菜单。通过在列表中选择一项，浏览器将跳转到指定的URL。插入跳转菜单的具体操作步骤如下。

步骤1 打开随书附带光盘中的"CDROM\素材\第6章\009.html"文件。将光标移到文档中的相应单元格内，并输入文字"友情链接"。

步骤2 在菜单栏中选择"插入 | 表单 | 跳转菜单"命令。在弹出的"插入跳转菜单"对话框中输入"http：//www.hao123.com"，勾选"菜单之后插入前往按钮"复选框。

输入文字

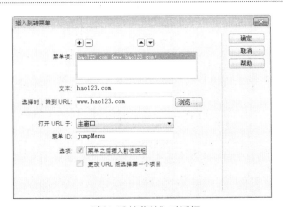

"插入跳转菜单"对话框

步骤3 单击"确定"按钮，即可插入跳转菜单。

步骤4 将文档进行保存，按F12键在浏览器中进行预览。

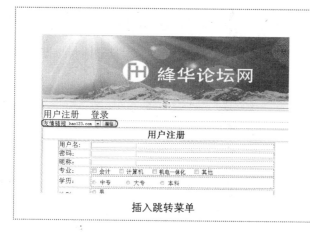

插入跳转菜单

预览效果

6.7 使用按钮激活表单

在网页中,按钮是最常见的表单对象,对表单进行操作,单击"提交"按钮后,用户可以将表单数据提交到服务器中。

6.7.1 实战:插入按钮

在表单中按钮是必不可少的,它可以分配其他在脚本中定义的处理任务。标准的表单按钮带有"提示"、"发送"、"重置"等标签。插入按钮的具体操作步骤如下。

步骤1 打开随书附带光盘中的"CDROM\素材\第6章\010.html"文件。将光标移到文档中的相应单元格内。

步骤2 在菜单栏中选择"插入丨表单丨按钮"命令。在弹出的"输入标签辅助功能属性"对话框中单击"确定"按钮。

指定光标位置

"输入标签辅助功能属性"对话框

步骤3 将弹出自动信息提示对话框,在提示对话框中单击"是"按钮。

步骤4 即可在单元格内插入按钮。

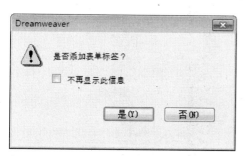

提示信息对话框

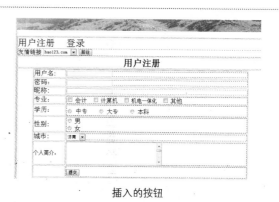

插入的按钮

6.7.2 实战:插入图像域

用户可以用图像作为按钮的图标。插入图像域的具体操作步骤如下。

步骤1 打开随书附带光盘中的"CDROM\素材\第6章\011.html"文件。将光标移到文档中的相应单元格内。

步骤2 在菜单栏中选择"插入 | 表单 | 图像域"命令。在弹出的"选择图像源文件"对话框中选择"CDROM"\素材\第6章 | 重置按钮.gif"文件。

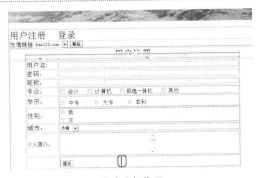
指定光标位置

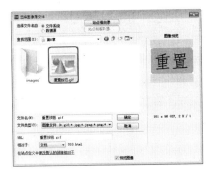
"选择图像源文件"对话框

步骤3 单击"确定"按钮,在弹出的"输入标签辅助功能属性"对话框中单击"确定"按钮,将弹出自动信息提示对话框,在提示对话框中单击"是"按钮,即可在单元格内插入图像域。

步骤4 将文档进行保存,按F12键在浏览器中预览效果。

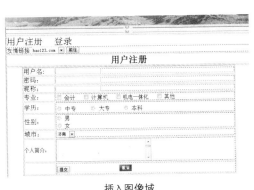
插入图像域

预览效果

6.7.3 实战:会员注册表单

下面将介绍使用表单对象制作会员注册表单的方法,具体的操作步骤如下。

步骤1 启动Dreamweaver CS6软件程序，打开随书附带光盘中的"CDROM\素材\第6章\会员注册表单.html"文件，将光标移到文档中的相应单元格内。

步骤2 在菜单栏中选择"插入 | 表单 | 表单"命令。

指定光标位置

选择"表单"命令

步骤3 执行该命令后，即可在光标所在的单元格内插入表单。

步骤4 将光标置入所插入的表单中，在菜单中选择"插入 | 表格"命令。

插入的"表单"

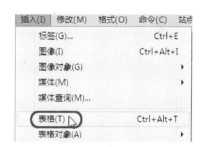

插入"表格"命令

步骤5 执行该命令后，在弹出的"表格"对话框中设置"行数"为10，"列"为2，"表格宽度"为"800像素"，"边框粗细"为0。

步骤6 执行该操作后，单击"确定"按钮，即可插入表格。

设置表格对话框

插入完成后的表格

步骤7 选择新插入的表格，调整表格，中间放置分割线。在属性面板中设置"对齐"为"居中对齐"。

步骤8 在单元格的左侧输入相关的文字内容。

表格居中对齐

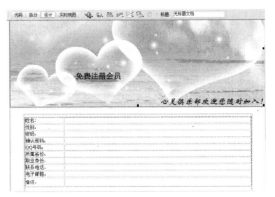

在表格中输入文字

步骤9 将输入文字的单元格选中后，单击鼠标右键，在弹出的快捷菜单中选择"对齐｜居中对齐"命令，即可将文字在表格中居中。

步骤10 将光标移至右侧的"姓名"单元格内，在菜单栏中选择"插入｜表单｜文本域"命令。在弹出的"输入标签辅助功能属性"对话框中单击"确定"按钮，在自动信息提示对话框中单击"是"按钮，即可插入文本域。

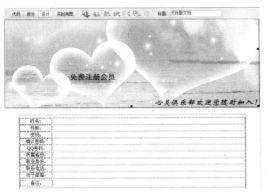

表格内文字居中

插入完成后的文本域

步骤11 将光标移至"性别"右侧的单元格内，在菜单栏中选择"插入｜表单｜单选按钮组"命令，弹出"单选按钮组"对话框。

步骤12 在弹出的"单选按钮组"对话框中选择"标签"下的"单选"，将两个"单选"分别修改为"男"、"女"。

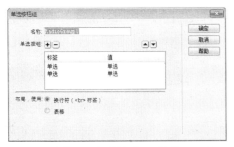

弹出的"单选按钮组"对话框

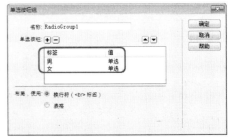

设置"单选按钮组"对话框

步骤13 单击"确定"按钮，即可在指定的单元格内插入单选按钮组。

步骤14 将光标分别移至"密码"和"重置密码"单元格的右侧，分别在菜单栏中选择"插入｜表单｜文本域"命令，在弹出的"输入标签辅助功能属性"对话框中单击"确定"按钮，在自动信息提示对话框中单击"是"按钮，即可插入文本域。

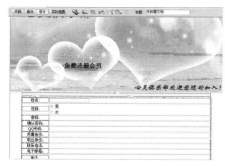

插入完成后的单选按钮组

插入完成后的文本域

步骤15 分别选择"密码"和"重置密码"的文本域"属性"面板，在"类型"选项中设置"密码"单选按钮，即可插入密码域。

步骤16 将光标移至"QQ号码"右侧的单元格内，在菜单栏中选择"插入|表单|文本域"命令，为其添加"文本域"。

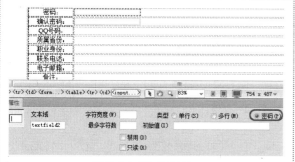

选择"密码"单选按钮

添加"文本域"

步骤17 将光标移至"所属省份"右侧的单元格内，在菜单栏中选择"插入|表单|选择（列表/菜单）"命令。

步骤18 在弹出的"输入标签辅助功能属性"对话框中单击"确定"按钮，在自动信息提示对话框中单击"是"按钮，即可插入列表/菜单。

选择"选择（列表/菜单）"命令

插入完成后的列表/菜单

步骤19 将插入的列表/菜单选中，在"属性"面板中选择"列表值"按钮。

步骤20 在弹出的"列表值"对话框中选择 ＋ 按钮，可添加项目标签，然后输入名称。

选择"列表值"按钮

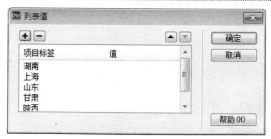

设置"列表值"对话框

步骤21 单击"确定"按钮，即可完成对"列表值"对话框的设置。

步骤22 将光标移至"职业身份"右侧的单元格内，在菜单栏中选择"插入|表单|复选框"命令。

完成后的设置

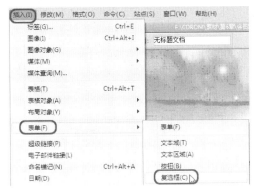

选择"复选框"命令

步骤23 在弹出的"输入标签辅助功能属性"对话框中单击"确定"按钮，在自动信息提示对话框中单击"是"按钮，即可插入复选框。

步骤24 在插入的复选框后，输入所需的内容。

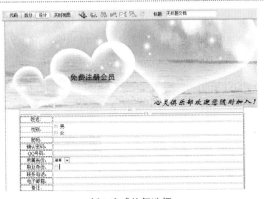

插入完成的复选框

为复选框后面添加内容

步骤25 使用上述相同方法，插入多个复选框并输入内容。

步骤26 将光标分别移至"联系电话"和"电子邮箱"单元格的右侧，在菜单栏中分别选择"插入|表单|文本域"命令，将其分别进行添加即可。

多个复选框完成的效果

添加"文本域"

步骤27 将光标移至"备注"右侧的单元格内，在菜单栏中选择"插入|表单|文本区域"命令。

步骤28 在弹出的"输入标签辅助功能属性"对话框中单击"确定"按钮，在自动信息提示对话框中单击"是"按钮，即可插入文本区域。

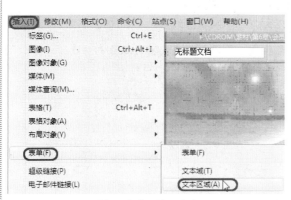

选择"文本区域"命令

插入"文本区域"完成的效果

步骤29 将光标移至相应的单元格内，在菜单栏中选择"插入 | 表单 | 按钮"命令。

步骤30 在弹出的"输入标签辅助功能属性"对话框中单击"确定"按钮，即可在单元格内插入按钮。

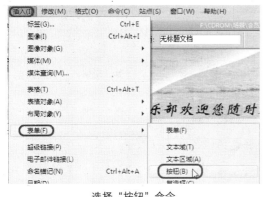

选择"按钮"命令

插入完成的按钮

步骤31 使用上述相同方法，插入一个按钮，在"属性"面板中设置"重设表单"，即可完成。

步骤32 执行该操作后，将文档进行保存，按F12键在浏览器中预览效果。

选择"重设表单"

预览效果

6.8 操作答疑

在实际操作过程中可能会遇到的问题，在后面将会详细讲解。最后会有多个练习习题，供我们回顾之前所学的内容，提高对本章知识的熟练程度。

6.8.1 专家答疑

（1）在插入文本域后的"属性"面板中可以做些什么？

答：在"属性"面板中的"类型"选项中，可在单行文本域、多行文本域或密码三者之间进行选择。

（2）文件域的作用是什么？

答：文件域可用于查找文件中的路径，通过表单将选择的文件进行上传。

6.8.2 操作习题

1. 选择题

（1）在下面三个选项中，不属于表单对象的一项是（　　　）。

A.按钮　　　　　　　B.复选框组　　　　　　C.图像集

（2）网站管理员通常会使用（　　）与用户进行沟通。

A.邮箱　　　　　　　B.表单　　　　　　　　C.文本域

（3）（　　）允许在一组选择中选择多个选项，用户可任意选择多个适用的选项。

A.复选框　　　　　　B.列表/表单　　　　　　C.密码域

2. 填空题

（1）表单具有两个重要的组成部分：一是＿＿＿＿＿＿，二是＿＿＿＿＿＿，如ASP和CGI等，能够处理输入到表单中的信息。

（2）根据类型属性的不同，文本域分为3种：＿＿＿＿＿、＿＿＿＿＿和＿＿＿＿＿。

（3）＿＿＿＿＿可用于查找文件中的路径，通过表单将选择的文件进行上传。

（4）若要建立URL与弹出菜单/列表中选项之间的关联可使用＿＿＿＿＿。通过在列表中选择一项，浏览器将跳转到指定的URL。

3. 操作题

制作留言板。

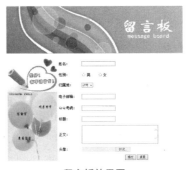

留言板效果图

（01）打开素材文件，创建表单、插入并设置表格。

（02）对表格输入文本并插入各种命令。

（03）制作完成，查看预览效果。

第7章

为网页添加行为与第三方插件的使用

本章重点：

    Dreamweaver CS6中的行为将JavaScript代码放置到文档中，这样访问者就可以通过多种方式更改Web页，或者启动某些任务。本章将对Dreamweaver CS6中主要的行为进行讲解，使读者掌握各种行为的概念及应用。

学习目的：

    行为是某个事件和由该事件触发的动作的组合。使用行为可以使网页制作人员不用编程即可实现一些程序动作，如验证表单、打开浏览器窗口等。

参考时间：20分钟

主要知识	学习时间
7.1　行为的含义	10分钟
7.2　内置行为	10分钟

| 7.1 | 行为的含义

Dreamweaver中的行为是由一系列JavaScript程序集成的，利用行为可以使网页设计师不用编写复杂的程序就可以实现满意的程序动作。

行为包含两部分内容：事件和动作；动作是特定的JavaScript程序，只要有事件发生，该程序就会自动运行。在Dreamweaver中，使用行为主要通过"行为"面板来控制。

7.1.1 行为

行为是由对象、事件和动作构成的。对象是某个事件和该事件触发的动作的组合。在"行为"面板中，可以先指定一个动作，然后再指定触发该动作的事件，以此将行为添加到页面中。在将行为附加到某个页面元素之后，当该元素的某个事件发生时，行为即会调用与这一事件相关联的动作，也就是"JavaScript代码"。

每个浏览器都会提供一组事件，这些事件可以与"行为"面板的动作相关联，当网页的浏览者与页面进行交互时，浏览器会生成事件，这些事件可用于调用选择动作的JavaScript函数。

动作是一段预先编写好的JavaScript代码，可用于选择诸如以下的任务：打开浏览器窗口，显示或隐藏AP元素、播放声音或停止播放Adobe Shockwave影片，Dreamweaver中的动作提供了最大程度的跨浏览器兼容性。

在Dreamweaver中使用内置的行为时，系统会自动向页面中添加JavaScript代码，用户完全不必自己编写。在Dreamweaver中可以添加的动作如表7-1所示。

表7-1 在Dreamweaver中可以添加的动作

动作	说明
恢复交换图像	在运用交换图像动作之后，显示原来的图片
交换图像	发生设置的事件后，用其他图片来代替原有的图像
打开浏览器窗口	在新窗口中打开URL
预先载入图像	为了在浏览器中快速显示图片，事先下载图片之后显示出来
设置导航栏图像	制作由图片组成菜单的导航条
设置容器的文本	添加该行为，可在AP Div中指定文本内容
设置文本域文字	在文本字段区域显示指定的内容
设置框架文本	在选定的帧上显示指定的内容
设置状态栏文本	在状态栏中显示指定的内容
显示-隐藏元素	显示或隐藏特定的AP Div
显示弹出式菜单	显示弹出式菜单
检查表单	在检查表单文档有效性的时候使用
跳转菜单开始	跳转菜单中选定要移动的站点之后，只有单击"GO"按钮才可以移动到连接的站点上
弹出信息	设置的事件发生之后，弹出警告信息
拖动AP元素	允许在浏览器中自由拖动AP Div
调用JavaScript	调用JavaScript函数
转到URL	可以转到特定的站点或网页文档上
跳转菜单	可以创建若干个连接的跳转菜单
弹出信息	设置的事件发生之后，弹出警告信息

7.1.2 使用"行为"面板

在Dreamweaver中，对行为的添加和控制主要是通过"行为"面板来实现的。在"行为"面板中，可以先指定一个动作，然后指定触发该动作的事件，从而将行为添加到页面中。如将鼠标指针移到对象（事件）上时，对象会发生预定义的变化（动作）。

使用"行为"面板的具体操作步骤如下。

步骤1 在菜单栏中选择"窗口|行为"命令，或者按Shift+F4快捷键，打开"行为"面板。	**步骤2** 单击"行为"面板中的"添加行为"按钮 +，在弹出的菜单中选择所需的行为。
 "行为"面板	 添加行为
步骤3 在"行为"面板中选择某一时间，单击 − 按钮，可从时间列表中删除所选择的事件。	**步骤4** 在动作列表上方，单击 ▲ 或 ▼ 按钮，可向上或向下移动选定的动作。
 删除所选的事件	 向上或向下移动选定的动作

7.1.3 添加行为

在Dreamweaver中，可以为文档、图像、链接和表单元素等任何网页元素添加行为，在给对象添加行为时，可以一次为每个事件添加多个动作，并按"行为"面板中动作列表的顺序来选择动作。添加行为的具体操作步骤如下。

步骤1 在页面中选定一个对象，也可以单击文档窗口左下角的"body"标签，选中整个页面，打开"行为"面板，单击 + 按钮，弹出动作菜单。

步骤2 从动作菜单中选择一种动作，弹出相应的参数设置对话框。

行为下拉列表

打开的对话框

步骤3 在其中进行设置后单击"确定"按钮，即可在事件列表中显示设置的动作事件。

步骤4 单击该事件的名称，会出现 ▾ 按钮，单击该按钮，在弹出的列表中可以看到全部事件，可以在该列表中选择一种事件。

添加的事件

弹出的下拉菜单

| 7.2 | 内置行为

　　Dreamweaver CS6内置有许多行为，每一种行为都可以实现一个动态效果，或实现用户与网页之间的交互。

7.2.1 交换图像

　　"交换图像"动作通过更改图像标签的属性，将一个图像和另一个图像进行交换。使用该动作可以创建"鼠标经过图像"和其他的图像效果（包括一次交换多个图像）。

步骤1 启动Dreamweaver CS6软件，打开随书附带光盘中的"CDROM\素材\第7章\010.html"文件，在网页文档中选择要添加行为的图像。

步骤2 在菜单栏中选择"窗口丨行为"命令，打开"行为"面板。单击"添加行为"按钮 ✦，在弹出的菜单中选择"交换图像"命令。

打开的文件

选择"交换图像"命令

步骤3 在弹出的"交换图像"对话框中，单击"浏览"按钮，在弹出的"选择图像源文件"对话框中选择"004.jpg"文件。

步骤4 单击"确定"按钮，返回"交换图像"对话框，在"设定原始档为"文本框中即可显示我们选择的素材文件。

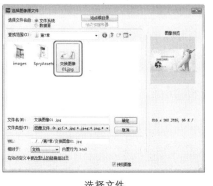

选择文件

"变换图像"对话框

步骤5 在"选择图像源文件"对话框中单击"确定"按钮,可在"行为"面板中看到我们添加的行为。	**步骤6** 保存文件,按F12键在浏览器中查看添加"交换图像"行为后的效果,在鼠标还未经过图像时的效果。
 行为面板	 预览的效果
步骤7 将鼠标放置在添加"交换图像"的图像上的时候,图像会发生变化。	 发生的变化

7.2.2 实例:弹出信息

使用"弹出信息"动作可以在浏览者单击某个行为时,显示一个带有JavaScript 的警告。由于JavaScript 警告只有一个"确定"按钮,所以该动作只能作为提示信息,而不能为浏览者提供选择。

在网页中添加"弹出信息"行为的具体操作步骤如下。

步骤1 启动Dreamweaver CS6软件,打开随书附带光盘中的"CDROM\素材\第7章\010.html"文件,在网页文档中选择要添加行为的图像。

步骤2 单击主框架图像下面的"最新点击率"图像。

 打开的文件	 选择图像

步骤3 打开"行为"面板,在该面板中单击"添加行为"按钮 + ,在弹出的下拉菜单中选择"弹出信息"命令。

步骤4 在弹出的"弹出信息"对话框中设置要弹出的信息文本"未最新消息!"。

 弹出信息	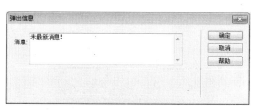 "弹出信息"对话框

步骤5 设置完成后单击"确定"按钮,即可在"行为"面板中看到我们所添加的行为。	步骤6 保存网页,按F12键测试网站,单击添加行为后的图像,即可弹出一个对话框。
 行为面板	 完成后的效果

7.2.3 恢复交换图像

利用"鼠标滑开时恢复图像"动作,可以将所有被替换显示的图像恢复为原始图像。一般来说,在设置"交换图像"动作时会自动添加"交换图像恢复"动作,这样当鼠标离开对象时,就会自动恢复原始图像。

如果在附加"交换图像"行为时选择了"鼠标滑开时恢复图像"复选框,则不再需要选择"恢复交换图像"行为。

步骤1 选择页面中附加了"交换图像"行为的对象,单击"行为"面板中的"添加行为" +. 按钮,并从弹出的子菜单中选择"恢复交换图像"命令。

步骤2 在弹出"恢复交换图像"对话框中,没有可以设置的选项,单击"确定"按钮,即可为对象附加"恢复交换图像"行为,在"行为"面板中选择需要的事件,最后单击"确定"按钮即可。

 选择"恢复交换图像"	"恢复交换图像"对话框

7.2.4 打开浏览器窗口

在网页中添加"打开浏览器窗口"动作可以在一个新的窗口中打开指定的URL,并指定新窗口的属性、特性和名称等。

在网页中添加"打开浏览器窗口"行为的具体操作步骤如下。

步骤1 启动Dreamweaver CS6软件,打开随书附带光盘中的"CDROM\素材\第7章\010.html"文件。

步骤2 在010.html文件中选择"推荐商品"文本。

 打开的文件	 选择文本

步骤3 打开"行为"面板，在该面板中单击"添加行为"按钮 ➕ ，在弹出的下拉列表中选择"打开浏览器窗口"命令。	**步骤4** 在打开的"打开浏览器窗口"对话框中单击"要显示的URL"后的"浏览"按钮，在打开的对话框中选择"推荐商品.html"文件。

打开"浏览器窗口"

选择"推销商品文件"

步骤5 单击"确定"按钮，将"窗口宽度"和"窗口高度"分别设置为150和200，在"属性"选项组中勾选"导航工具栏"复选框，"调整大小手柄"复选框，设置"窗口名称"为"推荐商品"。

步骤6 单击"确定"按钮，在"行为"面板中显示添加的行为。保存文件，按F12键在浏览器窗口预览效果。

窗口对话框

预览的效果

步骤7 单击"推荐商品"文本，打开刚设置好的网站，即可测试添加行为后的效果。	

预览后的效果

"打开浏览器窗口"面板

❶要显示的URL：单击该文本框右侧的"浏览"按钮，在打开的对话框中选择要连接的文件，或者在文本框中输入要连接的文件的路径。

❷窗口宽度：设置打开浏览器的宽度。

❸窗口高度：设置打开浏览器的高度。

❹导航工具栏：勾选此复选框，浏览器组成的部分将包括"地址"、"主页"、"前进"、"主页"和"刷新"等。

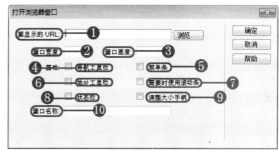

浏览器窗口

❺菜单条：勾选此复选款，在打开的浏览器窗口中显示菜单，如"文件"、"编辑"和"查看"等。

❻地址工具栏：勾选此复选框，浏览器窗口的组成部分为"地址"。

❼需要时使用滚动条：勾选此复选框，在浏览器窗口中，不管内容是否超出可视区域的情况下，在窗口右侧都会出现滚动条。

❽状态栏：位于浏览器窗口的底部，在该区域显示消息。

⑨**调整大小手柄**：勾选此复选框，浏览者可任意调整窗口的大小。

⑩**窗口名称**：在此文本框中输入弹出浏览器窗口的名称。

7.2.5　实战：拖动AP元素

使用"拖动AP元素"动作可以在网页中创建一个可拖动的AP元素。在网页中添加"拖动AP元素"行为的具体操作步骤如下。

步骤1　启动Dreamweaver CS6软件，打开随书附带光盘中的"CDROM\素材\第7章\010.html"文件。打开"插入"面板，在该面板中单击"绘制AP Div"选项，在文档窗口中绘制一个AP Div。

步骤2　将光标置入绘制的AP Div中，在菜单栏中选择"插入 | 图像"命令，在弹出的对话框中选择随书附带光盘中的"CDROM\素材\第7章\Images\017.png"文件。

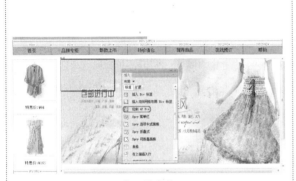

打开的文件

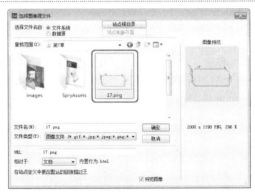

选择文件

步骤3　单击"确定"按钮，确认图片处于选中状态，在属性面板中将"宽"设为286，"高"设为203，在页面中适当调整AP Div的大小，并调整其位置，在文档窗口的底部单击"body"选项。

步骤4　打开"行为"面板，在该面板中单击"添加行为"按钮 **+**，在弹出的下拉菜单中选择"拖动AP元素"命令。

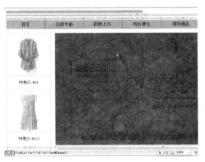

调整的效果

选择"拖动AP元素"命令

步骤5　在打开的"拖动AP元素"对话框中将"放下目标"选项组中的"左"设置为350，"上"设置为450，"靠齐距离"设置为30像素接近放下目标。

步骤6　单击"确定"按钮，即可将"拖动AP元素"行为添加到"行为"面板中。

"拖动AP元素"对话框

添加的行为

步骤7	保存文件，按F12键在浏览器窗口中预览添加行为后的效果。

预览效果

7.2.6 改变属性

　　渐变动画包括形状渐变和颜色渐变两种，其各有不同，本节主要介绍两种渐变动画的制作方法。

　　只有非常熟悉HTML和JavaScript的情况下才可使用"改变属性"行为，在网页中添加"改变属性"行为的具体操作步骤如下。

步骤1 打开随书附带光盘中的"CDORM\素材\第7章\011.html"文件。	**步骤2** 在打开的011.html文件中选择需要添加"改变属性"行为的图片。

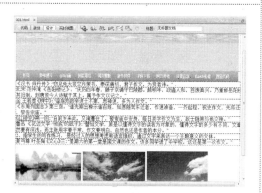

打开的文件

选择添加行为的对象

步骤3 打开"行为"面板，在该面板中单击"添加行为"按钮 ✦，，在弹出的下拉列表中选择"改变属性"命令。

步骤4 打开改变属性对话框。

　　"改变属性"对话框中的各项参数如下所述。

● **元素类型**：单击右侧的下拉按钮，在弹出的下拉列表中选择需要更改其属性的元素类型。

选择改变属性命令

"改变属性"对话框

● **元素ID**：单击右侧的下拉按钮，在弹出的下拉列表中包含了所有选择类型的命名元素。

● **选择**：单击右侧的下拉按钮，可在弹出的下拉列表中选择一个属性，如果要查看每个浏览器中可以更改的属性，可以从浏览器的弹出菜单中选择不同的浏览器或浏览版本。

● **输入**：可在此文本框中输入该属性的名称。如果正在输入属性名称，一定要使用该属性的准确的JavaScript名称。

● **新的值**：在此文本框中输入新的属性值。设置完成后，单击"确定"按钮即可。

步骤5 选择一个图片，右击鼠标在弹出的菜单中选择"ID"选项，在弹出的菜单中命名为"图像2"，单击"确定"按钮即可。

步骤6 在"改变属性"对话框中将"元素类型"设置为"IMG"，在"属性"选项组中选中"输入"单选按钮，在该文本框中输入"width"；在"新的值"文本框中输入"100"。

修改命名

设置属性

步骤7 单击"确定"按钮，"改变属性"行为将被添加到"行为"面板中。

步骤8 保存文件，按F12键在浏览器窗口中单击添加行为后的图像。

添加的行为

添加的行为效果

7.2.7 效果

在Dreamweaver中，经常使用的行为还有"效果"行为，一般用于页面广告的打开、隐藏、文本的滑动和页面收缩等。

在"行为"面板中单击"添加行为"按钮，在弹出的下拉列表中选择"效果"命令，其子选项中包括"增大/收缩"、"挤压"、"显示/渐隐"、"晃动"、"滑动"、"高亮颜色"和"遮帘"7种行为效果。

可使用这些行为创建特效网页，如使用"挤压"行为可以使对象产生挤压的效果。

在网页添加"效果"行为中的各动作的说明如下。

- **增大/收缩**：将选中的对象适当放大或缩小，可在打开的"增大/缩放"对话框中设置其效果的持续时间、样式和收缩值等。
- **挤压**：可使对象产生渐隐渐现的效果。
- **晃动**：可使对象产生晃动效果。
- **滑动**：可使对象产生滑动效果。
- **遮帘**：可使对象产生卷动效果。
- **高亮颜色**：选择此行为，可在打开的"高亮颜色"对话框中设置"目标元素"的起始颜色、结束颜色和应用效果后的颜色，使对象产生高光变化的效果。

下面以"效果"行为中的"显示/渐隐"为例来介绍其具体操作步骤。

步骤1 打开随书附带光盘中的"CDROM\素材\第7章\011.html"文件。

步骤2 在打开的011.html文件中选择需要添加行为的对象。

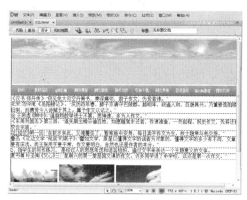

打开的文件

选择需要添加行为的对象

步骤3　打开"行为"面板，在该面板中单击"添加行为"按钮 **+.**，在弹出的下拉列表中选择"效果丨增大/收缩"命令。打开"增大/收缩"对话框，将"效果持续时间"设置为"1500毫秒"，"效果"为"增大"，"增大自"设置为"10%"，"增大自"设为"左上角"，选中"切换效果"复选框，可以在选择的渐隐效果与渐现效果之间进行切换，以达到一定的切换效果。

步骤4　单击"确定"按钮，即可将"增大/收缩"效果添加到"行为"面板中。

"增大/收缩"对话框

"行为"面板

步骤5　保存文件，按F12键，在预览窗口中预览添加"增大/收缩"后的效果。

效果 1

效果 2

设置完成后的效果

7.2.8　实战：显示/渐隐

下面介绍显示/渐隐效果的使用方法。

步骤1　打开随书附带光盘中的"CDROM\素材\第7章\011.html"文件。

步骤2　在打开的011.html文件中选择需要添加行为的对象。

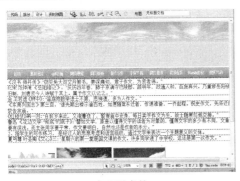

打开的文件

选择添加行为的对象

步骤3 打开"行为"面板，在该面板中单击"添加行为"按钮 **+.**，在弹出的下拉列表中选择"效果 | 显示/渐隐"命令。

步骤4 打开"显示/渐隐"对话框，将"效果持续时间"设置为"1500毫秒"，"效果"为"渐隐"，"渐隐自"设置为"100%"，"渐隐到"设置为"10%，选中"切换效果"复选框，可以在选择的渐隐效果与渐现效果之间进行切换，以达到一定的切换效果。

选择"显示/渐隐"命令

"显示/渐隐"对话框

步骤5 单击"确定"按钮，即可将选择的"显示/渐隐"行为添加到行为面板中。

步骤6 保存文件，按F12键打开浏览器窗口，将鼠标置于添加行为后的对象上并单击。

行为面板

完成后的效果

7.2.9 显示-隐藏元素

使用"显示-隐藏元素"动作可以显示、隐藏、恢复一个或多个AP Div元素的可见性。用户可以使用该行为来制作浏览者与页面进行交互时显示的信息。

在网页中添加"显示-隐藏元素"行为的具体操作步骤如下所述。

步骤1 新建一个空白的HTML文件，在菜单栏中选择"窗口 | 插入"命令，打开"插入"面板。

步骤2 单击"插入"面板上方的下三角按钮 **▼**，在弹出的下拉列表中选择"布局"选项。

"插入"面板

选择"布局"选项

步骤3　切换到"布局"插入面板，单击"绘制AP元素"按钮，在文档窗口中绘制一个AP Div。

步骤4　将光标放置在绘制的AP Div中，在菜单栏中选择"插入|图像"命令，导入随书附带光盘中的"CDORM\素材\第7章\006.jpg"文件。

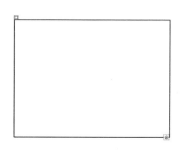

创建AP Div

选择素材文件

步骤5　单击"确定"按钮，即可在文本框中插入一幅图像。

步骤6　打开"行为"面板，单击"添加行为"按钮 **+**，在弹出的下拉列表中选择"显示–隐藏元素"命令。

步骤7　打开"显示–隐藏元素"对话框。

插入的图片

选择"显示–隐藏元素"命令

"显示–隐藏元素"对话框

该对话框中的各项说明如下。

● **元素**：在此对话框中选择要更改其可见性的AP Div。

● **显示**：单击"显示"按钮 显示 可设置AP Div的可见性。

● **隐藏**：单击"隐藏"按钮 隐藏 可隐藏AP Div。

● **默认**：单击"默认"按钮 默认，恢复AP Div的默认可见性。

步骤8　在"显示–隐藏元素"对话框中单击"隐藏"按钮 隐藏 。

步骤9　单击"确定"按钮，被添加的"显示–隐藏元素"显示在"行为"面板中。

单击按钮　　　　　　　　　　　　　　　　　　　　添加的行为

步骤10　保存文件，按F12键打开浏览器窗口，将鼠标至于图片中。

单击前的效果　　　　　　　　　　　　　　　　　　单击后的效果

7.2.10　检查插件

使用"检查插件"行为可根据访问者是否安装了指定插件这一情况将其转到不同的页面。

在网页中添加"检查插件"行为的具体操作步骤如下。

步骤1　打开随书附带光盘中的"CDROM\素材\第7章\011.html"文件。

步骤2　选中文本，打开"行为"面板，单击"添加行为"按钮 **+,**，在弹出的下拉列表中选择"检查插件"命令。

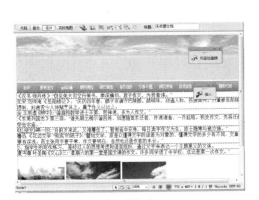

打开的文件　　　　　　　　　　　　　　　　　　　选择"检查插件"命令

步骤3　打开"检查插件"对话框。

"检查插件"对话框

该对话框中的各参数说明如下。
- **选择**：选中此单选按钮，单击此文本框右侧的下拉按钮，在弹出的下拉列表框中选择一种插件。选择Flash后会将相应的VB Script代码添加到页面上。
- **输入**：选中此单选按钮，在文本框中输入插件的确切名称。
- **如果有，转到URL**：在此文本框中为不具有该插件的访问者指定一个替代URL。如果要让不具有该插件的访问者在同一页上，则应将此文本框空着。
- **"如果无法检测，则始终转到第一个URL"复选框**：如果插入内容对于网页是必不可少的一部分，则应选中该复选框，浏览器通常会提示不具有该插件的访问者下载该插件。

步骤4 在"检查插件"对话框中单击"选择"右侧的下拉按钮，在弹出的下拉列表中选择"Live Audio"文件，单击"否则，转到URL"文本框右侧的"浏览"按钮。

步骤5 在弹出的"选择文件"对话框中选择随书附带光盘中的"CDROM\素材\第7章\007.jpg"文件。

选择文件

"选择文件"对话框

步骤6 单击"确定"按钮，"检查插件"行为即可被添加到"行为"面板中。

步骤7 保存文件，按F12键打开浏览器窗口，单击添加行为后的对象。

"行为"面板

效果图

7.2.11 调用JavaScript

使用"调用JavaScript"行为允许设置当某些事件被触发时调用相应的JavaScript代码，以实现相应的动作。使用"调用JavaScript"的具体操作步骤如下。

步骤1 打开随书附带光盘中的"CDROM\素材\第7章\011.html"文件。

步骤2 选择文档中的"新闻公告"文字，打开"行为"面板，在该面板中单击"添加行为"按钮，在弹出的菜单中选择"调用JavaScript"命令。

打开的文件

选择"调用JavaScript"命令

步骤3 在弹出的"调用JavaScript"对话框中输入"window.open(url=l."html")"。

步骤4 单击"确定"按钮，即可将"调用JavaScript"动作添加到"行为"面板中。

"调用JavaScript"对话框

"行为"面版

步骤5 保存文件，按F12键打开浏览器窗口，单击添加行为后的文本，即可弹出一个新的浏览器。

7.2.12 实战：转到URL

"转到URL"行为可在当前窗口或指定的框架中打开一个新页面。此行为适用于通过一次单击更改两个或多个框架的地方。

步骤1 打开随书附带光盘中的"CDORM\素材\第7章\011.html"文件。

步骤2 在文档窗口中选择一个对象，单击"行为"面板中的"添加行为"按钮 ＋，，在弹出的菜单栏中选择"转到URL"命令。

打开的文件

选择"转到URL"命令

步骤3 在打开的"转到URL"对话框的"URL"文本框中输入要转到的URL。

步骤4 输入完成后，单击"确定"按钮，即可将"转到URL"行为添加到"行为"面板中。

"转到URL"对话框

添加的行为

步骤5 保存文件，按F12键打开浏览器窗口查看效果。

设置后的效果

7.2.13 设置文本

利用"设置文本"行为可以在页面中设置文本，其内容主要包括"设置容器的文本"、"设置文本域文字"、"设置框架文本"和"设置状态栏文本"。

1. 设置容器的文本

可通过在页面内容中添加"设置容器的文本"行为替换页面上现有的AP Div的内容和格式，包括任何有效的HTML源代码，但是仍会保留AP Div的属性颜色。

在网页中添加"设置容器的文本"的具体操作步骤如下。

步骤1 打开随书附带光盘中的"CDROM\素材\第7章\012.html"文件。

步骤2 在文档窗口中选择一个对象，在"行为"面板中单击"添加行为"按钮 ，在下拉列表中选择"设置文本 | 设置容器的文本"命令。

打开的文件

选择"设置容器的文本"命令

步骤3 打开"设置容器的文本"对话框，单击"容器"文本框右侧的下拉按钮，在弹出的下拉列表中选择"div " apDiv 1 " "，在"新建HTML"文本框中输入新的内容。

步骤4 单击"确定"按钮，添加的"设置容器的文本"行为即可显示在"行为"面板中。

"设置容器的文本"对话框

添加的行为

步骤5 保存文件，按F12键在浏览器窗口中打开预览。

最后的效果

2. 设置文本域文字

使用"设置文本域文字"行为可以将指定的内容替换表单文本域中的文本内容。

在网页中添加"设置文本域文字"的具体操作步骤如下。

步骤1 在文本框中选择文本域，在"行为"面板中单击"添加行为"按钮 **+.**，在弹出的"设置文本域文字"对话框中进行设置。

步骤2 设置完成后，单击"确定"按钮，即可将"设置文本域文字"行为添加到行为面板中。

3. 设置框架文本

"设置框架文本"动作用于包含框架结构的页面，可以动态改变框架的文本，转变框架的显示，替换框架的内容。

在网页中添加"设置框架文本"的具体操作步骤如下。

步骤	
步骤1 新建一个空白的HTML文件，在菜单栏中选择"插入	HTML	框架	左侧及上方嵌套"命令，在弹出的"框架标签辅助功能属性"对话框中单击"确定"按钮。	**步骤2** 在框架中输入文字，打开"行为"面板，单击该面板中的"添加行为"按钮 **+.**，在弹出的下拉列表中选择"设置文本	设置框架文本"命令。

选择"左侧及上方嵌套"命令

选择"设置框架文本"命令

步骤3 打开"设置框架文本"对话框，单击"框架"文本框右侧的下拉按钮，在弹出的下拉列表中选择框架的类别，在"新建HTML"文本框中输入新的文本内容。

步骤4 设置完成后，单击"确定"按钮，即可将添加的"设置框架文本"动作添加到"行为"面板中。

"设置框架文本"对话框

添加的行为

步骤5 保存框架文件，按F12键在浏览器中预览，将鼠标移动至文本位置，即可发生变化。

完成后的效果

4. 设置状态文本

在页面中使用"设置状态栏文本"行为，可在浏览器窗口底部左下角的状态栏中显示消息。

在网页中添加"设置状态栏文本"的具体操作步骤如下。

步骤1　打开随书附带光盘中的"CDROM\素材\第7章\012.html"文件。	**步骤2**　在窗口文档的底部单击body按钮，弹出"行为"面板，在该面板中单击"添加行为"按钮 +。
 打开的文件	 选择"设置状态文本"命令

步骤3　打开"设置状态栏文本"对话框，在"消息"文本框中输入"本站最新消息：喜迎店庆！全场服装八折起！"。

步骤4　单击"确定"按钮，即可将选择的行为添加到"行为"面板中。

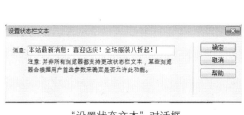 "设置状态文本"对话框	 添加的行为

步骤5　保存文件，按F12键即可在IE浏览器中进行预览。

7.2.14　实战：预先载入图像

使用"预先载入图像"行为可以将不是立即出现在网页上的图像（如那些将通过行为或JavaScript换入的图像）载入浏览器缓存中，这样可以防止当图像应该出现时，由于下载而产生延迟。

"预先载入图像"的具体操作步骤如下。

步骤1　打开随书附带光盘中的"CDORM\素材\第7章\012.html"文件。	**步骤2**　在文档窗口中选择需要添加行为的对象，打开"行为"面板，在该面板中单击"添加行为"按钮 +，在弹出的下拉列表中选择"预先载入图像"命令。
 打开的文件	 选择"预先载入图像"对话框

步骤3　打开"预先载入图像"对话框，在该对话框中单击"浏览"按钮，在弹出的对话框中选择需要的素材文件。

步骤4　单击"确定"按钮，即可将选择的素材文件添加到"预先载入图像"对话框中。

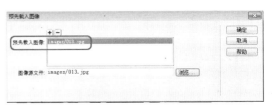

"选择图像源文件"对话框 | "预先载入图像"对话框

步骤5 单击"确定"按钮即可将"预先载入图像"行为添加到"行为"面板中。

"行为"面板

7.2.15 实战：制作环保网站

本案例主要通过制作环保网站来介绍"行为"面板中的命令。

步骤1 启动Dreamweaver CS6软件，在菜单栏中选择"文件 | 打开"命令，在弹出的对话框中选择随书附带光盘中的"CDROM\素材\第7章\013.html"文件。

步骤2 单击"打开"按钮，即可将选择的绿色空间文件打开。

选择013文件

打开文件

步骤3 在打开的文件中选择"公司简介"对象。

步骤4 打开"行为"面板，在该面板中单击"添加行为"按钮，在弹出的下拉列表中选择"交换图像"命令。

选择"公司简介"

选择"交换图像"命令

步骤5　打开"交换图像"对话框，单击"设定原始档为"文本框右侧的"浏览"按钮。

步骤6　打开"选择图像源文件"对话框，在该对话框中选择随书附带光盘中的"CDROM\素材\第7章\002.jpg"文件。

"交换图像"对话框

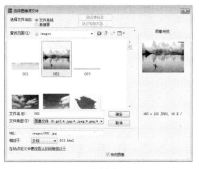

选择素材文件

步骤7　单击"确定"按钮，在"交换图像"对话框中单击"确定"按钮，"交换图像"行为即可被添加到"行为"面板中。

步骤8　按F12键在浏览器窗口中预览效果。从中可以看到，当鼠标经过"公司简介"对象时，该对象发生了变化。

添加的行为

预览效果

步骤9　将其浏览器关闭，然后将光标置于导航栏下方的表格中，在菜单栏中选择"插入|表单|跳转菜单"命令。

步骤10　打开"插入跳转菜单"对话框，在"文本"右侧的文本框中输入"公司地址：*********"文本。

选择"跳转菜单"命令

"插入跳转菜单"对话框

步骤11　单击"确定"按钮，即可在表格中插入一个跳转菜单。

步骤12　在"行为"面板中选择添加的"跳转菜单"行为，并单击鼠标右键，在弹出的快捷菜单中选择"编辑行为"命令。

插入的跳转菜单

选择"编辑行为"

步骤13 打开"跳转菜单"对话框，在该对话框中单击"添加项"按钮，然后在"文本"右侧的文本框中输入正确的菜单选项，在"选择时，转到URL"右侧的文本框中输入"http://www.baidu.com"。

步骤14 设置完成后单击"确定"按钮，保存文件，按F12键，在浏览器窗口中预览，单击添加后的跳转菜单。

"跳转菜单"对话框

预览效果

步骤15 预览完毕后将浏览器窗口关闭，在文档窗口中选择图片。

步骤16 选择"行为"面板，在该面板中单击"添加行为"按钮，在弹出的下拉菜单中选择"打开浏览器窗口"命令。

选择对象

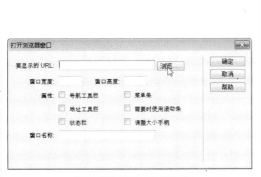

选择"打开浏览器窗口"命令

步骤17 打开"打开浏览器窗口"对话框，单击"要显示的URL"文本框右侧的"浏览"按钮。

步骤18 在弹出的对话框中选择随书附带光盘中的"CDROM\素材\第7章\Images\004"文件。

"打开浏览器窗口"对话框

选择素材文件

步骤19 单击"确定"按钮,将"窗口宽度"设置为"200"、"窗口高度"设置为"150",在"属性"选项组中选中"导航工具栏"、"需要时使用滚动条"、"调整大小手柄"复选框,在"窗口名称"右侧的文本框中输入"绿色图片"。

步骤20 单击"确定"按钮,"打开浏览器窗口"行为即可被添加到"行为"面板中。

设置其他参数

添加的行为

步骤21 保存文件,按F12键在浏览器窗口中预览效果,至此,动态网页制作完成,可根据设计理念添加其他行为。

预览效果

7.3 操作答疑

下面将例举常见问题进行详细解答,并在后面追加多个练习题,对之前所学知识加深印象。

7.3.1 专家答疑

(1)行为概念是什么?

答:行为是由对象、事件和动作构成的。对象是某个事件和该事件触发的动作的组合。在"行为"面板中,可以先指定一个动作,然后再指定触发该动作的事件,以此将行为添加到页面中。在将行为附加到某个页面元素之后,当该元素的某个事件发生时,行为即会调用与这一事件相关联的动作,也就是"JavaScript代码"。

(2)添加行为的概念。

答:在Dreamweaver中,可以为文档、图像、链接和表单元素等任何网页元素添加行为,在给对象添加行为时,可以一次为每个事件添加多个动作,并按"行为"面板中动作列表的顺序来选择动作。

7.3.2 操作习题

1. 选择题

(1)"交换图像"动作通过更改图像标签的( )属性,将一个图像和另一个图像交换。

A. src   B.body   C.img   D.tr

（2）在Dreamweaver中，一次可以为对象添加（   ）行为。

A. 1个   B.2个   C.5个   D.多个

2. 填空题

（1）_____允许在浏览器中自由拖动AP Div。

（2）利用"设置文本"行为可以在页面中设置文本，其内容主要包括_____、_____、_____和_____。

3. 操作题

制作特效网页。

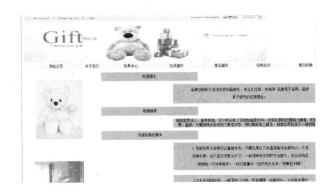

（01）使用行为设置网页效果。

（02）使用内置行为美化网页。

第8章

网站上传与维护

本章重点：

在Dreamweaver CS6中，创建完成网页后，要对网站进行测试并将网站进行上传，本章主要介绍网站上传前的准备工作、站点的测试以及网站宣传、维护等操作方法。

学习目的：

通过对本章的学习，用户在今后的日常工作中对网站的上传、硬件以及软件的维护，网站防止病毒的侵入等会有更多的认识。

参考时间：30分钟

主要知识	学习时间
8.1　网站上传前的准备工作	10分钟
8.2　站点的测试	10分钟
8.3　网站宣传	10分钟

8.1 网站上传前的准备工作

网站中的网页测试完成后，首先要在网络服务器中注册域名和申请网页空间，并设置远程主机信息，然后才可以完成网站的上传。

8.1.1 注册域名

域名用于表示一个单位、机构或个人在Internet上的名称或位置。它是互联网上的"门牌号"，用于识别和定位互联网上计算机的层次结构。域名属于互联网上的基础服务，基于域名可以提供WWW、E-mail及FTP等应用服务。

域名可以说是企业的"网上商标"，所以在域名的选择上要与注册商标相符合，以便于记忆。在注册域名时要注意：现在有不少的域名注册服务商在注册国际域名时，往往会将域名的管理联系人等项目改为自己公司的信息，因此，这个域名实际上并不为个人所有。

在网站建成之后，将在网上给网站注册一个标识，即域名，这是迈向电子商务成功之路的第一步。有了它，只要在浏览器的地址栏中输入几个字母，世界上任何一个地方的任何一个人就能马上看到你所制作的精彩网站内容，一个好的域名往往蕴含着巨大的商业价值。

申请域名的步骤如下。

（1）准备申请资料。（2）寻找域名注册商。（3）查询域名。（4）正式申请。（5）申请成功。

在申请域名时，用户需要注意以下4点。

（1）容易记忆。（2）要和客户的商业有直接关系。（3）长度要短。（4）使用客户的商标或企业的名称。

8.1.2 申请空间

在注册域名之后，将申请一个存放站点文件的网站空间。网站空间分为免费空间和收费空间，在初学制作网站时，用户可先申请免费的网站空间。免费空间只需向空间的提供服务器提出申请，在得到答复后，按照说明上传主页，即可完成网站主页的上传。使用免费空间有以下四个不足之处：网站的空间是有限的、提供的服务一般、空间不是很稳定、域名不能随心所欲。

8.1.3 配置网站系统

若是企业自己的服务器，则将制作完成的网站程序发送到WWW路径下即可，如JSP、GGI、ASP或者PHP等程序。若是申请的个人免费空间网页，可将制作完成的网站上传至已申请好的网站服务器中的免费空间即可。

有多种上传网站的方式，包括E-mail上传、FTP工具上传、Web网页上传或者直接复制文件以及通过命令上传等。

在Dreamweaver CS6中，将测试完成的站点上传至互联网的网站空间中，具体的操作步骤如下。

步骤1 在菜单栏中选择"站点｜管理站点"命令，在弹出的对话框中选择用户所需要管理的网站站点，单击"编辑当前选定的站点"按钮。	**步骤2** 在弹出的"站点设置对象CDROM"对话框中选择"服务器"中的"添加新服务器"按钮。
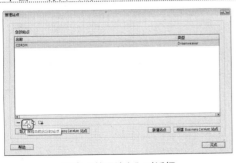	
弹出"管理站点"对话框	单击"添加新服务器"按钮

步骤3 在弹出的面板中输入"服务器名称",并单击"连接方法"右侧的下三角按钮,选择"FTP"选项,在"FTP地址"文本框中输入上传站点文件的FTP主机名或IP地址,在"用户名"和"密码"中输入用户名和密码。

步骤4 执行该操作后,单击"保存"按钮,返回"站点设置对象CDROM"对话框,再单击"保存"按钮,返回"管理站点"对话框,并单击"完成"按钮。

设置参数

> **提示:**
> 用户可在设置参数后,单击"测试"按钮,测试网络是否连接成功,再进行保存并退出。

8.2 站点的测试

将网站上传至服务器后,用户需要对自己的网站进行在线测试,测试包括:查看网页的外观、测试网页的程序和链接、检测数据库以及查看下载时间是否过长等。

8.2.1 报告

将网站进行上传完成后,可以查看整个站点中的文件、选定的文件或者某一网页的运行情况,制作站点报告的具体操作步骤如下。

步骤1 在菜单栏中选择"站点|报告"命令。

步骤2 弹出"报告"对话框,单击"报告在"右侧的下三角按钮,在下拉列表中用户可选择对整个当前站点、对当前文档还是对站点中的已选文件查看报告,还可详细设置要查看的工作流程和HTML报告中的具体信息。

选择"报告"命令

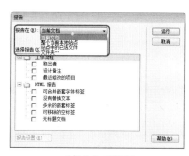

"报告"对话框

步骤3 单击"运行"按钮,即可在"站点报告"面板中显示具体的信息。

"站点报告"面板

8.2.2 检查站点范围的链接

在网页上传后，用户要对文件大小以及网页的图片是否显示等，进行全方面测试。下面将介绍检查站点范围的链接的具体操作步骤。

步骤1 选择站点窗口，在本地站点窗格中选择需要检查的文件或文件夹。在菜单栏中选择"站点 | 检查站点范围的链接"命令。

步骤2 在"链接检查器"面板中显示了具体的信息。

选择"检查站点范围的链接"命令

"链接检查器"面板

步骤3 在显示的下拉列表框中有3种链接方式，可根据需要选择其一。

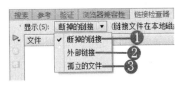

检查站点范围的链接

❶**断掉的链接**：默认选项，检查文档中有无断开的链接。

❷**外部链接**：检查文档中的外部链接是否可以使用。

❸**孤立的文件**：检查站点中是否存在没有链接引用的文件，只有在检查整个网站的链接操作中才能使用。

步骤4 在"显示"下拉列表框中选择所需的选项后，即可在面板中显示检查效果。

8.2.3 改变站点范围的链接

用户还可以通过改变站点范围的链接来更改站点内所需文件的所有链接。改变站点范围的链接的具体操作步骤如下。

步骤1 在菜单栏中选择"站点 | 改变站点范围的链接"命令，将弹出"更改整个站点链接"对话框。

步骤2 在弹出的"更改整个站点链接"对话框输入要变成的新链接地址，还可在右侧单击"文件夹"图标进行，在弹出的"选择新链接"对话框中选择需要更改链接的文件。

选择需更改的文件

选择更改链接的文件

步骤3 在"变成新链接"中输入所需链接的文件，还可在右侧单击"文件夹"图标，在弹出的"选择新文件"对话框中选择所需的新的链接文件。

步骤4 单击"确定"按钮，即可完成对站点内所需文件链接情况的改变。

8.2.4　查找和替换

　　在实际操作过程中，用户还可对整个站点中的所有文档的源代码或标签等内容进行查找和替换。查找和替换的具体操作步骤如下。

步骤1　在菜单栏中选择"编辑|查找和替换"命令。

步骤2　弹出"查找和替换"对话框，在"查找范围"下拉列表框中选择需查找的文件范围，如 "当前文档"、"所选文字"、"打开的文档"以及"整个当前本地站点"等选项。

选择"查找和替换"命令

选择"查找范围"

步骤3　在"搜索"下拉列表框中，可对"文本"、"源代码"、"指定标签"等内容进行搜索。

步骤4　在"查找"文本框中输入需查找的内容，在"替换"列表框中输入需替换为的内容。并在"选项"选项组中，将"区分大小写"、"全字匹配"等选项根据需要进行勾选。单击"替换全部"按钮，即可将文档中所有指定的内容进行全部替换。

选择"搜索"内容

8.2.5　清理文档

1. 清理不必要的HTML

　　在使用Dreamweaver的过程中，可将Word中生成的HTML和不必要的HTML进行清理，具体操作步骤如下。

步骤1　在菜单栏中选择"命令|清理XHTML"命令。

步骤2　在弹出的"清理HTML/XHTML"对话框中，将"空标签区块"、"多余的嵌套标签"、"不属于Dreamweaver的HTML注解"等内容进行勾选。

选择"清理XHTML"命令

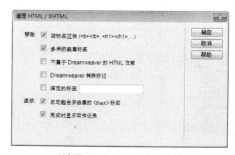

"清理HTML/XJTML"对话框

步骤3　单击"确定"按钮，即可完成对页面中指定内容的清理。

2. 清理Word生成的HTML

在Dreamweaver中，通过"清理Word生成的HTML"命令，可以清理Word中生成的HTML文件中的多余的HTML代码。具体操作步骤如下。

步骤1 在菜单栏中选择"命令|清理Word生成的HTML"命令。在弹出的"清理Word生成的HTML"对话框中，选择"基本"选项卡中的"删除所有Word特点的标记"、"修正无效的嵌套标签"等选项。

步骤2 在"详细"选项卡中设置需要清理的Word文档中的特定标记以及CSS样式表的内容。

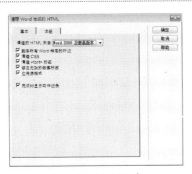

选择"基本"选项卡

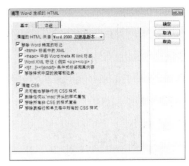

选择"详细"选项卡

步骤3 单击"确定"按钮，即可对页面中由Word生成的HTML内容进行清理。

8.3 网站宣传

信息时代，互联网成为人们生活中不可缺少的一部分，各个行业都有自己的网站。在众多网站中，如何才能使自己优秀的网站访问量大增呢？最重要、最关键的一点就是要进行自我宣传，宣传的方式多种多样。

8.3.1 利用大众传媒宣传

利用大众传媒的方式通常包括：电视、报刊杂志、户外广告以及其他印刷品等对网站进行宣传。

1. 电视

在现今的社会生活中电视是最大的宣传媒体。但对于个人网站来说，电视并不太合适。对于企业网站而言，可利用电视进行宣传，收到像其他电视广告商一样家喻户晓的效果。

2. 报刊杂志

将自己网站的优点写出来，寄往著名的报刊杂志社等，寻求他们的宣传与帮助。

3. 户外广告

在人数较多较活跃的街头广告牌上做广告，也可对自己网站进行宣传，这种宣传方式较好，适合具有实力性质的商业网站。

4. 其他印刷品

在印制名片、手提袋时，将自己的网站名称以及网站的重要信息印上去，进行宣传。

8.3.2 利用网络传媒

网络传媒传播效率快，覆盖范围广，并且具备可以互动的优势。因此，利用网络传媒也是一种较好的宣传方式。

利用网络传媒应注意选择一个合适的宣传平台，平台的访问效率要高，将自己所要宣传的网站做一个全面的展示和介绍，最重要的是给广告增加一些创意，比如，对图形的色彩和动态以及网页的搭配等进行设计，吸引浏览者来观看，这样可增加网络的宣传效果。

8.3.3　利用电子邮件

利用发送电子邮件通知比较熟悉的朋友来进行访问，或者在主页上提供更新网站邮件订阅功能，这样网站被更新后即可通知他们。这种方式对于陌生网上用户而言可能无效，广告邮件可能被认为是垃圾邮件，或许将列入黑名单或拒收邮件列表内，这样对提高网站的访问率并无实质性的帮助。

8.3.4　使用留言板、博客和论坛

在访问别人的网站时，在网站的留言板中留下赞美的词句，并且把自己网站的简介、地址一并写下来。他人在看到这些留言时，就有可能会有兴趣到你的网站中去参观一下。因此，处处留言、引人注意也是种很好的宣传自己网站的方法。

随着互联网的发展，出现了许多个人博客、论坛，在博客或者论坛中也可以留下你宣传网站的语句。还有些是商业网站的留言板、博客以及论坛等。每天都会有数百人在上面留言，访问率较高，在那里留言对于让别人知道自己的主页的效果更明显。

8.3.5　注册搜索引擎

搜素引擎是一个进行信息搜索和查询的专门网站，在知名的网站中注册搜索引擎，可以提高网站的访问量，有些搜索引擎（有些是竞价排名）是收费的，对于商业网站可以使用。注册的搜索引擎数目越多，主页被访问的可能性会越大。

8.3.6　和其他网站交换链接

目前大多数人都喜欢与访问量大的优秀的个人主页相互交换链接，能大大提高主页的访问量。对个人网站而言，友情链接可能是最后的宣传网站方式。

这个方法比参加广告交换组织有效得多。而且要选择与那些访问率较高的、有知名度的网站。

8.4　操作答疑

下面是专家答疑，最后会有多个练习习题，供读者回顾之前所学的内容，提高对本章知识掌握的熟练程度。

8.4.1　专家答疑

（1）FTP选项中的"FTP主机地址"、用户名以及密码的作用是什么？

答：FTP主机地址：是指Web服务器的FTP地址，在用户申请免费网页空间时，Web服务器管理员会用电子邮件的方式告诉用户该地址。

用户名：是指Web服务器分配给用户的用户标识，用于登录FTP站点。

口令：是指对应于用户名的密码口令，登录FTP站点时需要提供。

（2）在上传网页后，对站点进行全方面的测试时，为什么会出现上传后的网页图片或文件不能正常显示呢？

答：有两种原因可造成这种现象的出现。

（1）链接文件名与实际文件名的大小写不一致，因为提供主页存放服务的服务器一般采用UNIX系统，这种操作系统对文件名的大小写是有区别的，所以这时需要修改链接处的文件名，并注意大小写一致；（2）文件存放路径出现了错误，如果在编写网页时尽量使用相对路径，就可以少出现这类问题。

8.4.2 操作习题

1. 选择题

（1）在网站建成之后，将在网上给网站注册个标识，即（　　　　）。

A.空间　　　　　　B.病毒　　　　　　C.域名

（2）（　　　　）用于表示一个单位、机构或个人在Internet上有一个确定的名称或位置。

A.空间　　　　　　B.域名　　　　　　C.网站系统

（3）在Dreamweaver CS6中使用"清理XHTML"命令，可以减少多余代码的（　　　　）。

A.数量　　　　　　B.行数　　　　　　C.大小

2. 填空题

（1）申请域名的步骤为：准备申请资料、_____、_____、_____、_____、申请成功。

（2）用户可以通过_____来更改站点内所需文件的所有链接。

（3）将网站上传到网络服务器之前，首先要在网络服务器上_____和_____，同时，还要设置远程主机信息，最后将网站进行上传。

第**9**章

初识Flash CS6

本章重点：

本章主要介绍Flash工作界面、常用面板、场景、时间轴、优化与输出影片。

学习目的：

通过本章的学习，用户可以对Flash CS6的概念及特色有一定的了解，并确立学习的重点。也希望对这些特性的介绍，能引起读者对Flash的兴趣。只要有对动画的热情，相信读者会成为出色的动画制作者。

参考时间：60分钟

主要知识	学习时间
9.1　Flash CS6工作界面	10分钟
9.2　常用面板	10分钟
9.3　场景	10分钟
9.4　时间轴	10分钟
9.5　输出和发布	20分钟

9.1 | Flash CS6工作界面

Flash CS6工作界面的设计非常系统化，便于操作和理解，同时也易于被人们接受。Flash CS6的工作界面主要由菜单栏、时间轴、工具箱、舞台和工作区、浮动面板等几个部分组成，下面就针对这几个部分进行详细介绍。

9.1.1 菜单栏

与许多应用程序一样，Flash CS6的菜单栏包含了绝大多数通过窗口和面板可以实现的功能，但是某些功能还是只能通过菜单或者相应的快捷键才可以实现。

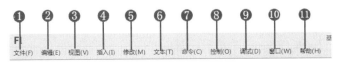

菜单栏

❶文件：本菜单主要用于一些基本的文件管理操作，如新建、保存、打印等，也是最常用和最基本的一些功能。

❷编辑：本菜单主要用于进行一些基本的编辑操作，如复制、粘贴、选择及相关设置等，他们都是动画制作过程中很常用的命令组。

❸视图：本菜单中的命令主要用于屏幕显示的控制，如缩放、网格、各区域的显示与隐藏等。

❹插入：本菜单提供的多为插入命令，例如，向库中添加元件、在动画中添加场景、在场景中添加层、在图层中添加帧等操作，都是制作动画时所需要的命令。

❺修改：本菜单中的命令主要用于修改动画中各种对象的属性，如帧、层、场景，甚至动画本身等，这些命令都是进行动画编辑必不可少的重要工具。

❻文本：本菜单提供处理文本对象的命令，如字体、字号、段落等文本编辑命令。

❼命令：本菜单提供了命令的功能集成，用户可以扩充这个菜单，添加不同的命令。

❽控制：本菜单相当于Flash电影动画的播放控制器，通过其中的命令可以直接控制动画的播放进程和状态。

❾调试：本菜单提供了影片脚本的调试命令，包括跳入、跳出、设置断点等。

❿窗口：本菜单提供了Flash所有的工具栏、编辑窗口和面板的选择方式，是当前界面形式和状态的总控制器。

⓫帮助：本菜单包括了丰富的帮助信息、教程和动画示例，是Flash提供的帮助资源的集合。

9.1.2 工具箱

工具箱包括一套完整的Flash图形创作工具，与Photoshop等其他图像处理软件的绘图工具非常类似，其中放置了编辑图形和文本的各种工具，利用这些工具可以进行绘图、选取、喷涂、修改及编排文字等操作，有些工具还可以改变查看工作区的方式。选择某一工具时，其对应的附加选项也会在工具箱下面的位置出现，附加选项的作用是改变相应工具对图形处理的效果。

工具箱

9.1.3 时间轴面板

时间轴面板由显示影片播放状况的帧和表示阶层的图层组成，时间轴用于组织和控制一定时间内的图层和帧中的文档内容。"时间轴"面板是Flash中最重要的部分。Flash动画的制作方法与一般的动画一样，将每个帧画面按照一定的顺序和速度播放，安排每帧内容及播放顺序的场所正是时间轴。

在时间轴中，图层排列在最左侧，右侧为所包含的帧。图层上方的按钮可以对图层执行显示或隐藏、锁定或解锁、将所有图层显示为轮廓等操作，帧上方的数字用来指示帧编号。在时间轴底部的状态栏中则显示了当前帧信息，底部的按钮可以执行新建图层、新建文件夹、删除等操作。

时间轴面板

9.1.4　属性面板

"属性"面板中的内容不是固定的，它会随着选择对象的不同而显示不同的设置项。

选择"文本"工具时的"属性"面板和选择"Deco"工具时的"属性"面板都提供与其相应的选项，因此用户可以在面板中方便地设置或修改各属性值。灵活应用"属性"面板既可以节约时间，还可以减少面板个数，提供足够大的操作空间。

文本属性面板

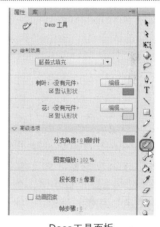

Deco工具面板

9.1.5　舞台和工作区

舞台是用户在创作时观看自己作品的场所，也是用户进行编辑、修改动画中的对象的场所。对于没有特殊效果的动画，在舞台上也可以直接播放，而且，最后生成的SWF格式的文件中播放的内容也只限于在舞台上出现的对象，其他区域的对象不会在播放时出现。

工作区是舞台周围的所有灰色区域，通常用做动画的开始和结束点的设置，即动画过程中对象进入舞台和退出舞台时的位置设置。工作区中的对象除非在某个时刻进入舞台，否则不会在影片的播放中看到。

舞台和工作区的分布，中间白色部分为舞台，周围灰色部分为工作区。

舞台是Flash CS6中最主要的可编辑区域，在舞台中可以直接绘图或者导入外部图形文件进行编辑，再把各个独立的帧合成在一起，以生成最终的电影作品。与电影胶片一样，Flash影片也按时间长度划分为帧。舞台是创作影片中各个帧的内容的区域，可以在其中直接勾画插图，也可以在舞台中安排导入的插图。

舞台和工作区

9.1.6 辅助工具

执行菜单栏中的"视图 | 标尺"命令，打开标尺显示。从标尺处开始向舞台中拖动鼠标，会拖出一条直线，这条直线就是辅助线。在不同的实例之间，这条线可以作为对齐的标准。用户可以移动、锁定、隐藏和删除辅助线，也可以将对象与辅助线对齐，或者更改辅助线的颜色和对齐容差。

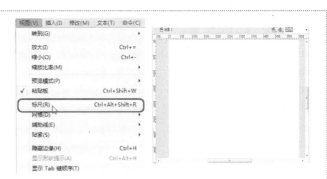

打开标尺

如果要删除辅助线，在菜单栏中选择"视图	辅助线	清除辅助线"命令，即可将辅助线删除。	如果辅助线的位置需要变动，使用"选择工具"工具将鼠标指针移至辅助线上，按住鼠标左键拖动辅助线到合适的位置即可。左侧的辅助线为辅助线的原始位置，右侧的辅助线为移动后的位置。

删除辅助线

移动辅助线

为了防止因不小心而移动辅助线，可以将辅助线锁定在某个位置。即在菜单栏中选择"视图	辅助线	锁定辅助线"命令，这样辅助线就被锁定，不能再移动。	如果要再次移动辅助线，可以将其解锁。方法很简单，即再次在菜单栏中选择"视图	辅助线	锁定辅助线"命令即可。同时也可以对辅助线参数进行设置，执行菜单栏中的"视图	辅助线	编辑辅助线"命令，打开"辅助线"对话框，其中各项说明如下。

锁定辅助线

编辑辅助线

● **颜色**：单击色块，可以在打开的拾色器中选择一种颜色作为辅助线的颜色。例如这里选择红色，那么辅助线的颜色将变为红色。

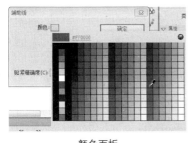

颜色面板

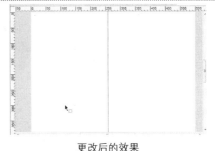

更改后的效果

- **显示辅助线**：选择该项则显示辅助线。
- **贴紧至辅助线**：选择该项则图形吸附到辅助线。
- **锁定辅助线**：选择该项则将辅助线锁定。
- **贴紧精确度**：用于设置图形贴紧辅助线时的精确度，有"必须接近"、"一般"和"可以远离"三个选项。

9.2 | 常用面板

Flash中包含了各种可以移动和任意组合的功能面板，下面将介绍常用的几个面板。

9.2.1 颜色面板

选择"窗口"命令，打开"颜色"面板，"颜色"面板主要用于对图形对象进行颜色设置。

如果已经在舞台中选择了对象，在"颜色"面板中所做的颜色更改会被应用到该对象上，用户可以在RGB、HSB模式下选择颜色，或者使用十六进制模式直接输入颜色代码，还可以指定Alpha值定义颜色的透明度。另外，用户还可以从现有调色板中选择颜色，对舞台实例应用渐变色。"亮度"调节控件可用来修改所有颜色模式下的颜色亮度。

将"颜色"面板的填充样式设置为"线性"或者"放射状"时，"颜色"面板会变为渐变颜色设置模式。这时需要先定义好当前颜色，然后再拖动渐变定义栏下面的调节指针来调试颜色的渐变效果。通过单击渐变定义栏还可以添加更多的指针，从而创建更复杂的渐变效果。

"颜色"面板

设置渐变色

提示：

如果需要添加调节指针，在鼠标变为 时单击即可；如果需要删除调节指针，按住Ctrl键的同时单击需要删除的调节指针即可。

9.2.2 样本面板

为了便于管理图像中的颜色，每个Flash文件都包含一个颜色样本。选择"窗口 | 样本"命令，就可以打开"样本"面板，或按Ctrl+F9快捷键也可以打开"样本"面板。"样本"面板分为上下两个部分：上部分是纯色样本，下部分是渐变色样本，这里是先讨论纯色样本。默认纯色样本中的颜色称为"Web安全色"。

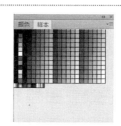
"样本"面板

1. Web安全色

在Mac系统和Windows系统中查看同一张图片，会发现两张图片的颜色亮度有细微的差别，一般在Windows中会显得亮一些。

为了让图片在不同系统中的显示效果一致，国际上提出了"Web安全色"概念。只要图片中使用的是"Web安全色"，就能保证图像的浏览效果是一致的。"Web安全色"共有216种颜色，也就是默认情况下"样本"面板中的那些颜色。

2. 添加颜色

打开"颜色"面板，单击"填充颜色" 按钮，并调制出一种颜色。

打开"样本"面板将光标移到面板底部的空白区域，这时光标变成一个油漆桶。

单击将"颜色"面板中调好的颜色加到"样本"面板中。

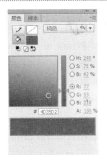

调制颜色

光标变成油漆桶

添加到颜色样本中

3. 删除颜色

打开"样本"面板，选中要删除的色块，然后单击面板右上角的 ▼ 按钮，在弹出的下拉菜单中选择"删除样本"命令，删除选中的色块。

如果要删除所有色块，可以选择"清除颜色"命令。这样，面板中的所有色块就会被清除。

选择"删除"样本

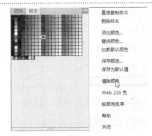

选择"清除颜色"命令

4. 复制颜色

打开"样本"面板，单击用户要复制的颜色，然后单击面板右上角的 ▼ 按钮，展开菜单，从弹出的下拉菜单中选择"直接复制样本"命令。在面板中即复制出一个新的色块。

选择"直接复制样本"命令

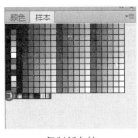

复制新色块

9.2.3 "历史记录"面板

历史面板显示自创建或打开某个文档以来在该活动文档中执行的步骤的列表，按Ctrl+F10快捷键可打开"历史记录"面板（历史记录面板不显示在其他文档中执行的步骤）。历史记录面板中的滑块最初指向用户执行的上一个步骤。

"历史记录"面板

选择撤销的步数

9.3 场景

场景是设计者直接绘制帧中的图像或从外部导入图形之后，进行编辑处理形成单独的帧，再将单独的帧合成为动画的场所。它需要有固定的长、宽、分辨率和帧的播放速度等。

9.3.1 编辑场景

一个影片可以由多个场景组成，每一个场景都可以有一个完整的动画系列。当发布包含多个场景的Flash文档时，文档中的场景将按照它们在场景面板中列出的顺序进行回放。文档中的帧都是按场景顺序连续编号的。例如，如果文档包含两个场景，每个场景有10帧，则场景2中的帧的编号为11–20。

选择"窗口 | 其他面板 | 场景"命令，打开"场景"面板。

选择"视图 | 转到"命令，在弹出的菜单中选择要编辑的场景，或单击舞台右上方的"编辑场景"按钮，在弹出的菜单中选择要编辑的场景即可。

"场景"面板

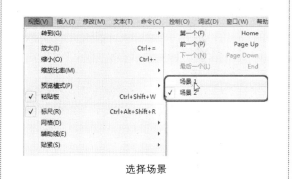
选择场景

9.3.2 改变场景背景

修改文档属性的背景颜色可以改变场景的背景，选择"修改 | 文档"命令，弹出"文档设置"对话框，在对话框中修改背景颜色，单击"确定"按钮即可。

"文档设置"对话框

9.3.3 场景跳转

在默认情况下，影片将按照它们在Flash文档的场景面板中列出的顺序回放。在需要创建复杂的交互动画时，必须通过一定的方法在各场景之间进行切换。场景跳转的具体操作步骤如下：

步骤1 新建一个Flash文档。
步骤2 创建两个场景，在每个场景中放置两张不同的图片。
步骤3 选择"窗口 | 动作"命令，打开"动作"面板，在每个场景的第1帧添加stop命令，禁止自动按场景顺序播放。

步骤4 选择"窗口 | 公用库 | 按钮"命令，打开"库–Buttons.fla"面板。

动作-帧面板

库-Buttpns.fla面板

步骤5 在面板中选中一个按钮，将其拖到舞台中，选中按钮，输入代码：

On （release）
{
GotoAndstop（"场景2,1"）;
{

步骤6 按Ctrl+Enter快捷键测试影片效果，单击刚创建的按钮即可跳转到第二个场景。

9.4 时间轴

动画是随着时间展开的，时间轴是动画形成的原因，它控制动画的所有动作，管理不同动画元素及叠放次序。时间轴被分为很多个小格，连续的时间被分解，每一个小格对应一个Flash执行的状态。小格被称为"帧"，"帧"包括关键帧、普通帧和空白关键帧3种。在关键帧中可以放置动画元素，而普通帧则不能放置动画元素，空白关键帧可以执行命令。Flash根据关键帧的内容自动生成普通帧。

9.4.1 帧和帧频

影片的制作原理是改变连续的帧中内容的过程，不同的帧代表不同的时间，包括不同的对象，影片中的画面随着时间的变化逐个出现。帧是一个广义概念，它包含了3种类型，分别是空白关键帧（又称过度帧）、关键帧和普通帧。

● **空白关键帧**：以空心圆表示。空白关键帧是特殊的关键帧，它没有任何对象存在，用户可以在其上绘制图形。如果在空白关键帧中添加对象，它会自动转化为关键帧。一般情况下，新建图层的第一帧都为空白关键帧，一旦在其中绘制图形后，则变为关键帧。同样的道理，如果将关键帧中的全部对象删除，则此关键帧会转化为空白关键帧。

空白关键帧

关键帧

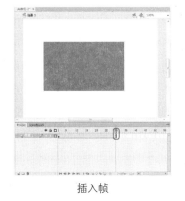

插入帧

- **关键帧**：只有图形的位置、形状或属性不断变化才能显示出动画效果，关键帧就是定义这些变化的帧，也包含有动作脚本的帧。关键帧在时间轴上以实心的圆点标识，所有参与动画的对象都必须而且只能插入在关键帧中，关键帧的内容可以编辑。在补间动画中，可以在动画的重要位置定义关键帧，Flash CS6会自动创建关键帧之间的内容，所以关键帧使创建影片更容易。另外，Flash通过在两个关键帧之间绘制一个浅蓝色或浅绿色（代表形状补间）的箭头，显示补间动画的过度帧。通过在时间轴中拖动关键帧还可以更改补间动画的长度。由于Flash文档会保存每一个关键帧中的形状和过度帧中的变化参数，所以如果要减小文件的大小，应该尽可能地减少关键帧的使用，仅在实例变化显著的地方创建关键帧即可。
- **普通帧**：只是简单地延续前一关键帧中的内容，并且前一关键帧和此帧之间所有的帧共享相同的对象，如果改变帧列上的任意帧中的对象，则帧列上其他所有帧上的对象都会随之改变，直到再插入下一个关键帧为止。
- **帧频**：在Flash动画中用来衡量动画播放的速度，通常以每秒播放的帧数为单位（fps，帧/秒）。由于网络传输速率不同，每个Flash的帧频设置也可能不同，但在因特网上，12帧/秒的帧频通常会得到最佳效果，QuickTime和AVI影片通常的帧频就是12帧/秒，但是标准的运动图像速率是24帧/秒。

　　由于动画的复杂程度和播放动画的计算机速度直接影响动画回放的舒畅度，所以一部动画需要在各种配置的计算机上进行测试，以确定最佳的帧频。

9.4.2　实战：编辑帧

　　编辑帧是制作Flash动画时使用频率最高、最基本的操作，主要包括插入、删除、复制、移动、翻转帧，改变动画的长度以及清除关键帧等，这些操作都可以通过帧的菜单实现。其基本方法是选中需要的帧，单击鼠标右键，在弹出的快捷菜单中选择相应的命令。

- **插入帧**：将光标放置在要插入帧的位置，单击鼠标右键，在弹出的菜单中选择"插入帧"命令。
- **删除帧**：要删除一个或多个帧，首先选取要删除的帧，然后单击鼠标右键，在弹出的菜单中选择"删除帧"命令。
- **复制帧**：复制帧的操作可以将帧对应舞台上的对象全部复制，再用粘贴命令把帧对应的对象全部粘贴到新帧对应的舞台中。基本方法是拖动鼠标选取要复制的帧或关键帧，单击鼠标右键，在弹出的菜单中选择"复制帧"命令。在需要粘贴帧的地方选取一帧或多帧，单击鼠标右键，在弹出的菜单中选择"粘贴帧"命令，将复制的帧粘贴上去或者覆盖选中的多个帧。
- **移动帧**：在时间轴中选取一帧或多帧，按住鼠标左键直接将其拖到需要的位置。
- **翻转帧**：拖动鼠标选取多个层上的多个帧，即选取一段动画，单击鼠标右键，在弹出的菜单中选择"翻转帧"命令，可以颠倒动画的播放顺序。
- **转换为空白关键帧**：要把关键帧转换为空白关键帧，在该关键帧上单击鼠标右键，在弹出的菜单中选择"转换为空白关键帧"命令，这时该帧中的内容会被其左边关键帧中的内容代替。

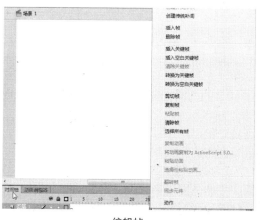

编辑帧

9.4.3 使用绘图纸

绘图纸（也称为洋葱皮）是一个帮助定位和编辑动画的辅助工具，对制作逐帧动画特别有用。通常情况下，Flash在舞台中一次只能显示动画序列的单个帧。为便于定位和编辑逐帧动画，可以在舞台上一次查看两个或更多帧。播放头下面的帧用全彩色显示，但其余帧是暗淡的，看起来就好像每个帧是画在一张半透明的绘图纸上，而且这些绘图纸相互层叠在一起。

- **绘图纸外观** ▣：单击此按钮，将在显示播放指针所在帧内容的同时显示其前后数帧的内容。播放头周围会出现方括号形状的标记，其中所包含的帧都会显示出来，这将有利于观察不同帧之间的图形变化过程。
- **绘图纸外观轮廓** ▢：单击此按钮，场景中显示各帧内容的轮廓线、填充色消失，特别适合观察对象的轮廓，另外可以节省系统资源，加快显示过程。
- **编辑多个帧** ▣：单击此按钮，显示全部帧内容，并且可以实现多帧同时编辑。

- **修改绘图纸标记** ⊡：单击此按钮，在弹出的菜单中包括以下选项。
  - ◆ **总是显示标记**：不管绘图纸外观是否打开，都会在时间轴标题中显示绘图纸外观标记。
  - ◆ **锚定绘图纸**：将绘图纸外观标记锁定在它们在时间轴标题中的当前位置。通常情况下，绘图纸外观范围是和当前帧指针以及绘图纸外观标记相关的。通过锚定绘图纸外观标记，可以防止它们随当前帧指针移动。
  - ◆ **绘图纸2**：显示当前帧两边各2帧的内容。
  - ◆ **绘图纸5**：显示当前帧两边各5帧的内容。
  - ◆ **绘制全部**：显示当前帧两边所有的内容。

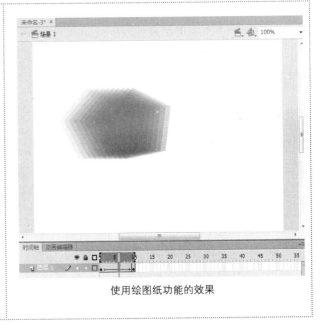

使用绘图纸功能的效果

9.5 输出和发布

Flash的优化关系到影片的下载速度，特别是添加声音文件后需要压缩声音文件。另外，在设计过程中，应该从各个细节上注意是否影响到下载速度，在确定最终发布前一定要经过影片测试。

9.5.1 测试Flash影片

在正式发布和输出动画之前，需要对动画进行测试，通过测试可以发现动画效果是否与设计思想之间存在偏差，一些想法是否得到了体现等。

测试不仅可以发现影片播放中的错误，而且可以检测影片中片段和场景的转换是否流畅自然等。测试时应该按照影片剧本分别对影片中的元件、场景、完成影片等分步测试，这样有助于发现问题。

测试Flash动画时应从以下3个方面考虑。

（1）Flash动画的体积是否处于最小状态，能否更小一些。

（2）Flash动画是否按照设计思路达到预期的效果。

（3）在网络环境下，是否能正常地下载和观看动画。

按Ctrl+Enter快捷键或选择"控制丨测试影片"命令，可以对Flash动画进行测试。Flash不仅可以测试影片的全部内容，也可以测试影片的一部分场景。测试场景可以按Ctrl+Alt+Enter快捷键或者选择"控制丨测试场景"命令。

9.5.2 实战：输出Flash作品

当测试Flash影片运行无误后，即可将其发布为最终的SWF播放文件。默认情况下，选择"文件 | 发布"命令可以创建Flash SWF播放文件，并将Flash影片插入到浏览器窗口中的HTML文件中。

除了SWF格式外，也可以用其他文件格式发布Flash影片，如GIF、JPEG、PNG和QuickTime格式，以及在浏览器窗口中显示这些文件所需的HTML文件。这些文件格式可使尚未安装指定Flash Player的用户在浏览器中播放影片并进行交互。当用其他文件格式发布Flash文档（FLA文件）时，每种文件格式的设置都会与该FLA文件一并存储。

另外，还可以用多种格式导出FLA文件，与用其他文件格式发布FLA文件类似，只是每种文件格式的设置不会与该FLA文件一并存储。

9.5.3 输出设置

使用"发布"命令可以创建SWF文件，并将其插入到浏览器窗口中的HTML文档中，也可以以其他文件格式发布FLA文件。

在发布Flash动画前应进行发布设置，选择"文件 | 发布设置"命令，弹出"发布设置"对话框，系统默认的是"格式"选项卡，用于设置动画的发布格式。

1. 发布Flash

在"发布设置"对话框中切换到Flash选项卡。Flash选项卡中的各个参数说明如下。

- **版本**：设置导出的Flash作品的版本。
- **加载顺序**：设置在客户端动画作品中各层的下载显示顺序，也就是客户首先看到的是哪些动画对象。
- **ActionScript版本**：选择导出的影片所使用的动作脚本的版本号。
- **生成大小报告**：在导出Flash作品的同时，将生成一个报告，按文件列出的最终Flash影片的数据量。
- **防止导入**：可防止其他人导入Flash影片，并将它转换为Flash文档。

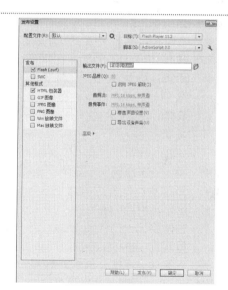

发布设置对话框

- **省略trace动作**：使Flash忽略当前影片中的trace动作。选中此复选框后，来自trace动作的信息就不会显示在输出窗口中。
- **允许调试**：激活调试器，并允许远程调试Flash影片。
- **压缩影片**：可以压缩Flash影片，从而减小文件大小，缩短下载时间。
- **JPEG品质**：要控制位图压缩，可调整数值。图像品种越低，生成的文件就越小；图像品质越高，生成的文件就越大。
- **音频流/音频事件**：设定作品中音频素材的压缩格式和参数。

2. 发布HTML

在Flash中如何缩放场景？将"发布设置"对话框切换到HTML选项卡，HTML选项卡中的各个参数说明如下。

- **模板**：生成HTML文件时所用的模板，单击"信息"按钮可以查看关于**模板**的介绍。
- **大小**：定义HTML文件中Flash动画的长和宽，包括以下几个选项。
  - ◆ **匹配影片**：设定的尺寸和影片的尺寸大小相同。
  - ◆ **像素**：选取后，可以在下面的"宽"和"高"文本框中输入像素数。
  - ◆ **百分比**：选取后，可以在下面的"宽"和"高"文本框中输入百分比。
- **播放**：对影片播放进行设置，包括以下几个选项。
  - ◆ **开始时暂停**：动画在第1帧就暂停。
  - ◆ **显示菜单**：选中后，在生成的动画页面上右击鼠标，会弹出控制影片播放的菜单。
  - ◆ **循环**：设置是否循环播放动画。
  - ◆ **设备字体**：使用经过消除锯齿处理的系统字体替换那些系统中未安装的字体。
- **品质**：选择动画的图像质量。
- **窗口模式**：选择影片的窗口模式，包括以下几个选项。
  - ◆ **窗口**：使Flash影片在网页中的矩形窗口内播放。
  - ◆ **不透明无窗口**：如果要想在Flash影片背后移动元素，同时又不想让这些元素显露出来，就可以使用这个选项。
  - ◆ **透明无窗口**：使网页的背景可以透过Flash影片的透明部分。
  - ◆ **直接**：该种模式发布支持使用Stage 3D的硬件加速内容（Stage 3D要求使用Flash Player 11或更高版本）。
- **HTML对齐**：用于确定影片在浏览器窗口中的位置，包括以下几个选项。
  - ◆ **默认**：使用系统中默认的对齐方式。

  - ◆ **左对齐**：将影片置于浏览器窗口的左边排列。
  - ◆ **右对齐**：将影片置于浏览器窗口的右边排列。
  - ◆ **顶部**：将影片置于浏览器窗口的顶端排列。
  - ◆ **底部**：将影片置于浏览器窗口的底部排列。
- **缩放**：动画的缩放方式，包括以下几个选项。
  - ◆ **默认**：按比例大小显示Flash影片。
  - ◆ **无边框**：使用原有比例显示影片，但是去除超出网页的部分。
  - ◆ **精确匹配**：使影片大小按照网页的大小进行显示。
  - ◆ **无缩放**：不按比例缩放影片。
- **Flash对齐**：设置动画在页面中的排列位置。

HTML选项卡

> 🖉 **提示：**
>
> 选中该复选框后，如果影片出现错误，则会弹出警告信息。

3. 发布GIF

将"发布设置"对话框切换到GIF选项卡。GIF选项卡中的各个参数说明如下。
- **尺寸**：以像素为单位输入导出图像的高度和宽度值。
- **回放**：确定 Flash 创建的是静止图像还是 GIF 动画。如果选中"动画"单选按钮，可选中"不断循环"单选按钮或输入重复次数。
- **选项**：指定导出的 GIF 文件的外观设置范围。
- **优化颜色**：删除GIF动画颜色表中用不到的颜色。
- **抖动纯色**：使用相近的颜色来替代调色板中没有的颜色。
- **交错**：使GIF动画以模糊到清晰的方式进行显示。

- **删除渐变**：删除影片中出现的渐变颜色，将其转化为渐变色的第一个颜色。
- **平滑**：经过平滑处理可以产生高质量的位图图像。
- **透明**：确定动画的透明背景如何转换为GIF图像。
- **不透明**：转换之后的背景为不透明。
- **透明**：转换之后的背景为透明。
- **Alpha**：可以设置透明度的数值，数值的范围是0~255。
- **抖动**：改变颜色的质量。
- **无**：没有抖动处理。
- **有序**：将增加文件大小控制在最小范围之内的前提下提供良好的图像质量。

- **扩散**：提供最好的图像质量，但会增加文件尺寸。
- **调色板类型**：定义用于图像的调色板。
- **Web 216色**：标准的网络安全色。
- **最合适**：为GIF动画配置最精确颜色的调色板。
- **接近Web最适色**：网络最佳色，将优化过的颜色转换为Web 216色的调色板。
- **自定义**：自定义添加颜色，创建调色板。
- **最多颜色**：设定GIF图像中，使用的最大颜色数。
- **调色板**：定义使用于图像的调色板。

GIF选项卡

4. 发布JPEG

将"发布设置"对话框切换到JPEG选项卡。JPEG选项卡中的各个参数说明如下。

- **尺寸**：以像素为单位输入导出图像的高度和宽度值。
- **品质**：图像品质越低，生成的文件越小，反之越大。
- **渐进**：选中此复选框，可以逐渐显示JPEG图像，在低速的网络中可以觉得下载速度很快。

JPEG选项卡

9.5.4 发布预览

　　"发布预览"命令会导出文件，并在默认浏览器上打开预览。如果预览QuickTime视频，则"发布预览"会启动QuickTime Video Player；如果预览放映文件，Flash会启动该放映文件。

　　要用发布预览功能预览文件，选择"文件 | 发布预览"命令，在弹出的子菜单中选择发布预览的格式，Flash就可以创建一个指定类型的文件，并将它放到Flash影片文档所在的文件夹中。在覆盖或删除之前，此文件会一直留在那里。

9.6 | 操作答疑

在下面是一些问题答疑。最后会有多个练习习题，供读者回顾之前所学的内容，提高对本章知识使用的熟练程度。

9.6.1 专家答疑

（1）怎样编辑场景和实现场景跳转？

答：一个影片可以由多个场景组成，每个场景都可以有一个完整的动画序列，当发布包含多个场景的Flash文档时，文档中的场景将按照它们在场景面板中列出的顺序进行回放，文档中的帧都是按场景顺序连续编号的。在默认情况下，影片将按照它们在Flash文档的场景面板中列出的顺序回放，但是需要创建复杂的交互动画时，必须通过一定的方法在各场景之间切换。

（2）怎样测试与输出Flash影片？

答：当测试Flash影片运行无误后，即可将其发布为最终的SWF播放文件。默认情况下，选择"文件 | 发布"命令可以创建Flash SWF播放文件，并将Flash影片插入到浏览器窗口中的HTML文件中。

在正式发布和输出动画之前，需要对动画进行测试，通过测试可以发现动画效果是否与设计思想之间存在偏差，一些想法是否得到了体现等。

9.6.2 操作习题

1. 选择题

（1）只有图形的位置、形状或属性不断变化时才能显示出来动画效果，（　　　）就是定义这些变化的帧，也包括含有动作脚本的帧。

　　A.关键帧　　　　　　B.帧　　　　　　　C.空白关键帧

（2）（　　　）是设计者直接绘制帧中的图像或从外部导入图形之后进行编辑处理形成单独的帧，在将单独的帧合成为动画的场所。

　　A.舞台　　　　　　　B.场景　　　　　　C.时间轴

（3）（　　　）时间轴特效用于使对象产生爆炸的错觉。

　　A.模糊　　　　　　　B.展开　　　　　　C.分离

2. 填空题

（1）_____由显示影片播放状况的帧和图层组成，是Flash中最为重要的部分，它规定了每一帧的播放顺序或电影中元件的变化范围。

（2）_____是存储和组织在Flash中创建各种元件的地方，它还用于存储组织导入的文件，包括_____、_____和_____。

（3）使用_____可以很容易地访问舞台或时间轴上当前选定项的最常用属性，从而简化文档的创建过程。

第10章

图形的绘制与编辑

本章重点：

本章将介绍绘制工具、选择对象工具、编辑工具、修饰图形和绘制标志的知识。

学习目的：

绘制动画矢量图形上Flash中最基本的功能，本章介绍绘制线条工具、矩形工具、椭圆工具、多角星形工具、deco工具等命令，使读者能够得心应手地绘制各种图形。

参考时间：80分钟

主要知识	学习时间
10.1　绘制直线	10分钟
10.2　绘制曲线	10分钟
10.3　绘制矩形和圆角矩形	10分钟
10.4　绘制椭圆和正圆	10分钟
10.5　绘制多边形和星形	20分钟
10.6　文字分离	10分钟
10.7　应用文本滤镜	10分钟

10.1 绘制直线

在Flash CS6中，提供了多种绘制基本矢量图形的工具，如"钢笔工具" 、"刷子工具" 、"矩形工具" 和"多角星形工具" 等。熟练掌握基本绘图方式和工具是制作Flash动画的基础。

10.1.1 运用线条工具绘制直线

使用"线条工具" 可以绘制出平滑的直线。在"属性"面板中可以设置直线的属性。"属性"面板中的各选项功能说明如下。

- **笔触颜色**：单击"笔触颜色"色块可以打开调色板，在调色板中用户可以直接选取线条颜色，也可以在上面的文本框中输入线条颜色的十六进制RGB值。如果预设颜色不能满足用户需要，还可以通过单击右上角的 按钮，在打开的"颜色"对话框中根据需要自定义颜色的值。
- **笔触**：设置所绘线条的粗细，可以直接在文本框中输入数值，范围为0.10～200，也可以通过调节滑块来改变笔触的大小。
- **样式**：在该下拉列表中选择线条的类型，包括实线、虚线、点状线和锯齿线等。通过单击右侧的"编辑笔触样式"按钮 ，可以打开"笔触样式"对话框，在该对话框中可以对笔触样式进行设置。
- **缩放**：在播放器中保持笔触缩放，可以选择"一般"、"水平"、"垂直"或"无"选项。
- **端点**：用于设置直线端点的三种状态：无、圆角或方形。
- **接合**：用于设置两个线段的相接方式，包括尖角、圆角和斜角。如果选择"尖角"选项，可以在右侧的"尖角"文本框中输入尖角的大小。

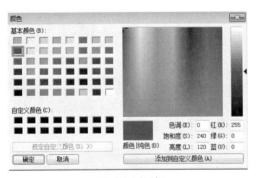

"颜色"对话框

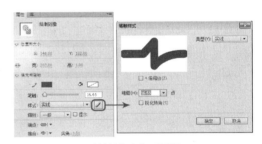

"笔触颜色"对话框

提示：

在使用"线条工具" 绘制直线的过程中，如果在按住Shift键的同时拖动鼠标，可以绘制出垂直或水平的直线，或者45°斜线。如果按住Ctrl键可以暂时切换到【选择工具】 ，对工作区中的对象进行选取，当松开Ctrl键时，又会自动换回到"线条工具" 。

10.1.2 运用钢笔工具绘制直线

要绘制精确的路径，如直线或者平滑、流动的曲线，可以使用"钢笔工具" 。用户可以创建直线或曲线段，然后调整直线段的角度和长度及曲线段的斜率。

使用"钢笔工具" 的操作步骤如下。

步骤1 新建一个空白文档，在菜单栏中选择"文件Ｉ导入Ｉ导入到舞台"命令，在弹出的"导入"对话框中选择随书附带光盘中的"CDROM\第10章\001.jpg"文件，单击"打开"按钮。	步骤2 在工具箱中选择"钢笔工具" ，然后在"属性"面板中将笔触颜色设置为黑色，将"笔触"设置为1.5。

打开的文件

设置笔触颜色和大小

步骤3 将鼠标指针移动到工作区中，在所绘曲线的起点按住鼠标左键不放，然后沿着要绘制曲线的轨迹拖动鼠标，在需要作为曲线终点的位置释放鼠标左键，这样即可在工作区中绘制出一条曲线。

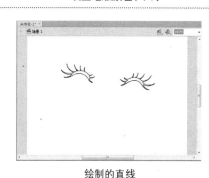

绘制的直线

提示：

在使用"钢笔工具" 绘制曲线时，会出现许多控制点和曲率调节杆，通过它们可以方便地进行曲率调整，画出各种形状的曲线。

10.1.3 运用铅笔工具绘制直线

铅笔工具用于绘制线条和形状，它可以自由地绘制直线与曲线，它的使用方法和真实铅笔的使用方法大致相同。铅笔工具和线条工具在使用方法上有许多相同点，但是也存在一定的区别，最明显的区别就是铅笔工具可以绘制出比较柔和的曲线，铅笔工具也可以绘制各种矢量线条，并且在绘制时更加灵活。

在工具箱中选择"铅笔工具" ，单击工具箱中的"铅笔模式"按钮 ，在弹出的菜单中可以设置铅笔的模式，包括"伸直"、"平滑"和"墨水"3个选项。

❶ **"伸直"模式**：使用此模式，在绘图过程中会将线条转换成接近形状的直线，绘制的图形趋向平直、规整。

❷ **"平滑"模式**：使用此模式绘制线条，可以自动平滑曲线，减少抖动造成的误差，从而明显地减少线条中的"碎片"，达到平滑线条的效果。

❸ **"墨水"模式**：使用此模式绘制的线条就是绘制过程中鼠标所经过的实际轨迹，此模式可以在最大程度上保持实际绘出的线条形状，而只做轻微的平滑处理。

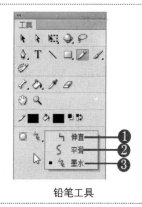

铅笔工具

10.1.4 运用刷子工具绘制直线

刷子工具可以绘制出像毛笔作画的效果，也常被用于给对象着色。需要注意的是，刷子工具绘制出的是填充区域，它不具有边线，其封闭的线条可以使用颜料桶工具着色，可以通过工具箱中的填充颜色来改变刷子的颜色。

选择工具箱中的刷子工具，单击工具箱中的 （刷子模式）按钮，在弹出的菜单中可以设置刷子的模式，包括"标准绘画"、"颜料填充"、"后面绘画"、"颜料选择"和"内部绘画"5个选项。

- **标准绘画模式**：这是默认的绘制模式，可对同一层的线条和填充涂色。选择了此模式后，绘制后的颜色会覆盖在原有的图形上。
- **颜料填充模式**：只对填充区域和空白区域涂色，而笔触则不受到任何影响。选择了此模式后，所绘制的图形只将已有图形的填充区域覆盖掉，而笔触部分仍保留不被覆盖。
- **后面绘画模式**：对舞台同一层的区域进行涂色，绘制出来的图形始终位于已有图形的下方，不影响当前图形的线条和填充。

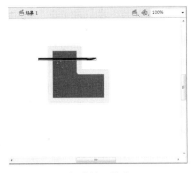

标准绘画模式

颜料填充模式

后面绘画模式

- **颜料选择模式**：它只对选区内的图形产生作用，而选区之外的图形不会受到影响，选择着色的位置，按住鼠标不放拖动，只有鼠标拖过的选择区域才会被填色
- **内部绘画模式**：它绘制的区域限制在落笔时所在位置的填充区域中，但不对线条涂色。如果在空白区域中开始涂色，则该填充不会影响任何现有填充区域。

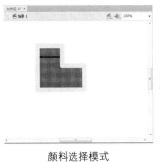

颜料选择模式

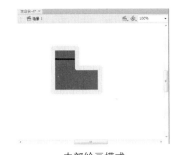

内部绘画模式

10.1.5　实战：使用线条工具绘制圣诞树

本例使用线条工具绘制圣诞树，具体操作步骤如下。

步骤1　启动Flash后，新建一个文档，其参数均为默认即可。选择"线条工具"在舞台中绘制两条直线。	**步骤2**　选择"选择工具"拖曳出树的样式即可。
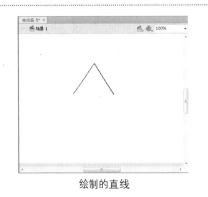 绘制的直线	 拖曳的效果
步骤3　选择"线条工具"和"选择工具"绘制出树的效果。	**步骤4**　选择绘制的图形，按Alt键拖动鼠标复制一个图形。

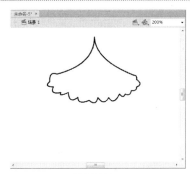

绘制的效果

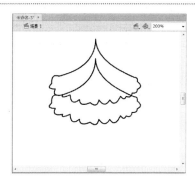

复制的图形

步骤5 选中复制的图层，选择"任意变形"工具进行缩放。

步骤6 按住Alt键拖动鼠标再复制一个图形。选择"任意变形"工具进行调整。

缩放的效果

步骤7 选中所有图形，按Ctrl+B快捷键分离图形。

步骤8 把看不到的边按Delete键删除。

分离的图形

删除后的效果

步骤9 使用"选择工具"选择一个边。

步骤10 按住Alt键拖动鼠标，即可复制一条边，调整到如图所示的效果。

选择的边

复制的边

步骤11 使用相同的方法复制阴影。

步骤12 选择"线条工具"绘制两条直线。

绘制的树

绘制的直线

| **步骤13** 在两条直线内绘制出树的阴影。 | **步骤14** 选择"颜料桶工具"填充颜色。 |

绘制的阴影

填充的颜色

| 10.2 | 绘制曲线

专门用来绘制曲线的工具有"线条工具"、"钢笔工具"和"铅笔工具"。

10.2.1 运用线条工具绘制曲线

用线条工具绘制任意方向的曲线。

在工具箱中选择"线条工具" ，在舞台中某一点按下鼠标往外拖动，拖到另一点时松开鼠标，就能在两点之间画出一条曲线。

用线条工具绘制四个标准线段。

如果在画直线的同时按住Shift键不松手，用"线条工具"可以画出水平线段，竖直线，以及水平线45度角的标准倾斜线。

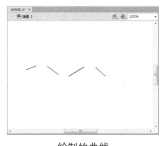

绘制的曲线

线条工具的"颜色"设置。

样本面板

10.2.2　运用钢笔工具绘制曲线

用钢笔工具绘制曲线，其长短、弧度等都是由节点决定的，可以通过增、减节点来精确控制路径外形。"钢笔工具"可以绘制连续线条，而且还可以运用节点编辑工具进行修改。

钢笔工具绘制直线和弧线。

使用"钢笔工具"时，必须首先在工具箱中单击鼠标，就会出现第一个节点；在另一个地方单击鼠标，又会出现第二个节点；这两个节点之间就会生成一条直线段。如果想要生成一条有弧度的曲线，则只要把生成第二个节点的"单击"动作，改为"按住鼠标并拖动"的动作，拖动过程中出现的一个直线角控制手柄，拉动控制手柄可把直线改成理想的弧线，对绘制曲线满意时松开鼠标即可。

用钢笔工具画波浪线。

用钢笔绘制的直线和曲线

如果接下来在第三、第四个节点都用画弧线的方法来画，就可以生成一条波浪线。

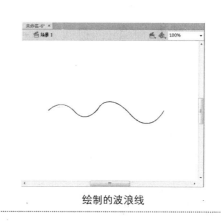

绘制的波浪线

10.2.3　运用铅笔工具绘制曲线

在工具箱中选择"铅笔工具" ✐ ，然后单击工具箱中的"铅笔模式"按钮 ↰ ，在弹出的下拉菜单中可以设置铅笔的模式，包括"伸直"、"平滑"和"墨水"3个选项。

● **"伸直"模式**：该模式是"铅笔工具" ✐ 中功能最强的一种模式，它具有很强的线条形状识别能力，可以对所绘的线条进行自动校正，将画出的近似直线取直，平滑曲线，简化波浪线等。

● **"平滑"模式**：使用此模式绘制线条，可以自动平滑曲线，减少抖动造成的误差，达到一种平滑线条的效果。

● **"墨水"模式**：使用此模式绘制的线条就是绘制过程中鼠标所经过的实际轨迹，此模式可以在最大程度上保持实际绘出的线条形状，而只做轻微的平滑处理。

使用"铅笔工具" ✐ 的操作步骤如下。

步骤1　新建一个空白文档，在菜单栏中选择"文件	导入	导入到舞台"命令，在弹出的"导入"对话框中选择随书附带光盘中的"CDROM\第10章\002.jpg"文件，单击"打开"按钮。	**步骤2**　在工具箱中选择"铅笔工具" ✐ ，并将"铅笔模式"设置为"平滑"。

打开的文件

选择工具并设置模式

步骤3 在"属性"面板中，将笔触颜色设置为"#064510"，将"笔触"设置为1.5。

步骤4 将鼠标指针移至工作区中，当指针变为小铅笔形状时，在所绘线条的起点按住鼠标左键不放，然后沿着要绘制曲线的轨迹拖动鼠标，在需要作为曲线终点的位置释放鼠标左键，即可绘制出一条曲线。

设置笔触颜色和大小

绘制曲线

10.2.4 实战：使用钢笔工具绘制石头

运用钢笔工具绘制石头的操作步骤如下。

步骤1 选择"插入 | 新建元件"命令，其快捷键为Ctrl+F8，在弹出的"创建新元件"窗口中设置"名称"为"石头"，"类型"为"图形"，单击"确定"按钮，创建一个新的图形元件。

步骤2 进入"石头"元件，在工具栏中选择"钢笔工具"，在"颜色"选项中设置"笔触颜色"为黑色，并为其填充，在下方的"属性"面板中设置"笔触高度"为1，"笔触样式"为"实线"，在工作区绘制石头的二块面积较大的部分，一个是石头，一个是阴影。再选择工具栏中的"部分选取工具"，调整线条，并为其填充节点。

创建新元件窗口

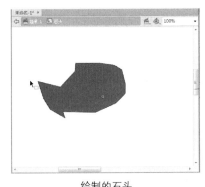

绘制的石头

步骤3 再绘制出一个石头，在工具栏中选择"选择工具"，选中两个图形的边线，Delete键删除，然后分别设置这两个图形的颜色值为"#FFCC66"，分别组合后放置在合适的位置，形成石头的对比。

步骤4 在工具栏中选择"钢笔工具"，设置"填充色"值为"FFCC00"，绘制出石头灰暗的各部分，然后选择工具栏中的"部分选取工具"，调整线条节点，再用刚才讲过的方法删除图形的边线，最后将其分别组合并放在绘制好的石头上的合适位置，可以选择"选择工具"进行调整。

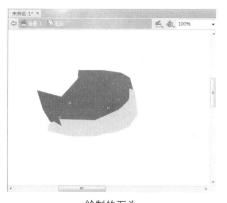

绘制的石头

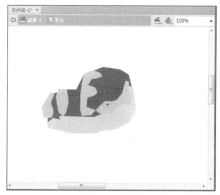

调整后的效果

步骤5 在工具栏中选择"钢笔工具"，设置"填充色"值为"#FFFFCC"，绘制出石头上的高光部分，然后选择工具栏中的"部分选取工具"，调整线条的节点，再用刚才讲过的方法删除图形的边线，最后将其分别组合并移动至绘制好的石头上的合适位置。

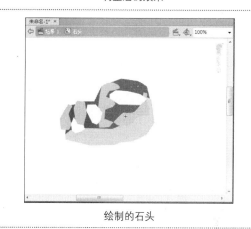

绘制的石头

10.3 | 绘制矩形和圆角矩形

"矩形工具"是用来绘制矩形图形的，也可以绘制出带有一定圆角的矩形。

10.3.1 运用矩形工具绘制矩形

在工具箱中选择"矩形工具"后，可以在"属性"面板中设置"矩形工具"的绘制参数，包括绘制矩形的轮廓色、填充色、轮廓线的粗细和轮廓样式等。

通过在"矩形选项"选项组中的4个"矩形边角半径"文本框中输入数值，可以设置圆角矩形4个角的角度值，范围为−100~100，数字越小，绘制的矩形的4个角上的圆角弧度就越小，默认值为0，既没有弧度，表示4个角为直角。也可以通过拖动下方的滑块，来调整角度的大小。通过单击"将边角半径锁定为一个控件"按钮 🔗 ，将其变为 ⊕ 状态，这样用户便可为4个角设置不同的值。单击"重置"按钮，可以恢复到矩形角度的初始值。

具体操作步骤如下。

步骤1 打开Flash CS6软件，在右边的工具栏中，选择"矩形工具"。

步骤2 在舞台上绘制一个矩形。

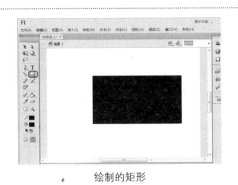

| 选择矩形工具 | 绘制的矩形 |

提示：

在使用"矩形工具" □ 绘制形状时，在拖动鼠标的过程中按键盘上的上、下方向键可以调整圆角的半径。

10.3.2　运用矩形工具绘制圆角矩形

在Flash工具箱中，矩形工具按钮的右下角有一个黑色向下的小箭头，表示在这个工具下还有其他工具，当选择"矩形工具"时，会显示出"圆角矩形工具"。"圆角矩形工具"正如它的名字一样，可以绘制圆角矩形。

下面以实例介绍"矩形工具"中的"圆角矩形"的绘制，方法如下。

单击"矩形工具"，在工具箱下面的选项区里单击"边角半径设置"按钮，会弹出"边角半径设置"对话框，在这里输入数字，可以输入0～999之间的整数值，对"矩形"的边角进行设置。

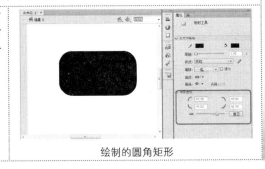

绘制的圆角矩形

10.3.3　运用基本矩形工具绘制圆角矩形

在工具箱中单击矩形按钮 □，当鼠标指针在工作区中时将变成一个十字状态，此时即可在工作区中绘制矩形了。用户可以在"属性"面板中设置矩形工具的参数，包括所绘制矩形的轮廓色、填充色、矩形轮廓的粗细和矩形的轮廓类型。

除了与绘制线条时使用相同的属性外，利用如下更多的设置可以绘制出圆角矩形。

若单击"重置"按钮，可恢复矩形角度的初始值。

设置好所绘矩形的属性后，就可以开始绘制矩形了。将鼠标指针移至工作区中，按住鼠标左键不放，然后沿着要绘制的矩形方向拖动鼠标，在适当位置释放鼠标左键，即可在工作区中绘制出一个矩形。

属性面板

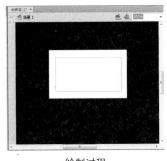

绘制过程

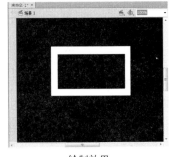

绘制效果

提示：

　　如果在绘制矩形的过程中按下Shift键，则可以在工作区中绘制一个正方形，按下Ctrl 键可以暂时切换到选择工具，对工作区中的对象进行选取。

　　单击工具箱中的基本矩形工具按钮▢，当工作区中的鼠标指针变成十字状态时，即可在工作区中绘制矩形。用户可以在"属性"面板中修改默认的绘制属性。

　　设置好所绘矩形的属性后，就可以开始绘制矩形了。将鼠标指针移动到工作区中，在要绘制矩形的大概位置按住鼠标左键不放，然后沿着要绘制的矩形方向拖动鼠标，在适当位置释放鼠标左键，完成上述操作后，就可绘制出一个包括填充色和轮廓的矩形对象。使用选择工具可以拖动矩形对象上的节点，从而改变矩形对角的外观，使其形成不同形状的圆角矩形。

属性面板

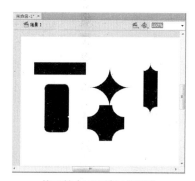

使用基本工具绘制的图形

　　使用基本图形工具绘制图形的方法与使用矩形工具相同，但绘制出的图形有区别。使用基本工具绘制的图形上面具有节点，通过使用选择工具拖动图形上的节点，可以改变矩形圆角的大小。

10.4 | 绘制椭圆和正圆

　　用椭圆工具绘制的图形是椭圆形或圆形图案，虽然钢笔工具和铅笔工具也能绘制出椭圆形，但在具体使用过程中，要绘制椭圆形，直接利用椭圆工具可以大大提高绘图效率。用户不仅可以任意选择轮廓线的颜色、线宽和线型，还可以选择圆形的填充色。

10.4.1　运用椭圆工具绘制椭圆

　　选择工具箱中的椭圆工具，将鼠标指针移至工作区，当指针变成一个十字状态时，即可在工作区中绘制椭圆形，如果不想使用默认的绘制属性进行绘制，可以自定义绘制属性。

　　除了与绘制线条时使用相同的属性外，利用如下更多的设置可以绘制出扇形图案。

- **起始角度**：设置扇形的起始角度。
- **结束角度**：设置扇形的结束角度。
- **内径**：设置扇形内圆的半径。
- **闭合路径**：使绘制出的扇形为闭合扇形。
- **重置**：恢复角度、半径的初始值。

　　设置好椭圆形属性后，将鼠标指针移至工作区中，按住鼠标左键不放，然后沿着要绘制的椭圆形方向拖动鼠标，在适当位置释放鼠标左键，即可在工作区中绘制出一个有填充色和轮廓的椭圆形。

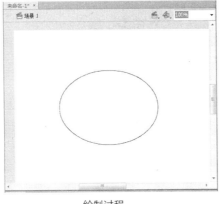

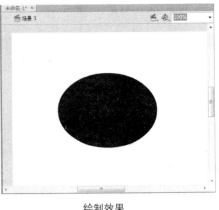

| "属性"面板 | 绘制过程 | 绘制效果 |

提示：

如果在绘制椭圆形的同时按下Shift键，则在工作区中将绘制出一个正圆，按下Ctrl键则在工作区中选取对象。

相对于椭圆工具来讲，基本椭圆工具绘制的是更加易于控制的扇形对象。用户可以在"属性"面板中更改基本椭圆工具的绘制属性。

使用基本椭圆工具绘制图形的方法与使用椭圆工具是相同的，但绘制出的图形有区别。使用基本椭圆工具绘制出的图形具有节点，通过使用选择工具拖动图形上的节点，可以形成多种形状。

使用基本椭圆工具绘制的图形

10.4.2 颜料桶工具

使用"颜料桶工具" 不仅可以为封闭的图形填充颜色，还可以为一些没有完全封闭但接近于封闭的图形填充颜色。

在工具箱中选择"颜料桶工具" 后，单击工具箱中的"空隙大小"按钮，在弹出的下拉菜单中包括"不封闭空隙"、"封闭小空隙"、"封闭中等空隙"和"封闭大空隙"4个选项。

- **不封闭空隙**：在使用颜料桶填充颜色前，Flash将不会自行封闭所选区域的任何空隙。也就是说，所选区域的所有未封闭的曲线内将不会被填充颜色。
- **封闭小空隙**：在使用颜料桶填充颜色前，会自行封闭所选区域的小空隙。也就是说，如果所填充区域不是完全封闭的，但是空隙很小，则Flash会近似地将其判断为完全封闭而进行填充。
- **封闭中等空隙**：在使用颜料桶填充颜色前，会自行封闭所选区域的中等空隙。也就是说，如果所填充区域不是完全封闭的，但是空隙大小中等，则Flash会近似地将其判断为完全封闭而进行填充。
- **封闭大空隙**：在使用颜料桶填充颜色前，自行封闭所选区域的大空隙。也就是说，如果所填充区域不是完全封闭的，而且空隙尺寸比较大，则Flash会近似地将其判断为完全封闭而进行填充。

如果要填充的形状没有空隙，可以选择"不封闭空隙"；否则可以根据空隙的大小选择"封闭小空隙"、"封闭中等空隙"或"封闭大空隙"。

　　使用"颜料桶工具" 的操作步骤如下。

步骤1　在菜单栏中选择"文件丨打开"命令，在弹出的"打开"对话框中选择随书附带光盘中的"CDROM\第10章\素材\003.fla"文件，单击"打开"按钮。	**步骤2**　在工具箱中选择"颜料桶工具" ，并将填充颜色设置为黄色，然后在要填充颜色的区域内单击鼠标，即可填充颜色。

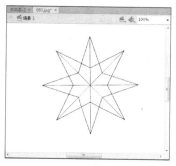
打开的文件

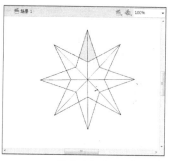
填充的颜色

步骤3　使用同样的方法，为其他的图形填充黄色。

填充后的效果

10.4.3　墨水瓶工具

　　"墨水瓶工具" 用于在绘图中修改线条和轮廓线的颜色和样式。它不仅能够在选定图形的轮廓线上加上规定的线条，还可以改变一条线条的粗细、颜色和线型等，并且可以给打散后的文字和图形加上轮廓线。"墨水瓶工具" 本身不能在工作区中绘制线条，只能对已有线条进行修改。

　　使用"墨水瓶工具" 的操作步骤如下。

步骤1　继续上面的操作，在工具箱中选择"墨水瓶工具" ，在"属性"面板中将笔触颜色设置为"#CC0000"，将"笔触"设置为2。	**步骤2**　使用同样的方法，对其他图形的轮廓线进行修改。

属性面板

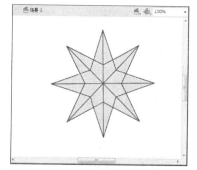
填充后的效果

提示：

　　如果"墨水瓶工具" 的作用对象是矢量图形，则可以直接为其添加轮廓。如果将要作用的对象是文本或者位图，则需要先将其分离，然后才可以使用"墨水瓶工具" 添加轮廓。

10.4.4　橡皮擦工具

Flash中的"橡皮擦工具"  可以用来擦除图形的外轮廓和内部颜色。

当选择"橡皮擦工具" 时，在工具箱的选项设置区中，有一些相应的附加选项。

"橡皮擦工具" 的各附加选项的功能说明如下。

● **"橡皮擦模式"按钮** ：单击该按钮，在弹出的下拉菜单中共有5种擦除方式可供选择，包括"标准擦除"、"擦除填色"、"擦除线条"、"擦除所选填充"和"内部擦除"。

　◆ **标准擦除**：擦除同一层上的笔触和填充区域。此模式是Flash的默认工作模式。

　◆ **擦除填色**：只擦除填充区域，不影响笔触。

橡皮擦工具

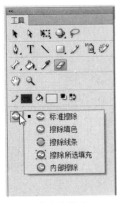

橡皮擦模式

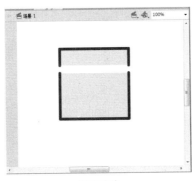

标准擦除

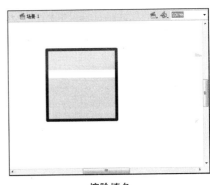

擦除填色

　◆ **擦除线条**：只擦除笔触，不影响填充区域。

　◆ **擦除所选填充**：只擦除当前选择的填充区域，而不影响笔触。

　◆ **内部擦除**：只有从填充色内部作为擦除的起点才有效，如果擦除的起点是图形外部，则不会起任何作用。在这种模式下使用橡皮擦并不影响笔触。

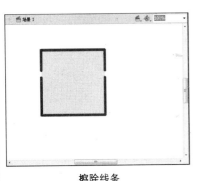

擦除线条

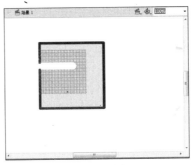

擦除所选填充

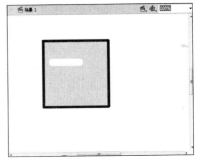

内部擦除

10.4.5　文本工具

在Flash中，"文本工具" **T** 是用来输入和编辑文本的，在"属性"面板中可以对文本的属性进行设置，包括设置文字的大小、间距和颜色。

"属性"面板中的主要选项功能说明如下。

● **文本引擎**：在该下拉列表中选择需要使用的文本引擎。传统文本是 Flash 中早期文本引擎的名称。传统文本引擎在 Flash CS6 和更高版本中仍可用。传统文本对于某类内容而言可能更好一些，例如用于移动设备的内容，其中 SWF 文件大小必须保持在最小限度。不过，在某些情况下，例如需要对文本布局进行精细控制，则需要使用新的 TLF 文本。TLF 支持更多丰富的文本布局功能和对文本属性的精细控制。与以前的文本引擎（现在称为传统文本）相比，TLF 文本可加强对文本的控制。

● **文本类型**：用于设置所绘文本框的类型，有3个选项，分别为"静态文本"、"动态文本"和"输入文本"。在默认情况下，使用"文本工具" **T** 创建的文本框为静态文本框，静态文本框创建的文本在影片播放过程中是不会改变的；使用动态文本框创建的文本是可以变化的，动态文本框中的内容可以在影片制作过程中输入，也可以在影片播放过程中设置动态变化，通常的做法是使用ActionScript对动态文本框中的文本进行控制，这样就大大增加了影片的灵活性；输入文本也是应用比较广泛的一种文本类型，用户可以在影片播放过程中即时地输入文本，一些用Flash制作的留言簿和邮件收发程序都大量使用了输入文本。

● **"改变文本方向"按钮**：单击该按钮，通过在弹出的下拉菜单中选择"水平"、"垂直"或"垂直，从左向右"选项可以改变当前文本的方向。

● **字符**：设置字体属性。

● **系列**：在系列中选择字体。

● **样式**：设置文本的样式，包括Regular（正常）、Italic（斜体）、Bold（粗体）或Bold Italic（粗体、斜体）选项。

● **大小**：设置文字的大小。

● **字母间距**：用于调整选定字符或整个文本框的间距。可以在文本框中输入−60～+60的数值，单位为磅，也可以通过拖动右边的滑块进行设置。

● **颜色**：单击右侧的色块，在弹出的调色板中可以设置字体的颜色。

● **"自动调整字距"复选框**：勾选该复选框后，可以使用字体的内置字距微调信息来调整字符的间距。

● **消除锯齿**：在该下拉列表中提供了5种不同的选项，用于设置文本边缘的锯齿，以便更清楚地显示较小的文本。其中，"使用设备字体"选项生成一个较小的 SWF 文件；"位图文本[无消除锯齿]"选项生成明显的文本边缘，没有消除锯齿；"动画消除锯齿"选项生成可顺畅进行动画播放的消除锯齿文本。"可读性消除锯齿"选项使用高级消除锯齿引擎，提供了品质最高、最易读的文本；"自定义消除锯齿"选项与"可读性消除锯齿"选项相同，但是可以直观地操作消除锯齿参数，以生成特定外观。

● **"可选"按钮** **AB**：单击此按钮后能够在影片播放的时候选择动态文本或者静态文本。

● **"切换上标"按钮** **T²**：将文字切换为上标显示。

● **"切换下标"按钮** **T,**：将文字切换为下标显示。

● **"段落"选项组**中包括以下几种选项。

◆ **格式**：设置文字的对齐方式，包括左对齐、居中对齐、右对齐和两端对齐4种方式。

◆ **间距**："缩进"选项用于设置段落边界和首行开头之间的距离；"行距"选项用于设置段落中相邻行之间的距离。

◆ **边距**：用于设置文本框的边框和文本段落之间的间隔量。

◆ **行为**：设置文本为单行或多行。

10.5 绘制多边形和星形

"多角星形工具" ▣用于绘制多边形或星形。

10.5.1 运用多边形工具绘制多边形

下面使用"多角星形工具" ▣绘制多边形。

在工具箱中选择"多角星形工具"  后，可以在"属性"面板中设置"多角星形工具" 的绘制参数。单击"属性"面板中的"选项"按钮，打开"工具设置"对话框。

● **样式**：在该下拉列表中可以选择"多边形"或"星形"样式。
● **边数**：用于设置多边形或星形的边数。
● **星形顶点大小**：用于设置星形顶点的大小。

"属性"面板

"工具设置"对话框

10.5.2　实战：运用多边形工具绘制星形

下面使用"多变形工具"绘制星形。

步骤1　新建一个空白文档，在菜单栏中选择"文件丨导入丨导入到舞台"命令，在弹出的"导入"对话框中选择随书附带光盘中的"CDROM\第10章\素材\004.jpg"文件，单击"打开"按钮。

步骤2　选择属性面板中的"修改丨分离"命令，在工具箱中选择"多角星形工具" ，在"属性"面板中将笔触颜色设置为无，将填充颜色设置为"#FFFF00"。

设置颜色

打开的素材

步骤3　单击"选项"按钮，弹出"工具设置"对话框，在"样式"下拉列表中选择"星形"。

步骤4　单击【确定】按钮。将鼠标指针移动到工作区中，按住鼠标左键不放并拖动鼠标，然后在适当的位置处释放鼠标左键，即可在工作区中绘制出星形。

"工具设置"对话框

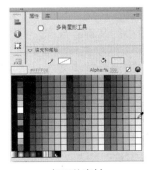

绘制星形

步骤5　使用同样的方法在工作区中绘制多个星形。

绘制后的效果

10.5.3　实战：绘制音箱

运用"矩形工具"、"基本矩形工具"、"椭圆工具"、"基本椭圆工具"绘制小音箱。

步骤1　启动Flash CS6程序，在舞台中选择"矩形工具"▢按钮，绘制一个长方形，颜色设置为黑色。

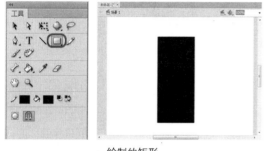

绘制的矩形

步骤2　设置颜色为"#CCCCCC"，笔触颜色设为无色，在舞台中绘制一个矩形。

绘制的矩形

步骤3　在舞台中再绘制一个矩形，填充颜色设为"#999999"。

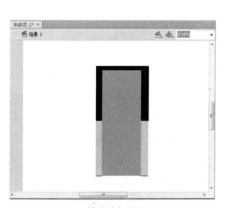

绘制的矩形

步骤4　选择"矩形工具"，将"属性"面板中的"矩形选项"设置为35。

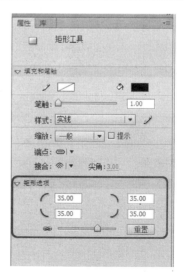

属性面板

步骤5　设置完成后即可在舞台中绘制一个圆角矩形，填充颜色设置为"#666666"。

步骤6　选中"矩形工具"，在舞台中绘制一个矩形，颜色设置为白色。

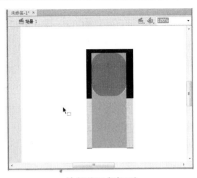

绘制的圆角矩形

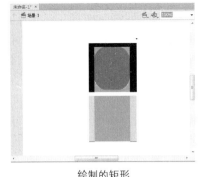

绘制的矩形

步骤7 在工具箱中选择"椭圆形工具"，在属性面板中将填充色设置为黑色，将"笔触颜色"设为"无"绘制一个椭圆形。

步骤8 设置填充色为"#CCCCCC"，绘制一个圆。

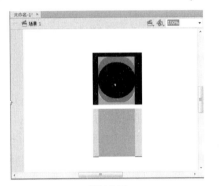

绘制的圆

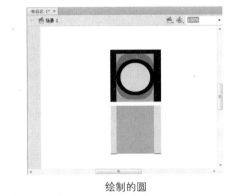

绘制的圆

步骤9 设置填充色为白色，绘制一个圆。

步骤10 设置填充色为黑色，绘制一个圆。

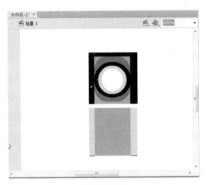

绘制的圆

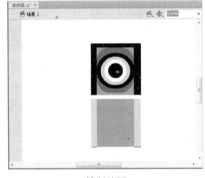

绘制的圆

步骤11 设置填充色为白色绘制一个圆。即可完成绘制音响的效果。

绘制的音响

10.6 | 文字的分离

在Flash中，可以分离传统文本以将每个字符置于单独的文本框中。然后还可以将文字分散到各个图层中。

10.6.1 分离文本

分离文本的具体操作步骤如下。

步骤1 新建一个空白文档，在菜单栏中选择"文件 | 导入 | 导入到舞台"命令，在弹出的"导入"对话框中选择随书附带光盘中的"CDROM\第10章\005.jpg"文件，单击"打开"按钮。

步骤2 在工具箱中选择"文本工具" T ，然后在舞台中单击并输入文字"花样年华"。

打开的文件

输入的文字

步骤3 使用"选择工具" 选择文本框。

步骤4 在菜单栏中选择"修改 | 分离"命令。

选择的文字

选择"分离"命令

步骤5 即可将文本框中的每个文字分别置于单独的文本框中。

分离的效果

10.6.2 分散到图层

把文字分散到图层的具体操作步骤如下。

步骤1 继续上面的操作。在菜单栏中选择"修改|时间轴|分散到图层"命令。

步骤2 即可将文字分散到各个图层中。

修改列表

分散到各个图层中

10.7 应用文本滤镜

使用Flash提供的"滤镜"功能可以为文本添加斜角、投影、发光、模糊、渐变发光、渐变模糊和调整颜色等多种效果。

选择文本后,在"属性"面板中打开"滤镜"选项组,在该选项组中可以为选择的文本应用一个或多个滤镜。每添加一个新的滤镜,都会显示在该文本所应用的滤镜的列表中。

10.7.1 投影滤镜

使用"投影"滤镜可以模拟对象向一个表面投影的效果。在"滤镜"选项组中单击左下角的"添加滤镜"按钮🔲,在弹出的下拉菜单中选择"投影"选项,即可在列表框中显示出"投影"滤镜的参数。

- **模糊 X、模糊 Y:** 设置投影的宽度和高度。
- **强度:** 设置阴影暗度。数值越大,阴影就越暗。
- **品质:** 设置投影的质量级别。如果把质量级别设置为"高",就近似于高斯模糊。建议把质量级别设置为"低",以实现最佳的回放性能。
- **角度:** 输入一个值来设置阴影的角度。
- **距离:** 设置阴影与对象之间的距离。
- **"挖空"复选框:** 勾选该复选框后,即可挖空(即从视觉上隐藏)原对象,并在挖空图像上只显示投影。
- **"内阴影"复选框:** 勾选该复选框后,在对象边界内应用阴影。
- **"隐藏对象"复选框:** 勾选该复选框后,隐藏对象,并只显示其阴影。
- **颜色:** 单击右侧的色块,在弹出的调色板中选择阴影的颜色。

为文本对象添加"投影"滤镜后的效果如下。

投影滤镜参数

添加投影滤镜的效果

10.7.2 模糊滤镜

使用"模糊"滤镜可以柔化对象的边缘和细节。在"滤镜"选项组中单击左下角的"添加滤镜"按钮，在弹出的下拉菜单中选择"模糊"选项，即可在列表框中显示出"模糊"滤镜的参数。

● **模糊 X、模糊 Y**：设置模糊的宽度和高度。

● **品质**：设置模糊的质量级别。如果把质量级别设置为"高"就近似于高斯模糊。

建议把质量级别设置为"低"，以实现最佳的回放性能。

为文本对象添加"模糊"滤镜后的效果如下所示。

添加模糊参数

添加模糊滤镜的效果

10.7.3 使用发光滤镜

使用"发光"滤镜可以为对象的整个边缘应用颜色。在"滤镜"选项组中单击左下角的"添加滤镜"按钮，在弹出的下拉菜单中选择"发光"选项，即可在列表框中显示"发光"滤镜的参数。

● **模糊 X、模糊 Y**：设置发光的宽度和高度。

● **强度**：设置发光的清晰度。

● **品质**：设置发光的质量级别。如果把质量级别设置为"高"，将近似于高斯模糊。建议把质量级别设置为"低"，以实现最佳的回放性能。

● **颜色**：单击右侧的色块，在弹出的调色板中设置发光颜色。

● **"挖空"复选框**：勾选该复选框后，即可挖空（即从视觉上隐藏）原对象，并在挖空图像上只显示发光。

● **"内发光"复选框**：勾选该复选框后，在对象边界内应用发光。

为文本对象添加"发光"滤镜后的效果如下。

添加的发光滤镜

添加发光滤镜的效果

10.7.4　斜角滤镜

应用"斜角"滤镜就是为对象应用加亮效果，使其看起来凸出于背景表面。在"滤镜"选项组中单击左下角的"添加滤镜"按钮，在弹出的下拉菜单中选择"斜角"选项，即可在列表框中显示出"斜角"滤镜的参数。

- **模糊 X、模糊 Y**：设置斜角的宽度和高度。
- **强度**：设置斜角的不透明度，而不影响其宽度。
- **品质**：设置斜角的质量级别。如果把质量级别设置为"高"，则近似于高斯模糊。建议把质量级别设置为"低"，以实现最佳的回放性能。
- **阴影、加亮显示**：单击右侧的色块，在弹出的调色板中可以设置斜角的阴影和加亮颜色。
- **角度**：输入数值可以更改斜边投下的阴影角度。
- **距离**：设置斜角与对象之间的距离。
- **"挖空"复选框**：勾选该复选框后，即可挖空（即从视觉上隐藏）原对象，并在挖空图像上只显示斜角。
- **类型**：选择要应用到对象的斜角类型。可以选择"内侧"、"外侧"或者"全部"选项。

添加斜角滤镜

添加斜角滤镜的效果

10.7.5　使用渐变发光滤镜

应用"渐变发光"滤镜可以在发光表面产生带渐变颜色的发光效果。在"滤镜"选项组中单击左下角的"添加滤镜"按钮，在弹出的下拉菜单中选择"渐变发光"选项，即可在列表框中显示出"渐变发光"滤镜的参数。

- **模糊 X、模糊 Y**：设置发光的宽度和高度。
- **强度**：设置发光的不透明度，而不影响其宽度。
- **品质**：设置渐变发光的质量级别。如果把质量级别设置为"高"，则近似于高斯模糊。建议把质量级别设置为"低"，以实现最佳的回放性能。
- **角度**：通过输入数值可以更改发光投下的阴影角度。
- **距离**：设置阴影与对象之间的距离。
- **"挖空"复选框**：勾选该复选框后，即可挖空（即从视觉上隐藏）原对象，并在挖空图像上只显示渐变发光。
- **类型**：在下拉列表中选择要为对象应用的发光类型。可以选择"内侧"、"外侧"或者"全部"选项。
- **渐变**：渐变包含两种或多种可相互淡入或混合的颜色。单击右侧的渐变色块，可以在弹出的渐变条上设置渐变颜色。

属性	值

添加渐变发光滤镜

添加发光滤镜的效果

10.7.6　渐变斜角滤镜

应用"渐变斜角"滤镜后可以产生一种凸起效果，且斜角表面有渐变颜色。在"滤镜"选项组中单击左下角的"添加滤镜"按钮 ，在弹出的下拉菜单中选择"渐变斜角"选项，即可在列表框中显示出"渐变斜角"滤镜的参数。

- **模糊 X、模糊 Y**：设置斜角的宽度和高度。
- **强度**：输入数值可以影响其平滑度，但不影响斜角宽度。
- **品质**：设置渐变斜角的质量级别。如果把质量级别设置为"高"，则近似于高斯模糊。建议把质量级别设置为"低"，以实现最佳的回放性能。
- **角度**：通过输入数值来设置光源的角度。
- **距离**：设置斜角与对象之间的距离。
- **"挖空"复选框**：勾选该复选框后，即可挖空（即从视觉上隐藏）原对象，并在挖空图像上只显示渐变斜角。
- **类型**：在下拉列表中选择要应用到对象的斜角类型。可以选择"内侧"、"外侧"或者"全部"选项。
- **渐变**：渐变包含两种或多种可相互淡入或混合的颜色。单击右侧的渐变色块，可以在弹出的渐变条上设置渐变颜色。

添加渐变斜角滤镜

添加渐变斜角滤镜的效果

10.7.7　调整颜色

使用"调整颜色"滤镜可以调整对象的亮度、对比度、饱和度和色相。在"滤镜"选项组中单击左下角的"添加滤镜"按钮 ，在弹出的下拉菜单中选择"调整颜色"选项，即可在列表框中显示出"调整颜色"滤镜的参数。

- **亮度**：调整对象的亮度。
- **对比度**：调整对象的对比度。
- **饱和度**：调整对象的饱和度。
- **色相**：调整对象的色相。

添加调整颜色滤镜

10.7.8 实战：制作燃烧的火焰

制作燃烧的火焰的具体操作步骤如下。

步骤1 在Flash CS6舞台中绘制一个火焰燃烧的循环效果，选择"线条工具"绘制出火焰的轮廓。

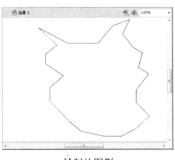

绘制的图形

步骤2 选择"选择工具"拖曳出火焰效果。

拖曳的效果

步骤3 选择"颜料桶工具"，设置填充颜色为"#FFFF00"。

填充的颜色

步骤4 用"选择工具"，选中舞台中的图形，按住Alt键不放，拖动鼠标，即可复制一个图形，颜色设置为"#FFCC33"。

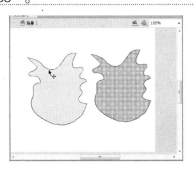

复制的图形

步骤5 选择"任意变形工具"，缩放图形到合适的位置。

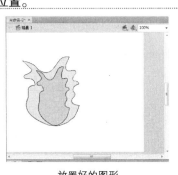

放置好的图形

步骤6 选择"选择工具"，再复制一个图形，颜色设置为"#FF6633"。

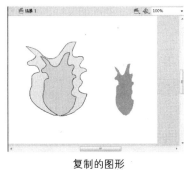

复制的图形

步骤7　选择"任意变形工具"，缩放图形到合适的位置。

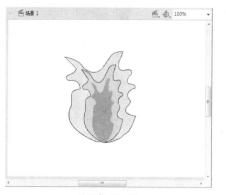

放置好的图形

步骤8　用"选择工具"选中轮廓线，按Delete键将其删除。

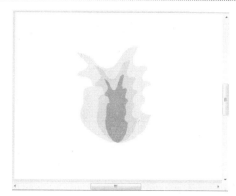

删除后的效果

步骤9　新建一个图层，选择"文件 | 导入"命令，打开随书附带光盘中的"CDORM\素材\第10章\006"文件。

导入的素材

步骤10　选择图层2，将其拖动到图层1下面。

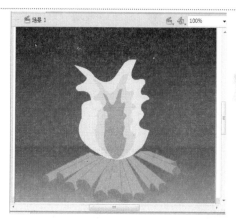

拖动图层后的效果

步骤11　锁定图层2，选择"任意变形工具"，调整火焰的大小和位置。

设置完成后的效果

10.7.9　花刷子

　　Deco工具是Flash中一种类似"喷涂刷"的填充工具，使用Deco工具可以快速完成大量相同元素的绘制，也可以应用它制作出很多复杂的动画效果。将其与图形元件和影片剪辑元件配合，可以制作出效果更加丰富的动画效果。

　　借助花刷子工具，用户可以在时间轴的当前帧中绘制程式化的花。

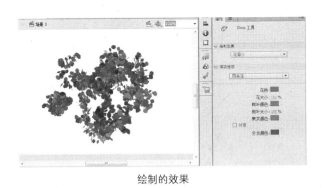

选择花刷子	绘制的效果

10.7.10 闪电刷子

通过使用闪电刷子工具可以创建闪电效果。还可以创建具有动画效果的闪电。要使用闪电刷子效果，具体操作步骤如下。

步骤1 在"工具"面板中单击 Deco 工具。在属性检查器的"绘制效果"菜单中选择"闪电刷子"工具，设置闪电刷子效果的属性。	**步骤2** 在舞台上拖动。Flash 沿着你移动鼠标的方向绘制闪电。闪电刷子效果包含下列属性：闪电的颜色、闪电的大小和闪电的长度。

"属性"面板	绘制的效果

> 🖙 **提示：**
> 借助此选项可以创建闪电的逐帧动画。在绘制闪电时，Flash 将帧添加到时间轴中的当前图层中。光束宽度为闪电根部的粗细。

10.7.11 粒子系统

使用粒子系统效果，可以创建火、烟、水、气泡及其他效果的粒子动画。要使用粒子系统效果，具体操作步骤如下。

步骤1 在"工具"面板中选择Deco 工具。在"属性"面板中设置效果的属性。	**步骤2** 设置完成后即可在舞台中绘制效果了。
	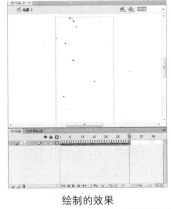
属性面板	绘制的效果

提示：

Flash 将根据用户设置的属性创建逐帧动画的粒子效果。在"舞台"上生成的粒子包含在动画的每个帧的组中。

粒子系统效果包含下列属性。

- **粒子 1**：可以分配两个元件作为粒子，这是其中的第一个。如果未指定元件，将使用一个黑色的小正方形。通过正确地选择图形，可以生成非常有趣且逼真的效果。
- **粒子 2**：这是第二个用户可以分配作为粒子的元件。
- **总长度**：从当前帧开始，动画的持续时间（以帧为单位）。
- **粒子生成**：在其中生成粒子的帧的数目。如果帧数小于"总长度"属性，则该工具会在剩余帧中停止生成新粒子，但是已生成的粒子将继续添加动画效果。
- **每帧的速率**：每个帧生成的粒子数。
- **寿命**：单个粒子在"舞台"上可见的帧数。
- **初始速度**：每个粒子在其寿命开始时移动的速度。速度单位是像素/帧。
- **初始大小**：每个粒子在其寿命开始时的缩放。
- **最小初始方向**：每个粒子在其寿命开始时可能移动方向的最小范围。测量单位是度。零表示向上；90 表示向右；180 表示向下，270 表示向左，而 360 还表示向上。允许使用负数。
- **最大初始方向**：每个粒子在其寿命开始时可能移动方向的最大范围。测量单位是度。零表示向上；90 表示向右；180 表示向下，270 表示向左，而 360 还表示向上。允许使用负数。
- **重力效果**：当此数字为正数时，粒子方向更改为向下，并且其速度会增加（就像正在下落一样）。如果重力是负数，则粒子方向更改为向上。
- **旋转速率**：应用到每个粒子的每帧旋转角度。

10.7.12 烟动画

烟动画效果可以创建程式化的逐帧烟动画。要使用烟动画效果，具体操作步骤如下。

步骤1 在"工具"面板中单击 Deco 工具。从属性检查器中的"绘制效果"菜单中选择"烟动画"。	**步骤2** 设置烟动画效果的属性。在舞台上拖动以创建动画。
 选择烟动画	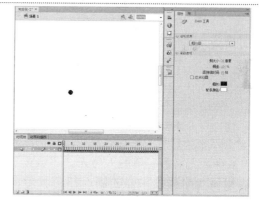 绘制的烟效果

当按住鼠标按钮时，Flash 会将帧添加到时间轴。在多数情况下，最好将烟动画置于其自己的元件中，例如影片剪辑元件。烟动画效果包含下列属性。

- **烟大小**：设置烟的宽度和高度。值越高，创建的火焰越大。
- **烟速**：设置动画的速度。值越大，创建的烟越快。
- **烟持续时间**：动画过程中在时间轴中创建的帧数。
- **结束动画**：选择此选项可创建烟消散而不是持续冒烟的动画。Flash 会在指定的烟持续时间后添加其他帧以造成消散效果。如果要循环播放完成的动画以创建持续冒烟的效果，请不要选择此选项。
- **烟色**：设置烟的颜色。
- **背景色**：设置烟的背景色。烟在消散后更改为此颜色。

10.7.13　树刷子

通过树刷效果，可以快速创建树状插图。要使用树刷效果，请执行下列操作。

在"工具"面板中单击 Deco 工具。在属性检查器中，从"绘制效果"菜单中选择"树刷效果"。设置树刷效果的属性。

步骤1　在"工具"面板中单击 Deco 工具。在属性检查器中，从"绘制效果"菜单中选择"树刷子"，设置树刷效果的属性。

属性面板

步骤2　设置完成后即可在舞台中绘制图形。

绘制的树

10.7.14　实战：绘制卡通人物头部

用Flash CS6绘制卡通小熊头像，具体操作步骤如下。

步骤1　新建影片文件。选择菜单"修改丨文档"命令，在"文档设置"对话框中，设置尺寸为400像素×300像素，背景为淡蓝色（#66CCFF），其他为默认。

设置文档面板

步骤2　绘制卡通小熊头部。设置椭圆工具的"笔触"为无，"填充"为白色，绘制一个白色实心椭圆，该图层命名为小熊头部。

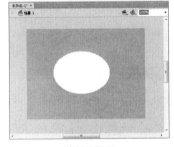

绘制的椭圆

步骤3　绘制小熊左眼框。新建图层，命名为小熊眼框。设置椭圆工具的"笔触"为无，"填充"为黑色，绘制一个黑色实心椭圆，用"变形面板"使这个黑色实心椭圆旋转60度，调整位置，成为小熊的左眼框。

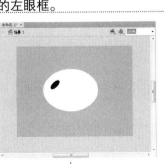

绘制的左眼眶

步骤4　绘制卡通小熊右眼框。选定小熊的左眼框，复制一个相同的眼框。选定被复制的眼框，选择"修改丨变形丨水平翻转"命令，使其成为小熊的右眼框。

复制的右眼眶

步骤5 绘制卡通小熊左眼珠。锁定已有图层，新建图层，命名为小熊眼珠。设置椭圆工具的"笔触"为无，"填充"为白色，绘制一个灰色实心椭圆。然后在灰色椭圆上绘制一个黑色实心椭圆，这样小熊的右眼珠制作完成了。

步骤6 绘制卡通小熊右眼珠。选定小熊的左眼珠，复制一个相同的眼珠，并且选择"修改"｜"变形"｜"水平翻转"命令，使被复制的对象成为小熊的左眼珠。

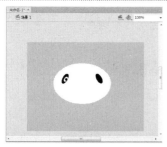

绘制的左眼

复制的右眼

步骤7 绘制卡通小熊的鼻。锁定已有图层，新建图层，命名为小熊鼻和嘴。设置椭圆工具的"笔触"为无，"填充"为黑色，绘制一个黑色实心椭圆。

步骤8 绘制卡通小熊的嘴。设置椭圆工具的"笔触"为黑色且粗细为2，"填充"为无，绘制一个空心椭圆，截取空心椭圆的一小部分，调整其位置，使这一小部分成为小熊的嘴部。

绘制的鼻子

绘制的嘴部

步骤9 绘制卡通小熊耳朵。锁定已有图层，新建图层，命名为小熊耳朵，用鼠标将该层拖到最底层。设置椭圆工具的"笔触"为无，"填充"为黑色，绘制两个尺寸为"45×45"的黑色实心椭圆。调整位置，使其成为小熊的耳部。

步骤10 绘制卡通小熊的红帽。锁定已有图层，新建图层，命名为小熊红帽。选择"多角星工具"，显示属性面板，设置"多角星工具"的"笔触"为无，"填充"为红色。单击多角星形工具属性面板中的"选项"按钮，在弹出的"工具设置"对话框中，选择多角星形工具的"样式"为多边形，"边数"为3，绘制一个红色正三角形。再在红上添加白色小圆点作为"装饰"，调整红帽的位置。

绘制的耳朵

绘制后的效果

10.8 | 操作答疑

　　在上面的实际操作过程中或许会遇到许多疑问，在这里例举比较常见的问题进行详细解答，并在后面追加多个练习题，以便于巩固之前所学的内容。

10.8.1 专家答疑

（1）选择工具和部分选取工具有什么区别？

答：作为一项重要的绘图工具，选择工具是工具箱中使用频率最高的工具之一。它的主要用途是对舞台中的对象进行选择和对一些线条进行修改。当某一图形对象被选中后，图像的边框由实变虚表示图形被选中。部分选取工具可以选取并移动对象，除此之外，它还可以对图形进行变形等处理。当某一对象被部分选取工具选中后，他的图像轮廓线上将出现很多控制点，表示该对象已被选中。

（2）怎样将线条转换为填充。

答：将线条转换为填充就是将笔触线条转换为填充，这样就可以使用渐变色来填充线条，以实现其他一些效果。

10.8.2 操作习题

1. 选择题

（1）（　　）工具用来在绘图中更改线条和轮廓的颜色和样式。

A.颜料桶　　　　　　　B.墨水瓶　　　　　　　C.滴管

（2）（　　）工具是用来填充封闭区域的，它即能填充一个空白区域，又能改变已着色区域的颜色。

A.颜色桶　　　　　　　B.填充颜色　　　　　　C.墨水瓶

（3）（　　）可使选中的填充对象产生模糊的边缘效果。

A.柔化填充边缘　　　　B.扩展填充　　　　　　C.优化曲线

2. 填空题

（1）在使用铅笔工具时，使用_____模式绘制线条，可以自动平滑曲线，减少抖动造成的误差，从而明显地减少线条中的"碎片"。

（2）_____工具可以绘制出像毛笔作画的效果，也常被用于给对象着色，它包括_____、_____、_____、_____和_____5种模式。

（3）_____是为了对引入的位图进行进一步的编辑和修改，例如对图形做进一步的调整，改变图形的颜色等操作。

3. 操作题

制作一个公司标志。

绘制的标志

（01）利用绘图工具绘制标志。

（02）绘制椭圆和正圆工具。

（03）运用多边形工具绘制图形。

第11章

元件、实例和素材文件的使用

本章重点：

    本章主要学习 Flash动画制作过程中的元件、实例的相关知识，以及在Flash中导入精美的素材图片、音频素材等方法。

学习目的：

    通过对本章的学习，熟练地掌握元件的创建与编辑方法；掌握实例的编辑方法；掌握导入多种素材的方法；掌握在动画中导入、压缩与编辑声音的方法。

参考时间：50分钟

主要知识	学习时间
11.1　元件	10分钟
11.2　实例	10分钟
11.3　导入素材	20分钟
11.4　在动画中使用声音	10分钟

11.1 | 元件

元件是Flash中一个比较重要而且使用非常频繁的概念，狭义的元件是指用户在Flash中所创建的图形、按钮或影片剪辑这3种元件。元件可以包含从其他应用程序中导入的插图。元件一旦被创建，就会被自动添加到当前影片的库中，然后可以自始至终地在当前影片或其他影片中重复使用。用户创建的所有元件都会自动变为当前文件库的一部分。

在Flash中最重要最基本的元素是元件，它在Flash中对文件的大小和交互能力起着重要的作用。

在Flash动画制作过程中，不仅要使用软件中自带的绘图工具，还要导入制作之前所需的素材。用户通过Flash中提供的自建库和公用库的管理和使用，可以直接根据需要利用已有的和自建的各种资源，从而提高影片的制作效率并节省资源空间，还可将制作过程简单化。

在动画中使用元件最显著的优点如下：

在使用元件时，由于一个元件在浏览中仅需要下载一次，这样就可以加快影片的播放速度，可以避免同一对象的重复下载。

- 使用元件可以简化影片的编辑。在影片编辑过程中，可以把需要多次使用的元素做成元件，当修改了元件以后，由同一元件生成的所有实例都会随之更新，而不必逐一对所有实例进行更改，可以节省大量工作时间，提高工作效率。
- 制作运动类型的过渡动画效果时，必须将图形转换成元件，否则将失去透明度等属性，而且不能制作补间动画。
- 如果使用元件时，在影片中只会保存元件，而不管该影片中有多少个该元件的实例，它都是以附加信息保存的，即用文字性的信息说明实例的位置和其他属性，所以保存一个元件的几个实例比保存该元件内容的多个副本占用的存储空间小。
- 图形元件、按钮元件及影片剪辑元件是在Flash中可以制作的3种元件类型。每种元件都有其在影片中所特有的作用和特性。
- **图形元件**：可以用来重复应用静态的图片，并且图形元件也可以用到其他类型的元件当中，是3种Flash元件类型中最基本的类型。
- **按钮元件**：一般用来对影片中的鼠标事件做出响应，如鼠标的单击、移开等。按钮元件是用来控制相应的鼠标事件交互性的特殊元件。它与平常在网页中出现的按钮一样，可以通过对它的设置来触发某些特殊效果，如控制影片的播放、停止等。按钮元件是一种具有4个帧的影片剪辑。按钮元件的时间轴无法被播放，它只是根据鼠标事件的不同而制作出简单的响应，并转到所指向的帧。
- **影片剪辑元件**：影片剪辑是Flash中最具有交互性、用途最多及功能最强的部分。它基本上是一个小的独立电影，可以包含交互式控件、声音，甚至包含其他影片剪辑实例。可以将影片剪辑实例放在按钮元件的时间轴内，以创建动画按钮。不过，由于影片剪辑具有独立的时间轴，所以它们在Flash中是相对独立的。如果主场景中存在影片剪辑，即使主电影的时间轴已经停止，影片剪辑的时间轴仍可以继续播放，这里可以将影片剪辑设想为主电影中嵌套的小电影。

每个影片剪辑在时间轴的层次结构树中都有相应的位置。使用loadMovie动作加载到Flash Player中的影片也有独立的时间轴，并且它在显示列表中也有相应的位置。使用动作脚本可以在影片剪辑之间发送消息，以使它们彼此控制。例如，一段影片剪辑的时间轴中最后一帧上的动作可以指示开始播放另一段影片剪辑。

使用电影剪辑对象的动作和方法可以对影片剪辑进行拖动、加载等控制。要控制影片剪辑，必须通过使用目标路径（该路径指示影片剪辑在显示列表中的唯一位置）来指明它的位置。

11.1.1　实战：创建元件

　　用户可通过新建或者转换两种方式创建元件，下面介绍具体的操作步骤。

步骤1　在菜单栏中选择"插入 | 新建元件"命令。 | **步骤2**　在弹出的"创建新元件"对话框中设置元件的名称和类型，单击"确定"按钮，即可完成新元件的创建。

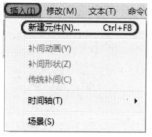

选择"新建"命令

创建新元件

> **提示：**
> 　　创建新元件的另外三种方法。（1）在"库"面板中，单击下方的"新建元件"按钮，即可在弹出的"创建新元件"对话框进行创建。（2）在"库"面板中，单击右上角的 ▼ 按钮，在弹出的菜单中选择"新建元件"命令。（3）使用快捷键Ctrl+F8，即可打开"创建元件"对话框。

步骤3　在舞台中选择要转换为元件的图形对象，然后在菜单栏中选择"修改 | 转换为元件"命令。 | **步骤4**　在弹出的对话框中设置要转换的元件类型，然后单击"确定"按钮。

选择"转换为元件"命令

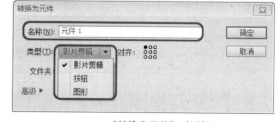

"转换为元件"对话框

> **提示：**
> 　　使用快捷键F8可弹出"转换为元件"对话框。或者，在选择的图形对象上单击鼠标右键，在弹出的快捷菜单中选择"转换为元件"命令。

11.1.2　实战：编辑元件

　　用户可以使用现有的元件作为创建新元件的起点，即复制元件后进行修改。编辑元件的具体操作步骤如下。

1. 复制元件

下面是复制元件的具体操作步骤。

步骤1 选择需要复制的元件，在"库"面板中单击右上角的 ▼≣ 按钮，在弹出的菜单中选择"直接复制"命令。	**步骤2** 在弹出的"直接复制元件"对话框中，设置新元件的名称，也可以使用默认名称。单击"确定"按钮，在"库"面板中即可查看到复制的元件。
 选择"直接复制"命令	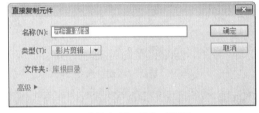 "直接复制元件"对话框

用户还可以通过选择实例来复制元件，其操作步骤如下。

步骤1 在菜单栏中选择"修改 | 元件 | 直接复制元件"命令，弹出"直接复制元件"对话框。

步骤2 设置完成后，单击"确定"按钮，这时该元件会被复制，并且原来的实例也会被复制后元件的实例代替。

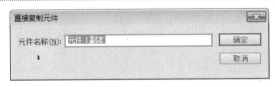

"直接复制元件"对话框

2. 删除元件

若要在影片中彻底删除一个元件，则只能在"库"面板中进行删除。若在舞台中进行删除，则删除的只是元件的一个实例，真正的元件并没有从影片中删除。删除元件和复制元件相同，可以通过"库"面板右上角的面板菜单或者右键菜单进行删除操作。

编辑元件时，Flash会自动更新影片中该元件的所有实例。Flash提供了以下3种方式来编辑元件。

● 在当前位置中编辑：可以在该元件和其他对象同在的舞台上编辑它，其他对象将以灰显方式出现，从而与正在编辑的元件区别开。正在编辑的元件名称会显示在舞台上方的信息栏内。

● 在新窗口中编辑：可以在一个单独的窗口中编辑元件。在单独的窗口中编辑元件可以同时看到该元件和主时间轴，正在编辑的元件名称会显示在舞台上方的信息栏内。

● 在元件视图中编辑：可将窗口从舞台视图更改为只显示该元件的单独视图。正在编辑的元件名称会显示在舞台上方的信息栏内。

11.1.3 元件类型的相互转换

一种元件被创建后，其类型并不是不可改变的，它可以在图形、按钮和影片剪辑这3种元件类型之间互相转换，同时保持原有特性不变。

在"库"面板中选择所需的元件，并在该元件上单击鼠标右键，在弹出的快捷菜单中选择"属性"命令，弹出"元件属性"对话框，在其中选择要改变的元件类型，然后单击"确定"按钮即可。

"元件属性"对话框

11.2 实例

实例是指位于舞台上或嵌套在另一个元件中的元件副本。元件的颜色、大小和功能与实例相比差别较大。

11.2.1 实例的编辑

在库中存在元件的情况下，选中元件并将其拖动到舞台中即可完成实例的创建。由于实例的创建源于元件，因此只要元件被修改编辑，那么所关联的实例也将会被更新。应用各实例时需要注意，影片剪辑实例的创建和包含动画的图形实例的创建是不同的，电影片段只需要一个帧就可以播放动画，而且编辑环境中不能演示动画效果；而包含动画的图形实例，则必须在与其元件同样长的帧中放置，才能显示完整的动画。

下面将介绍创建实例编辑的具体操作步骤。

步骤1 在"时间轴"面板中选择需要放置到该实例中的图层。

步骤2 在菜单栏中选择"窗口丨库"命令，弹出影片的库。

步骤3 将需要创建元件的实例从库中拖曳到舞台中。

步骤4 松开鼠标左键，即可在舞台上创建元件的一个实例，并且可以在影片中使用此实例或者对其进行编辑操作。

11.2.2 编辑实例的属性

下面介绍在Flash中如何指定实例名称、更改实例属性以及给实例指定元件和改变实例类型等，具体的操作内容如下。

1. 指定实例名称

指定实例名称的具体操作步骤如下。

步骤1 在舞台中选择用户需要定义的实例名称。

步骤2 在"属性"面板中的"实例名称"文本框中输入定义的实例名称。

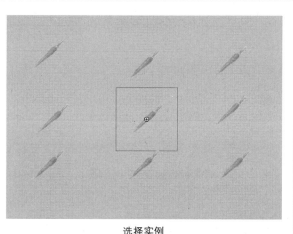

选择实例

定义实例名称

> **提示：**
>
> 只有元件和影片剪辑元件可以设置实例名称。

2. 更改实例属性

用户要想设置元件实例的色彩效果，就是要设置实例的颜色和透明度，在"属性"面板中，在"色彩效果"下的"样式"下拉列表框中进行选择，即可更改实例的颜色和透明度。

色彩效果

高级色彩设置

- **无**：此选项为默认设置，无颜色效果。
- **亮度**：用于调整图像的相对亮度和暗度。明亮值为–100%～100%，–100%为黑色，100%为白色，默认值为0。可直接在文本框中输入数值，也可通过拖曳滑块进行调节。
- **色调**：用于增加某种色调。可用颜色拾取器进行选择，也可以直接输入红、绿、蓝的颜色值。RGB选项后有三个空格，分别对应Red(红色)、Green(绿色)、Black(黑色)的值。使用游标可以设置色调的百分比。数值范围为0%～100%，数值为0%时不受影响，数值为100%时所选颜色将完全取代原有颜色。
- **高级**：用于调整实例中的红、绿、蓝和透明度。在"高级"选项下，可以单独调整实例元件的红、绿、蓝三原色和Alpha(透明度)，最适合于在制作颜色变化非常精细的动画中使用。每一项都通过两列文本框进行调整，在左列的文本框输入数值可减少相应颜色分量或透明度的比例，在右列的文本框中通过具体数值的增加或减小相应颜色或透明度的值。
- **Alpha(不透明度)**：用于设定实例的透明度，数值范围为0%～100%，数值为0%时实例完全不可见，数值为100%时实例将完全可见。可以直接输入数值，也可通过拖曳滑块进行调节。

3. 给实例指定元件

在实例中可指定不同的元件，就会在舞台中显示不同的实例，并保留色彩效果或按钮动作等原始实例属性，给实例指定元件的具体操作步骤如下。

步骤1 在舞台中选择指定元件的实例。
步骤2 在"属性"面板中单击"交换"按钮。
步骤3 在"交换元件"对话框中选择一个元件，替换当前指定给该实例的元件。

单击"交换"按钮

"交换元件"对话框

4. 改变实例类型

无论是直接在舞台中创建的还是从元件拖曳出的实例，都将保留其元件的类型。若要重新定义在Flash应用程序中的动作，可以在"属性"面板中的3种元件类型之间进行转换，从而改变实例的类型。

转换类型

"按钮"设置选项

"图形"设置选项

按钮元件的设置选项如下。

❶**音轨作为按钮**：忽略其他按钮发出的事件，按钮A和B，B为"音轨作为按钮"模式，按住A不放并移动鼠标到B上，B不会被按下。

❷**音轨作为菜单项**：按钮A和B，B为"音轨作为菜单项"模式，按住A不放并移动鼠标到B上，B为菜单时，B则会按下。

图形元件的选项设置如下。

❸**循环**：令包含在当前实例中的序列动画循环播放。

❹**播放一次**：从指定帧开始，只播放动画一次。

❺**单帧**：显示序列动画指定的一帧。

11.3 | 导入素材

在Flash中，可将多种类型文件进行导入，包括PNG、AI、PDF等文件，下面将对素材文件的导入进行详细介绍。

11.3.1　导入的基本方法

通常情况下，在Flash中导入的基本方法如下。

在菜单栏中选择"文件 | 导入 | 导入到舞台"命令，在弹出的对话框中选择需要导入的文件，单击"打开"按钮，即可将所需文件导入到舞台中。

11.3.2　实战：导入PSD文件

用户可将Photoshop中保存的PSD文件作为图像导入Flash中，作为图像进行处理。导入PSD文件的具体操作步骤如下。

步骤1　在菜单栏中选择"文件 | 导入 | 导入到舞台"命令，在弹出的对话框中选择需要导入的PSD文件。

步骤2　单击"打开"按钮，弹出对话框，可在对话框中进行相应的设置。

步骤3　设置完成后，单击"确定"按钮，即可将PSD文件导入到Flash中。

"导入"对话框

导入PSD文件对话框

11.3.3　实战：导入视频

　　用户可将多种格式的视频文件导入至Flash当前文件的舞台中，导入的格式包括：QuickTime影片文件、Windows视频文件、MPEG影片文件等，下面介绍在Flash中导入视频的具体操作步骤。

步骤1　启动Flash CS6程序，新建一个Flash文件。在菜单栏中选择"文件 l 导入 l 导入视频"命令。	**步骤2**　在弹出的"导入视频"对话框中选择"浏览"按钮。在弹出的"打开"对话框中选择需要导入的视频文件，然后单击"打开"按钮。
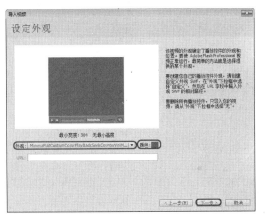 选择"导入视频"命令	 "导入视频"对话框
步骤3　单击"下一步"按钮，在弹出的对话框中设置播放控件的外观和颜色，在"外观"下拉列表框中选择一种合适的外观。	**步骤4**　单击"下一步"按钮，完成视频的导入，对话框中显示了导入视频的相关信息内容。单击"完成"按钮，即可将视频导入到舞台中。
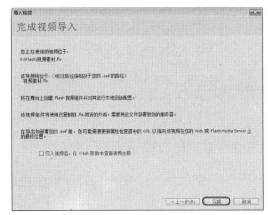 设置外观与颜色	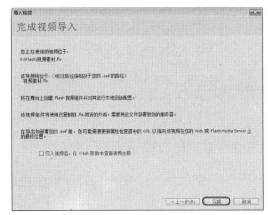 完成视频导入

> 📎 **提示：**
> 使用Ctrl+Shift快捷键，预览导入的效果。

11.3.4　设置导入的位图属性

　　在导入位图图像后，可在"图像属性"对话框中对图像进行压缩，但也会将Flash文件增大。设置导入的位图属性的具体操作步骤如下。

步骤1　在菜单栏中选择"文件 l 导入 l 导入到舞台"命令，弹出"导入"对话框。
步骤2　在弹出的"导入"对话框中选择需要导入的文件，单击"打开"按钮，即可将其导入到舞台中。
步骤3　在菜单栏中选择"窗口 l 库"命令，打开库面板，在面板中选中位图，单击鼠标右键，在弹出的菜单中选择"属性"命令。
步骤4　在弹出的"位图属性"对话框中进行相应的设置，单击"确定"按钮，返回舞台中。

选择"属性"命令

"位图属性"对话框

"位图属性"对话框中的各项参数说明如下。

❶**允许平滑**：平滑位图图像的边缘。

❷**压缩**：包括"照片"和"无损"两种方式。

❸**照片**：表示用JPEG格式输出图像。

❹**无损**：表示以压缩的格式输出文件，但无损任何图像的数据。

❺**品质右侧的使用导入的JPEG数据**：勾选该单选按钮，使用文件默认的质量。也可以勾选"自定义"单选按钮，然后在后面的文本框中输入数值。

11.4 | 在动画中使用声音

11.4.1 导入声音

在Flash动画中，不仅有丰富的动画表情以及图形，还要为其添加动听的声音，使作品引人注目，给读者带来全方位的艺术享受。下面介绍导入声音的具体操作步骤。

步骤1 选择"文件|导入|导入到库"命令，在弹出的对话框中选择声音文件。	**步骤2** 单击"打开"按钮，即可将声音文件导入到库中。

"导入到库"对话框

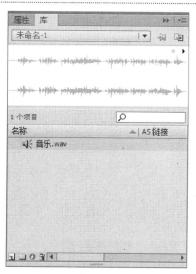

双声道音频

11.4.2 实战：压缩声音

步骤1 继续上面的操作，选择"库"面板中的音频文件，单击鼠标右键，在弹出的快捷菜单中选择"属性"命令。

步骤2 在弹出的"声音属性"对话框中，单击"压缩"下拉列表框右侧的下拉按钮，弹出压缩选项。

"声音属性"对话框

ADPCM压缩方式

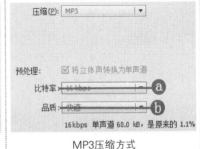

MP3压缩方式

❶**默认**：这是Flash CS6提供的一个通用的压缩方式，可以对整个文件中的声音用同一个压缩比进行压缩，而不用分别对文件中不同的声音进行单独的属性设置，从而避免了不必要的麻烦。

❷**ADPCM**：常用于压缩诸如按钮音效、事件声音等比较简短的声音，选择该项后，其下方将出现新的设置选项。

　　ⓐ**预处理**：选中"将立体声转换为单声道"复选框时，可以自动将混合立体声(非立体声)转化为单声道的声音，文件大小相应减小。

　　ⓑ**采样率**：可在此选择一个选项来控制声音的保真度和文件大小。较低的采样率可以减小文件的大小，但同时也会降低声音的品质。5kHz的采样率只能达到人们说话声的质量，11kHz的采样率是播放一小段音乐所要求的最低标准，同时11kHz的采样率所能达到的声音质量为1/4的CD(Compact Disc)音质；22kHz的采样率的声音质量可达到一般CD音质，也是目前众多网站所选择的播放声音的采样率，鉴于目前的网络速度，建议读者采用该采样率作为Flash动画中的声音标准；44kHz的采样率是标准的CD音质，可以达到很好的听觉效果。

　　ⓒ**ADPCM位**：设置编码时的比特率。数值越大，生成的声音音质越好，而声音文件的容量也就越大。

❸**MP3**：使用该方式压缩声音文件可使文件体积变成原来的1/10，而且基本不损害音质。这是一种高效的压缩方式，常用于压缩较长且不用循环播放的声音，这种方式在网络传输中很常用。

　　ⓐ**比特率**：MP3压缩方式的比特率可以决定导出声音文件中每秒播放的位数。设定的数值越大，得到的音质就越好，而文件的容量就会相应增大。Flash支持8kb/s到160kb/s CBR(恒定比特率)的速率。在导出音乐时，需将比特率设置为16kb/s或更高，以获得最佳效果。

　　ⓑ**品质**：用于设置导出声音的压缩速度和质量。它有三个选项，分别是快速、中、最佳。"快速"可以使压缩速度加快而降低声音质量；"中"可以获得稍慢的压缩速度和较高的声音质量；"最佳"可以获得最慢的压缩速度和最佳的声音质量。

❹**RAW**：此选项格式导出的声音文件是不经过压缩的。

❺**语音**：选择该项，则会选择一个适合于语音的压缩方式导出声音。

11.4.3 实战：编辑声音

导入声音文件后，用户可对声音的属性进行编辑，编辑声音的具体操作步骤如下。

步骤1　启动Flash软件，按Ctrl+O快捷键，在弹出的对话框中选择声音文件。	**步骤2**　单击"打开"按钮，查看打开的素材文件。

1. 设置音频效果

在音频层中选择含有声音数据的一帧，在"属性"面板的"效果"下拉列表框选择相应的效果。

❶左声道：只用左声道播放声音。

❷右声道：只用右声道播放声音。

❸从左到右淡出：声音从左声道转换到右声道。

❹从右到左淡出：声音从右声道转换到左声道。

❺淡入：音量从无逐渐增加到正常。

❻淡出：音量从正常逐渐减少到无。

❼自定义：选择该选项后，可以打开【编辑封套】对话框，通过使用编辑封套自定义声音效果。

2. 音频同步设置

在"属性"面板的"同步"下拉列表框中可以选择音频的同步类型，进行音频的同步设置。具体内容如下。

❶事件：该选项可以将声音和一个事件的发生过程同步。事件声音在它的起始关键帧开始显示时播放，并独立于时间轴播放完整个声音，即使 SWF文件停止也继续播放。当播放发布的SWF文件时，事件和声音也同步进行播放。事件声音的一个实例就是当用户单击一个按钮时播放的声音。如果事件声音正在播放，而声音再次被实例化(例如，用户再次单击按钮)，则第一个声音实例继续播放，而另一个声音实例也开始播放。

❷开始：与"事件"选项的功能相近，但是如果原有的声音正在播放，使用"开始"选项后则不会播放新的声音实例。

❸停止：使指定的声音静音。

❹数据流：用于同步声音，以便在Web站点上播放。选择该项后，Flash将强制动画和音频流同步。如果Flash不能流畅地运行动画帧，就跳过该帧。与事件声音不同，音频流会随着SWF文件的停止而停止。而且，音频流的播放时间绝对不会比帧的播放时间长。当发布SWF文件时，音频流会混合在一起播放。

"属性"面板	"编辑封套"对话框

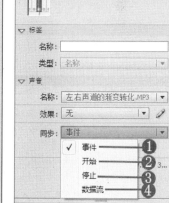

设置"同步"属性

11.5 | 操作答疑

在上面的实际操作过程中或许会遇到许多疑问，在这里例举比较常见的问题进行详细解答，并在后面追加多个练习题，以便于巩固之前所学的内容。

11.5.1　专家答疑

（1）更改实例属性中样式下的"高级"选项的高级设置中每项的含义是什么？

答：在"高级"选项下的高级设置中执行函数 (a×y+b)=x时，a是文本框左列设置中指定的百分比，y是原始位图的颜色，b是文本框右侧设置中指定的值，x是生成的效果(RGB值在0到255之间，Alpha透明度值在0到100之间)。

（2）Flash中的音频压缩功能有何作用？

答：当用户导入的声音文件容量很大时，会在播放Flash时造成很大影响，所以在Flash中提供了音频压缩功能。

11.5.2　操作习题

1. 选择题

（1）（　　　）是Flash中最具有交互性、用途最多及功能最强的部分。

A.按钮元件　　　　B.影片剪辑元件　　　　C.图形元件

（2）（　　　）常用于压缩诸如按钮音效、事件声音等比较简短的声音。

A. ADPCM　　　　B.预处理　　　　C.采样率

（3）（　　　）表示以压缩的格式输出文件，但无损任何图像的数据。

A.无损　　　　B.压缩　　　　C.照片

2. 填空题

（1）在Flash中，最重要最基本的元素是_____，它在Flash中对文件的大小和交互能力起着重要的作用。

（2）Flash中可以制作的三种元件类型为_____、_____和_____。

3. 操作题

将位图转换为元件。

（01）导入位图。

（02）设置位图属性。

（03）转换为元件。

第 12 章

制作Flash动画

本章重点:

    Flash提供了强大的动画制作功能,使用Flash CS6能够创建丰富多彩的动画效果,本章主要讲解逐帧动画、传统补间动画、补间形状动画、遮罩动画以及引导层动画等动画基础。

学习目的:

    熟练掌握逐帧动画的基础知识,创建传统补间动画、补间形状动画、遮罩动画和引导层动画的方法。通过本章的学习,能够独立完成简单动画的制作并能灵活运用,从而做出更精彩的动画作品。

参考时间:70分钟

主要知识	学习时间
12.1 逐帧动画	5分钟
12.2 传统补间动画	10分钟
12.3 补间形状动画	10分钟
12.4 创建遮罩层	10分钟
12.5 编辑遮罩层	10分钟
12.6 制作遮罩层动画	10分钟
12.7 运用引导层	15分钟

12.1 逐帧动画

逐帧动画也叫"帧帧动画"。顾名思义，逐帧动画需制作影片每一帧的舞台内容，来完成动画的创建。

简单的逐帧动画并不需要定义大量参数，只需设置好每一帧，即可播放动画。

逐帧动画是指每一帧中的图像都在变化，而不仅仅是简单地在舞台中移动的复杂动画。逐帧动画占用的电脑资源比补间动画大得多，所以逐帧动画的体积一般会比普通动画大。在逐帧动画中，Flash会保存每个完整帧的值。在Flash中制作逐帧动画时，可以通过导入序列图片的方法来制作动画，也可以在不同帧上插入关键帧，然后分别对关键帧上的内容进行调整，从而产生逐帧动画的效果。

逐帧动画

12.2 传统补间动画

传统补间动画又叫做中间帧动画、渐变动画或动作补间动画，只需要建立起始和结束的画面，中间部分由软件自动生成，省去了中间动画的复杂制作过程。这正是Flash的迷人之处，补间动画是Flash中最常用的动画效果。

传统补间动画的制作流程一般是：首先，在一个关键帧中定义实例的大小、颜色、位置、透明度等参数，然后创建出另一个关键帧并修改这些参数，最后创建补间，Flash会自动生成过渡状态。

利用传统补间动画方法可以制作多种类型的动画效果，如位置移动、大小变化、旋转移动、逐渐消失等。只要能够熟练地掌握这些简单的动作补间效果，就能将它们相互组合并制作出样式更加丰富、效果更加吸引人的复杂动画。

下面介绍如何制作传统补间动画，其具体操作步骤如下。

步骤1 新建一个空白文档，导入2个素材图片，将素材1拖曳至舞台中，并调整其大小和位置，在第100帧处按F5键，插入帧，并调整其大小和位置。

步骤2 新建"图层2"，选中"图层2"的第20帧，按F7键插入空白关键帧，将素材2拖曳至舞台中，调整其大小和位置，并将其转换为图形元件，然后在第75帧处按F6键插入关键帧。

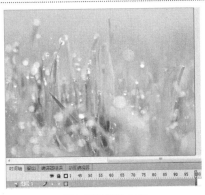

添加素材并插入帧

新建图层添加素材并插入关键帧

步骤3 选中第20帧上的元件，在"属性"面板中将"样式"设置为Alpha，将Alpha设置为0。

步骤4 选中"图层2"的第50帧，右击鼠标，在弹出的快捷菜单中选择"创建传统补间"命令，执行该操作后，即可完成传统补间动画的制作。此时，拖动时间滑块可以看到"图层2"中的图以淡入效果显示出来。

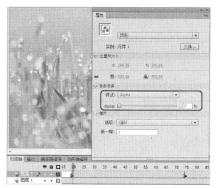

设置样式

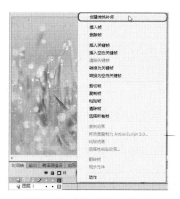

选择"创建传统补间"命令

创建传统补间后的效果

12.3 | 补间形状动画

补间形状动画可以实现将一幅图形变为另一幅图形的效果。补间形状和传统补间的主要区别在于，补间形状不能应用到实例上，必须是在形状图形之间才能产生补间形状。

补间形状动画是在某一帧中绘制对象，再在另一帧中修改对象或者重新绘制其他对象，然后由Flash计算两个帧之间的差异并插入变形帧，这样当连续播放时就会出现补间形状的动画效果。对于补间形状动画，需要为一个关键帧中的形状指定属性，然后在后续关键帧中修改形状或者绘制另一个形状。

下面介绍如何制作补间形状动画，其具体操作步骤如下。

步骤1 新建一个空白文档，设置舞台颜色为"#FFCC00"，使用"椭圆工具"在舞台中绘制一个正圆图形。

步骤2 选中该图层的第25帧，按F7键插入空白关键帧，使用"多角星形工具"在舞台中绘制一个五角星图形。

绘制正圆

绘制五角星

步骤3 选中"图层1"的第13帧，右击鼠标，在弹出的快捷菜单中选择"创建补间形状"命令。

步骤4 执行该操作，补间形状动画就制作完成了。

选择"创建补间形状"命令

创建补间形状后的效果

| 12.4 | 创建遮罩层

　　首先创建两个图层，下方为链接层，上方为遮罩层，用户可以将多个层组合放在一个遮罩层下，以创建出多样的效果。在遮罩层内任何填充区域都是完全透明的；而任何非填充区域都是不透明度的。

12.4.1　创建遮罩层

　　遮罩就像窗口，透过它可以看到下面链接图层的区域，除了显示的内容外，其余内容将全部隐藏，下面介绍如何创建遮罩层，具体操作步骤如下。

步骤1　启动Flash软件,新建Flash文件,创建一个普通图层"图层1"，在"时间轴"面板中右击"图层1"图层，在快捷菜单中选择"遮罩层"。	**步骤2**　执行该操作后，即可创建遮罩层。

选择"遮罩层"命令	创建遮罩层

12.4.2　创建遮罩层与普通图层的关联

　　遮罩层可与任意多个被遮罩的图层关联，可将组成遮罩的图层下面的图层和遮罩层相关联的图层显示出来，而与遮罩层相关联的图层会受到影响。下面介绍创建遮罩层与普通图层的关联，具体操作步骤如下。

步骤1　选择要创建遮罩层的图层，单击鼠标右键，在弹出的菜单中选择"遮罩层"命令，即可创建遮罩层。	**步骤2**　选择要创建遮罩层的图层，单击鼠标右键，在弹出的菜单中选择"属性"命令，在弹出的"图层属性"对话框中设置"类型"为"遮罩层"，单击"确定"按钮，即可创建遮罩层。

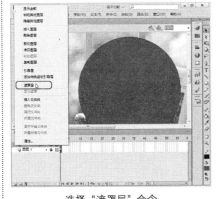
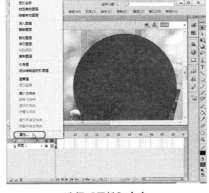
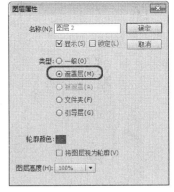

选择"遮罩层"命令	选择"属性"命令	设置"图层属性"

> 🔖 **提示：**
> 　　创建遮罩层后，遮罩层盖住的区域将被显示，其余内容将被隐藏。

12.5 | 编辑遮罩层

创建完成遮罩层后，可以根据需要对其进行显示、隐藏、锁定、解锁和取消等操作。

12.5.1　显示遮罩层

在Flash的"时间轴"面板上可设置显示遮罩层，具体操作步骤如下。

步骤1　在菜单栏中选择"文件|打开"命令，打开随书附带光盘中的"CDROM\素材\第12章\图片01.jpg"素材文件。

步骤2　在"时间轴"面板中新建图层2，并使用工具箱中的"椭圆形选框"工具，在场景中绘制圆形，并创建遮罩层。在"时间轴"面板中选择图层2，运用鼠标单击遮罩层右边的 ✕ 按钮。

导入的素材文件

隐藏的遮罩图层

步骤3　设置完成后，可显示遮罩层效果。

显示遮罩图层

2.5.2　隐藏遮罩层

在实际操作中，有时需要隐藏遮罩层，隐藏遮罩层的具体操作步骤如下。

步骤1　继续上面的实例操作。在"时间轴"面板中选择图层2，用鼠标单击遮罩层右边的 ● 按钮。

步骤2　设置完成后，即可隐藏遮罩层效果。

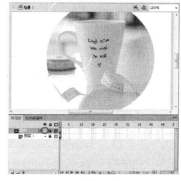

单击"隐藏"遮罩层

隐藏遮罩层效果

12.5.3 实战：锁定遮罩层

在Flash的"时间轴"面板上可锁定遮罩层，具体操作步骤如下。

步骤1 继续上面的实例操作。在"时间轴"面板中，单击遮罩层右边的第二个 • 按钮。

步骤2 设置完成后，即可锁定遮罩层。

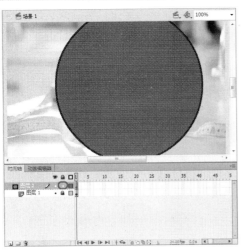

单击"锁定"遮罩层　　　　　　　　　　　锁定后的效果

12.5.4 实战：解锁遮罩层

在Flash的"时间轴"面板上可将锁定的遮罩层解锁，具体操作步骤如下。

步骤1 继续上面的实例操作。在"时间轴"面板中，单击遮罩层右边的 🔒 按钮。

步骤2 设置完成后，即可解锁遮罩层。

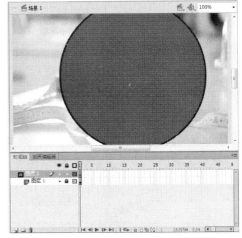

单击"解锁"遮罩层　　　　　　　　　　　解锁后的效果

12.5.5 取消遮罩层

在Flash的"时间轴"面板上可以取消遮罩层，将其还原为普通图层，具体操作步骤如下。

步骤1 继续上面的实例操作。在"时间轴"面板中，在遮罩层中单击鼠标右键，在快捷菜单中选择"遮罩层"。

步骤2 设置完成后，即可取消遮罩层。

选择"遮罩层"命令

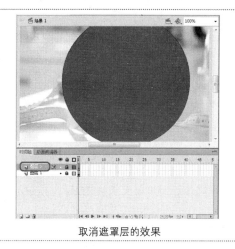

取消遮罩层的效果

12.5.6 实战：取消遮罩层与被遮罩层关联

创建遮罩层后，在"时间轴"面板中，用鼠标选择"图层1"并向上拖曳，当图层上方显示黑色线条时，松开鼠标左键，即可取消遮罩层与被遮罩层的关联。

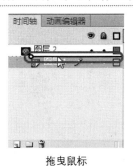

拖曳鼠标

取消遮罩层与被遮罩层的关联

| 12.6 | 制作遮罩动画

创建遮罩层动画就是将某层作为遮罩，通过它可以看到位于它下面链接层的区域内容，遮罩动画分为遮罩层动画和被遮罩层动画。

12.6.1 运动遮罩动画

本节介绍如何制作运动遮罩动画，具体操作步骤如下。

步骤1 启动Flash CS6软件，在弹出的界面中单击"ActionScript 3.0"。	**步骤2** 在菜单栏中选择"文件丨导入导出到舞台"命令，打开随书附带光盘中的"CDROM\素材\第12章\图片02.jpg"素材文件，并调整图像的位置及大小。在"时间轴"面板中的，为图层1的第40帧添加帧。

选择"ActionScript 3.0"选项

导入并添加帧

步骤3 在"时间轴"面板中,新建"图层2",选择第1帧,在工具箱中选择"椭圆工具"绘制圆形,并将圆形转换为元件。

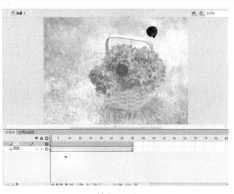

绘制圆形

步骤4 在"时间轴"面板中,右击"图层2"的第40帧,在弹出的快捷菜单中选择"插入关键帧"命令,并创建"传统补间动画"。

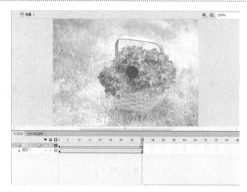

插入关键帧和传统补间动画

步骤5 在工具箱中单击"任意变形工具"按钮,按Shift键将圆形放大至整个舞台。

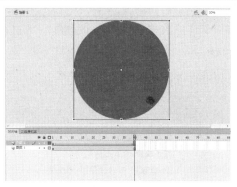

调整圆形大小

步骤6 在"时间轴"面板中,右击"图层2",在弹出的快捷菜单中选择"遮罩层"命令。

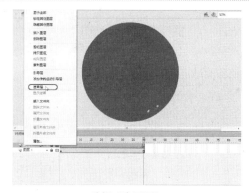

选择"遮罩层"

步骤7 操作完成后,按Ctrl+Enter快捷键即可测试上层遮罩动画效果。

测试影片

12.6.2 实战:利用遮罩动画制作简约片头

通过实战,利用遮罩动画制作简约的片头动画,具体操作步骤如下。

步骤1 启动Flash CS6,新建一个舞台,导入随书附带光盘中的"CDROM\素材\第12章\001.jpg"文件。

步骤2 在时间轴面板中的100帧处右击鼠标,在弹出的菜单中选择"插入关键帧"命令。新建图层2,输入"制作简约片头"文字。设置字体为"华文琥珀",字体大小为"40",颜色设置为黑色。

打开的素材

输入的文字

步骤3 在"时间轴"面板的第10帧处插入关键帧，将文字拖到舞台右面。

步骤4 在"时间轴"的第20帧处插入关键帧，调整文字到合适的位置，右击鼠标，在弹出的菜单中选择"创建传统补间"命令。

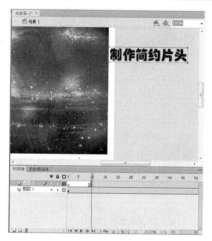

调整的位置

调整的位置

步骤5 新建图层3和图层4，导入随书附带光盘中的"CDROM\素材\第12章\003.jpg"文件，到图层3，调整大小，拖动图层3的第1帧到第20帧处。

步骤6 锁定图层1到图层3，选择图层4，右击鼠标，在弹出的菜单中选择"遮罩层"，在第20帧处插入关键帧，绘制5个矩形图形，按F8键将图形转换为元件。

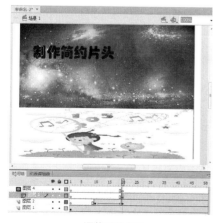

调整后的文件

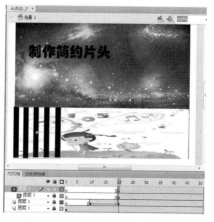

绘制的矩形

步骤7 选择"时间轴"的第20帧，将矩形拖到舞台左侧。

步骤8 在第30帧处插入关键帧，将矩形拖到舞台右侧。

调整的矩形

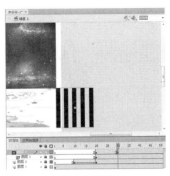

调整的矩形

步骤9 在图层4的第20帧和第30帧之间右击鼠标，在弹出的右键菜单中选择"创建传统补间"命令。

步骤10 选择图层4的第30帧后面的所有帧，右击鼠标，在弹出的右键菜单中选择"删除帧"命令。

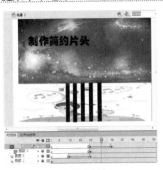

创建传统补间

删除后的效果

步骤11 新建图层5。在第30帧处插入关键帧，导入"CDROM\素材\第12章\003"文件到图层5，调整至与图层3一样的位置。

步骤12 新键图层6。右击鼠标，在弹出的菜单中选择"遮罩层"，在第30帧处插入关键帧，绘制一个矩形，按F8键转换为元件。

导入的文件

绘制的矩形

步骤13 在图层6的第40帧处插入关键帧，将绘制的矩形拖到舞台最底部。右击图层6的第30帧到第40帧处，右击鼠标，选择"创建传统补间"命令。

步骤14 选择图层1到图层6的第40帧后面的帧，将其删除。

创建传统补间

删除后的效果

步骤15　新建图层7，导入CDROM\素材\第12章\005文件到图层3，调整大小，选择第一帧并将其拖到第40帧处。

导入的素材

步骤16　在图层7的第50帧处插入帧，新建图层8，右击图层8在弹出的菜单中选择"遮罩层"命令，在第40帧处插入帧0，绘制一个矩形，将矩形转换为元件。

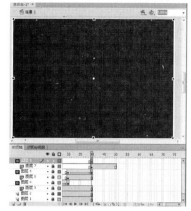

绘制的矩形

步骤17　在图层8的第50帧处插入关键帧，缩小矩形，在图层的第40帧到第50帧之间创建传统补间。

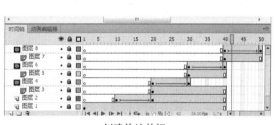

创建传统补间

步骤18　新建图层9。导入"CDROM\素材\第12章\002.jpg"文件到图层9并调整大小，选择第50帧并插入关键帧，选择第70帧并插入关键帧然后将图层9拖到图层8下面。

导入的图片

步骤19　选择图层8并新建图层10，在第60帧处输入文字"喜影影视制片公司"。在属性面板中将字体设置为华文琥珀，将大小设为40，并将其转换为图形元件。

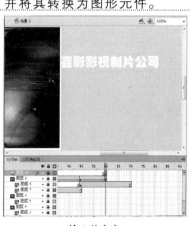

输入的文字

步骤20　将元件调整到文档的右侧，在第60帧处插入关键帧，选择第60帧并插入关键帧，选择第70帧插入关键帧，调整元件的位置，选择第65帧，单击鼠标右键，在弹出的菜单中选择"创建传统补间命令"。

调整的文字

步骤21　选择"文件|导出|导出影片"命令，到合适的位置，按Ctrl+Enter快捷键测试影片。

|12.7| 运用引导层

引导层在影片中起辅助作用，它可分为普通引导层和运动引导层两种，下面介绍这两种引导层的用法。

12.7.1 创建普通引导层

图标✎表示普通引导层，无需使用被引导层，可以单独使用。创建普通引导层时，选择要作为引导层的图层，右击鼠标并在弹出的快捷菜单中选择"引导层"命令即可。

引导层

12.7.2 创建运动引导层

使用运动引导层可以创建特定路径的补间动画，实例、组或者文本均可沿着这些路径运动，创建的过程也很简单。下面将介绍如何创建运动引导层。

步骤1 启动Flash CS6软件，新建一个空白文档，执行"文件|导入|导入到舞台"命令，打开随书附带光盘中的"CDROM\素材\第12章\背景.jpg"文件，单击"打开"按钮，并对图片的大小和位置进行调整，在"图层1"的第35帧插入关键帧。

步骤2 在"时间轴"面板中新建"图层2"，执行"文件|导入|导入到库"命令，选择随书附带光盘中的"CDROM\素材\第12章\蝴蝶.psd"文件，将其拖入舞台中并放置到合适位置并转换为元件。

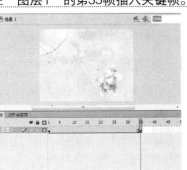

插入关键帧

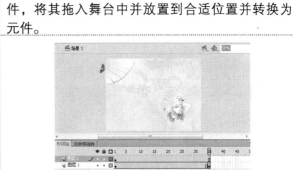

转换元件

步骤3 在"时间轴"面板中选择"图层2"，将"图层2"的第35帧转换为关键帧，并创建传统补间动画。

步骤4 右击"图层2"，在弹出的快捷菜单中选择"添加传统运动引导层"命令，即可创建引导层。

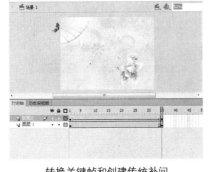

转换关键帧和创建传统补间

创建引导层

步骤5　选择"引导层"中的第1帧，使用钢笔工具绘制路径。

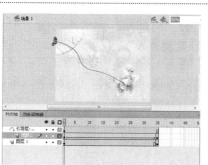

绘制路径

步骤6　选择"图层2"中的第35帧，将图形元件移动到路径的结束点。

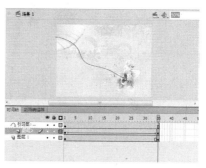

拖动图形文件至结束点

步骤7　为"图层1"创建传统补间动画，将帧速率设置为10fps。

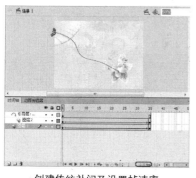

创建传统补间及设置帧速率

步骤8　按Ctrl+Enter快捷键测试影片。

测试影片

12.7.3　转换普通引导层为运动引导层

在实际操作过程中，用户可将Flash中的普通引导层通过以下操作转换为运动引导层，具体操作步骤如下。

步骤1　启动Flash CS6软件，新建一个空白文档。

新建的文件

步骤2　在"时间轴"面板中右击"图层1"，在弹出的快捷菜单中选择"引导层"命令并新建图层2。

添加引导层并创建图层

步骤3　在"时间轴"面板中选择"图层2"图层，运用鼠标向上方拖曳，当出现黑色线条时，松开鼠标左键。即可把普通引导层转换为运动引导层。

将"图层2"向上拖曳

12.7.4 取消与运动引导层的链接

将创建的运动引导层恢复至原有状态，可将运动引导层取消，下面介绍具体操作步骤。

步骤1 启动Flash CS6软件，新建一个空白文档。	**步骤2** 在"时间轴"面板中右击"图层1"，在弹出的快捷菜单中选择"添加运动引导层"命令。将"图层1"向最上方拖动，当在"运动引导层"下方出现黑色线条时，松开鼠标左键。
 新建的文件	 将"图层1"向上拖曳
步骤3 即可取消与运动引导层的连接。	 取消与运动引导层的连接

12.7.5 实战：制作落叶动画

下面通过实战综合练习引导层的相关操作，具体操作步骤如下。

步骤1 启动Flash CS6，新建一个舞台，导入随书附带光盘中的"CDROM\素材\第12章\007.jpg"素材文件。	**步骤2** 选择"插入丨新建元件"命令，在弹出的菜单中输入文字"树叶"，选择"影片剪辑"命令，单击"确定"按钮即可。
 打开的文件	 输入的名称
步骤3 选择"文件丨导入丨导入到舞台"命令，打开随书附带光盘中的"CDROM\素材\第12章\006.psd"文件，调整大小，导入到舞台中。	**步骤4** 选择并右击图层1，在弹出的对话框中选择"添加传统引导层动画"命令，在舞台中选择"铅笔工具"命令，绘制一条曲线。

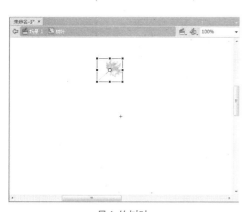

导入的树叶

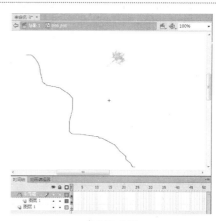

绘制的曲线

步骤5　在引导层第20帧处插入帧。选择图层1树叶图层，将树叶调整到引导层开始的部分。

步骤6　在图层1的第20帧处插入关键帧，并将元件调整到路径的结束处，在第1帧和第20帧之间"创建传统补间"。

调整的树叶

创建的传统补间

步骤7　单击场景1，进入场景1中的舞台的属性面板中的库面板，打开"库"面板，选择"树叶"元件拖到场景中，放到合适的位置。

步骤8　选择"文件丨导出丨导出影片"命令将其保存到合适的位置，按Ctrl+Enter快捷键测试影片。

拖入到舞台中的位置

12.8 | 操作答疑

下面例举常见的问题进行详细解答，并在后面给出练习题，方便读者加深对本章内容的理解。

12.8.1 专家答疑

（1）应用遮罩效果的时候应注意哪些问题？

答：一个遮罩只能包含一个遮罩项目；按钮内部不能出现遮罩；遮罩不能应用于另一个遮罩之中。

（2）在制作过程中，遮罩层常常挡住下层中的元件，无法进行编辑，怎么办？

答：用鼠标单击"时间轴"面板中遮罩层的显示图层轮廓按钮，将遮罩层变成边框形状，然后拖动遮罩图形外部的边框，调整位置和形状。

12.8.2 操作习题

1. 选择题

（1）在"时间轴"面板遮罩层中，若出现✖图标，运用鼠标进行单击可以（　　）。

 A.锁定遮罩层　　　　　　　　　B.显示遮罩层　　　　　　　　　C.隐藏遮罩层

（2）测试影片的快捷键是（　　）。

 A.Alt+Ctrl+Shift　　　　　　　B.Shift+Enter　　　　　　　　C.Ctrl+Enter

2. 填空题

（1）Shift+F2快捷键可以打开_____面板。

（2）在菜单栏中选择_____中的子菜单里的命令也可选择切换场景。

（3）_____是Flash中一种特殊的图层，在影片中起辅助作用。

3. 操作题

制作一个遮罩动画。

01　　　　　　　　　　　　　　　02　　　　　　　　　　　　　　　03

（01）导入素材文件。

（02）编辑字体和添加遮罩层。

（03）测试效果。

第13章

认识Photoshop CS6

本章重点:

    主要介绍Photoshop CS6的基础知识,对其工作界面进行介绍,并讲解图像的各种色彩模式和针对Photoshop CS6的图像修饰处理和形状工具的应用。

学习目的:

    通过对本章的学习,使读者对Photoshop CS6有一个初步地认识,为后面章节的学习奠定良好的基础。

参考时间:30分钟

主要知识	学习时间
13.1　初识Photoshop CS6	3分钟
13.2　Photoshop CS6的工作界面	3分钟
13.3　Photoshop CS6的基本操作	2分钟
13.4　认识色彩模式	4分钟
13.5　使用形状工具	4分钟
13.6　对图像进行修饰处理	8分钟
13.7　操作答疑	6分钟

13.1 初识Photoshop CS6

Photoshop 是Adobe公司旗下最为出名的图像处理软件之一，它是集图像扫描、编辑修改、图像制作、广告创意，图像输入与输出于一体的图形图像处理软件，深受广大平面设计人员和电脑美术爱好者的喜爱。Photoshop的应用领域已深入到广告、影视娱乐、建筑、装饰等各个行业之中。

13.2 Photoshop CS6的工作界面

Photoshop CS6的工作界面的设计非常系统化，便于操作和理解，同时也易于被人们接受。Photoshop CS6主要由标题栏、菜单栏、工具箱、状态栏、面板和工作区等几个部分组成。

13.2.1 菜单栏

Photoshop CS6共有11个主菜单，每个菜单内都包含相同类型的命令。用户可以通过各个菜单项下的菜单命令完成对图像的操作和设置。

| Ps | 文件(F) 编辑(E) 图像(I) 图层(L) 文字(Y) 选择(S) 滤镜(T) 3D(D) 视图(V) 窗口(W) 帮助(H) |

菜单栏

单击一个菜单的名称即可打开该菜单。在菜单中，不同功能的命令之间采用分隔线进行分隔，带有黑色三角标记的命令表示其还包含下拉菜单，将光标移动到这样的命令上，即可显示下拉菜单，选择菜单中的一个命令便可以执行该命令。如果命令后面附有快捷键，则无需打开菜单，直接按下快捷键即可执行该命令。例如，按Ctrl+T快捷键可以执行"编辑 | 自由变换"命令。有些命令只提供了字母，要通过快捷方式执行这样的命令时，可以按下Alt键+主菜单的字母，打开主菜单，再按下命令后面的字母，执行该命令。例如，按Alt+S+C键，可以执行"选择 | 色彩范围"命令。

如果一个命令的名称后面带有"…"符号，表示执行该命令时将打开一个对话框。如果菜单中的命令显示为灰色，则表示该命令在当前状态下不能使用。

带有黑色三角标记的命令

带快捷键的命令

带字母的命令

后面带有"…"的命令

在图像上单击鼠标右键可以显示快捷菜单，快捷菜单会因所选工具的不同而显示不同的内容。在图层上单击鼠标右键也可以显示快捷菜单，通过快捷菜单可以快速执行相应的命令。

右击图像

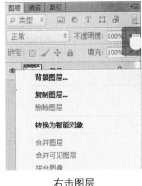
右击图层

13.2.2 工具箱

　　第一次启动应用程序时，工具箱将出现在屏幕的左侧，可通过拖动工具箱的标题栏来移动它。通过选择"窗口丨工具"命令，用户也可以显示或隐藏工具箱。Photoshop CS6的工具箱在默认情况下，工具箱中的工具为单排显示，单击工具箱顶部的双箭头 ▶▶ ，可以切换为双排；单击工具箱中的一个工具即可选择该工具，将光标停留在一个工具上，会显示该工具的名称和快捷键，按下工具的快捷键可选择相应的工具。

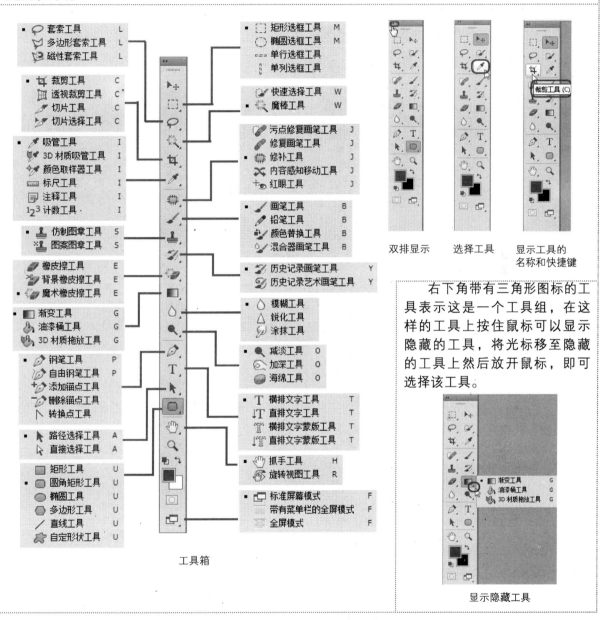

工具箱

右下角带有三角形图标的工具表示这是一个工具组，在这样的工具上按住鼠标可以显示隐藏的工具，将光标移至隐藏的工具上然后放开鼠标，即可选择该工具。

显示隐藏工具

13.2.3 选项栏

　　选项栏与工具相关，并且会随着所选工具的不同而变化。选项栏中的一些设置（如绘画模式和不透明度）对于许多工具都是通用的，但是有些设置则专用于某个工具（例如用于铅笔工具的"自动抹掉"设置）。
　　大多数工具的选项都会在该工具的选项栏中显示。例如，选中移动工具状态的选项栏。

工具选项栏

13.2.4 面板

面板是Photoshop CS6中非常重要的一部分，其作用可以监视和修改图像。

选择"窗口"命令，可以控制面板的显示与隐藏。默认情况下，面板以组的方式堆叠在一起，用鼠标左键拖动面板的顶端可以移动面板组，还可以单击面板左侧的各类面板标签 打开相应的面板。用鼠标左键选中面板中的标签，然后拖动到面板以外，可以从组中移去面板。

如果要隐藏所有的面板，可以按下Shift+Tab快捷键来实现。

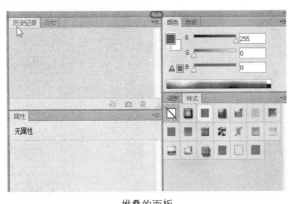
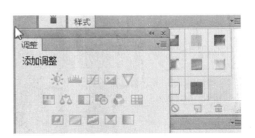

堆叠的面板　　　　　　　　　　　　　　　分离的面板

13.2.5 图像窗口

通过图像窗口可以移动整个图像在工作区中的位置。图像窗口显示图像的名称、百分比率、色彩模式以及当前图层等信息。

单击窗口右上角的 图标可以最小化图像窗口，单击窗口右上角的 图标可以最大化图像窗口，单击窗口右上角的 图标可关闭整个图像窗口。

13.2.6 状态栏

状态栏位于图像窗口的底部，它左侧的文本框中显示了窗口的视图比例，在文本框中输入百分比值，然后按回车键，可以重新调整视图的比例。

在状态栏上单击鼠标时，可以显示图像的宽度、高度、通道数目和颜色模式等信息，如果按住Ctrl键单击（按住鼠标左键不放），可以显示图像的拼贴宽度等信息。

单击状态栏中的 按钮，然后选择"显示"选项，可以打开一个下拉菜单，在此菜单中可以选择状态栏中显示的内容。

窗口视图比例　　　　　　单击状态栏　　　　　　配合Ctrl键单击　　　　单击状态栏中的 按钮

- **Adobe Drive**：显示文档的Adobe Drive工作组状态，只有在启用了Adobe Drive时，该选项才可用。
- **文档大小**：选择该选项后，状态栏中会出现两组数字，"/"左边的数字代表了拼合图层并存储文件后文档的大小，"/"右边的数字代表了没有拼合图层和通道的状态下文档的近似大小。
- **文档配置文件**：显示图像所使用的颜色配置文件的名称。
- **文档尺寸**：显示图像的尺寸。
- **测量比例**：显示文档的测量比例。
- **暂存盘大小**：显示处理图像时的系统内存和Photoshop 暂存盘的信息。选择该选项后，状态栏中会出现两组数字。"/"左边的数字代表了为正在处理的图像分配的内存量，"/"右边的数字代表了可用于处理图像的总内存量。如果左边的数字大于右边的数字，则Photoshop 将启用暂存盘作为虚拟内存。
- **效率**：显示执行操作实际花费时间的百分比。当效率为100%时，表示当前处理的图像在内存中生成，如果该值低于100%，则表示Photoshop 正在使用暂存盘，图像的处理速度会因此而变慢。
- **计时**：显示完成上一次操作所用的时间。
- **当前工具**：显示当前正在使用的工具的名称。
- **32位曝光**：用于调整预览图像，以便在计算机显示器上查看32位通道高动态范围图像（HDR）的选项。只有文档窗口显示HDR图像时，该选项才可用。
- **存储进度**：当前文件存储的过程。

> **提示：**
> 使用Ctrl键+鼠标滚轮，可以水平移动图像，使用Shift键+鼠标滚轮，可以垂直移动图像，使用Alt键+Shift键+鼠标滚轮，可以放大缩小图像。

13.3 Photoshop CS6的基本操作

在Photoshop CS6中，文件的基本操作包括新建、打开及保存文件等，下面介绍打开、新建、保存、关闭文件的相关操作。

13.3.1 新建空白文档

新建文档有两种方法，下面分别对它们进行介绍。

方法1: 在菜单栏中选择"文件 | 新建"命令，打开"新建"对话框，并在其中进行设置即可。对新建的文件可以设置它的名称、预设、宽度、高度及分辨率等数值；选择颜色模式和背景内容，之后对其进行确定。选择的背景内容不同，所产生的文件背景也不同。

方法2: 按快捷键Ctrl+N即可弹出"新建"对话框。

"新建"对话框

"白色"背景

选择"背景色"背景

选择"透明色"背景

> **提示：**
> 在预设时可以选择系统自动提供的新建文件的大小；模式中用于设置图像文件的颜色模式，一般使用是RGB模式。右边下拉列表可以选择是8位、16位、32位图像。

13.3.2 打开文档

打开文件的方法有四种，具体操作步骤如下。

方法1: 执行菜单栏中的"文件 | 打开"命令，打开"打开"对话框，一般情况下，"文件类型"默认为"所有格式"，也可以选择某种特定的文件格式，然后在大量的文件中进行筛选；选中要打开的图片，然后单击"打开"按钮，或者直接双击图像打开图像。

> **提示:**
>
> 按住Ctrl键单击需要打开的文件，可以打开多个不相邻的文件，按住Shift键单击需要打开的文件，可以打开多个相邻的文件。

方法2: 使用快捷键Ctrl+O也可以打开"打开"对话框。

方法3: 在工作区域内双击鼠标，也可打开"打开"对话框。

方法4: 通过快捷方式打开文件，在没有运行Photoshop时，将一个图像文件拖至桌面上的  图标上，可以运行Photoshop CS6软件并打开该文件。

"打开"对话框

13.3.3 保存文档

保存文档有三种方法，下面将分别对其进行介绍。

方法1 选择"文件 | 存储"命令，打开"存储为"对话框，可以按照原有的格式存储正在处理的文件，也可以对其进行重命名，并更改原格式后进行存储。对于正在编辑的文件应该随时存储，以免出现意外而丢失。

方法2 选择"文件 | 存储为"命令，打开"存储为"对话框进行保存。对于新建的文件或已经存储过的文件，可以使用"存储为"命令将文件另外存储为某种特定的格式。

方法3 使用快捷键Ctrl+Shift+S也可以打开"存储为"对话框。

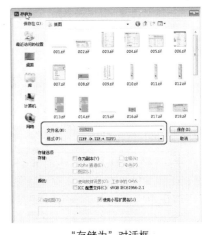

"存储为"对话框

13.3.4 关闭文档

在对打开的文件进行保存后，将文件进行关闭。

执行"文件 | 关闭"命令或按快捷键Ctrl+W，或者单击图像窗口右上角的 × 按钮，可以关闭文件。如果要关闭多个打开的文件，使用快捷键Alt+Ctrl+W，如果当前图像是一个新建的文件或没有保存过，则会弹出一个对话框，单击"是"按钮，可以打开"存储为"对话框；单击"否"按钮，可关闭文件，但不保存修改结果；单击"取消"按钮则关闭该对话框，并取消关闭操作。

"关闭"对话框

13.4 认识色彩模式

颜色模式用于确定显示和打印图像时使用的颜色方法，它决定图像的颜色数量、通道数量、文件大小和文件格式。此外，颜色模式还决定了图像在Photoshop中是否可以进行某些操作。例如，位图模式的图像不能应用滤镜，也不能进行操作，CMYK模式的图像只能使用少量滤镜。

13.4.1 RGB颜色模式

Photoshop的RGB颜色模式是由红、绿、蓝3种颜色按不同的比例混合而成的，也称为真彩色模式，对于彩色图像中的每个RGB（红色、绿色、蓝色）分量，为每个像素指定一个0（黑色）到255（白色）之间的强度值。例如，亮红色的R值为246，G值为020，B值为50。

不同的图像中RGB的各个成分也不尽相同，可能有的图中R（红色）成分多一些，有的B（蓝色）成分多一些。在计算机中，RGB的所谓"多少"就是指亮度，并使用整数来表示。通常情况下，RGB各有256级亮度，用数字表示为0~255。

> **提示：**
>
> 虽然数字最高是255，但0也是数值之一，因此共有256级。当这3种颜色分量的值相等时，结果是中性灰色。

当所有分量的值为255时是纯白色

当所有分量的值为0时是纯黑色

RGB通道

RGB图像使用3种颜色或3个通道在屏幕上重现颜色。这3个通道将每个像素转换为24位（8位×3通道）色信息。对于24位图像，可重现多达1670万种颜色；对于48位图像（每个通道16位），可重现更多的颜色。新建的Photoshop图像的默认模式为RGB模式，计算机显示器、电视机、投影仪等均使用RGB模式显示颜色，这意味着在使用非RGB颜色模式（如CMYK）时，Photoshop会将CMYK图像插值处理为RGB，以便在屏幕上显示。

13.4.2 CMYK颜色模式

CMYK是一种基于印刷油墨的颜色模式，具有青色、洋红、黄色和黑色4个颜色通道，每个通道的颜色也是8位，即256种亮度级别，4个通道组合使得每个像素具有32位的颜色容量。由于目前的制造工艺还不能造出高纯度的油墨，CMY相加的结果实际上是一种暗红色，因此还需要加入一种专门的黑墨来中和。

CMYK模式以打印纸上的油墨的光线吸收特性为基础，当白光照射到半透明的油墨上时，色谱中的一部分被吸收，而另一部分被反射回眼睛。从理论上讲，青色（C）、洋红（M）和黄色（Y）混合将吸收所有的颜色并生成黑色，因此，CMYK模式是一种减色模式，即为最亮（高光）颜色指定的印刷油墨颜色百分比较低，而为较暗（暗调）颜色指定的百分比较高。例如，亮红色可能包含2%青色、93%洋红、90%黄色和0%黑色。因为青色的互补色是红色（洋红和黄色混合即能产生红色），减少青色的百分含量，其互补色红色的成分也就越多，因此，CMYK模式是靠减少一种通道的颜色来加亮它的互补色的，这显然符合物理原理。

CMYK通道的灰度图和RGB类似，RGB灰度表示色光亮度，CMYK灰度表示油墨浓度，但二者对灰度图中的明暗有着不同的定义。

> **提示：**
>
> 在RGB通道灰度图中，较白表示亮度较高，较黑表示亮度较低，纯白表示亮度最高，纯黑表示亮度为零。

在CMYK通道灰度图中，较白表示油墨含量较低，较黑表示油墨含量较高，纯白表示完全没有油墨，纯黑表示油墨浓度最高。

CMYK通道	RGB模式下通道的明暗	CMYK模式下通道的明暗

在制作要用印刷色打印的图像时，应使用CMYK模式。将RGB图像转换为CMYK即产生分色，如果从RGB图像开始，则最好首先在RGB模式下编辑，然后在处理结束时转换为CMYK。在RGB模式下，可以使用"校样设置"选择"视图校样设置"命令模拟CMYK转换后的效果，而无需真的更改图像的数据，也可以使用CMYK模式直接处理从高端系统扫描或导入的CMYK图像。

> **提示：**
>
> 在CMYK模式下，部分滤镜不能使用，所以，可以在印刷时才将图像颜色模式转换为CMYK。

13.4.3　Lab颜色模式

Lab模式是在1931年国际照明委员会（CIE）制定的颜色度量国际标准模型的基础上建立的，1976年，该模型经过重新修订后被命名为CIE L*a*b。Lab模式与设备无关，无论使用何种设备（如显示器、打印机、计算机或扫描仪等）创建或输出图像，这种模式都能生成一致的颜色。

Lab模式是Photoshop在不同颜色模式之间转换时使用的中间颜色模式。这种模式将亮度通道从彩色通道中分离出来，成为一个独立的通道。将图像转换为Lab模式，然后去掉色彩通道中的a、b通道，而保留亮度通道，这样可以获得100%逼真的图像亮度信息，得到100%准确的黑白效果。

13.4.4　灰度模式

所谓灰度图像，就是指纯白、纯黑以及两者之间的一系列从黑到白的过渡色，人们平常所说的黑白照片、黑白电视实际上都应该称为灰度色。

灰度色中不包含任何色相，即不存在彩色。灰度的通常表示方法是百分比，范围为0%~100%。在灰度模式中，只能输入整数，百分比越高，颜色越偏黑，百分比越低，颜色越偏白。灰度最高相当于最高的黑色，纯黑的灰度为100%；灰度最低相当于最低的黑色，也就是没有黑色，那就是纯白，纯白的灰度为0%。

当灰度图像是从彩色图像模式转换而来时，灰度图像反映的是原彩色图像的亮度关系，即每个像素的灰阶对应着原像素的亮度。在灰度图像模式下，只有一个描述亮度信息的通道。

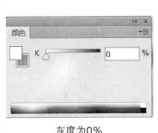

灰度为100%	灰度为0%	RGB图像与灰色图像及灰色通道

13.4.5 位图模式

在位图模式下，图像的颜色容量是1位，即每个像素的颜色只能在两种深度的颜色中选择，不是"黑"就是"白"，其相应的图像也就是由许多个小黑块和小白块组成。

选择"图像 | 模式 | 位图"命令，弹出"位图"对话框，从中可以设定转换过程中的减色处理方法。

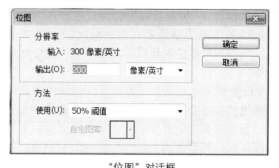

"位图"对话框

- **"分辨率"选项组**：用于在输出中设定转换后图像的分辨率。
- **"方法"选项组**：在转换的过程中，可以使用5种减色处理方法。"50%阈值"会将灰度级别大于50%的像素全部转换为黑色，将灰度级别小于50%的像素转换为白色；"扩散仿色"会产生一种颗粒效果；"半调网屏"是商业中经常使用的一种输出模式；"自定义图案"可以根据定义的图案来减色，使得转换更为灵活、自由。

📝 **提示：**

只有在灰度模式下图像才能转换为位图模式，其他颜色模式的图像必须先转换为灰度图像，然后才能转换为位图模式；在位图图像模式下，图像只有一个图层和一个通道，滤镜全部被禁用。

13.4.6 索引颜色模式

索引模式用最多256种颜色生成8位图像文件。当图像转换为索引色模式时，Photoshop将构建一个256种颜色的查找表，用以存放索引图像中的颜色。如果原图像中的某种颜色没有出现在该表中，程序将选取最接近的一种或使用仿色来模拟该颜色。

索引模式可以极大地减少图像文件的存储空间，同时保持视觉品质不单一，非常适合用来制作多媒体动画和Web页面。在索引色模式下，Photoshop的某些滤镜会无法使用，若要进一步进行编辑，则应临时转换为RGB模式。

选择"图像 | 模式 | 索引颜色"命令，即可弹出"索引颜色"对话框。

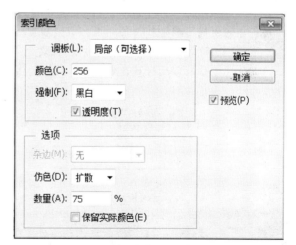

"索引颜色"对话框

- **"调板"下拉列表框**：用于选择在转换为索引色时使用的调色板，例如需要制作Web网页，则可选择Web调色板。还可以设置"强制"选项，将某些颜色强制加入到颜色列表中，例如，选择黑、白，就可以将纯黑和纯白强制添加到颜色列表中。
- **"选项"选项组**：在"杂边"下拉列表框中，可指定用于消除图像锯齿边缘的背景色。在索引色模式下，图像只有一个图层和一个通道，滤镜全部被禁用。

13.4.7 双色调模式

双色调模式可以弥补灰度图像的不足，灰度图像虽然拥有256种灰度级别，但是在印刷输出时，印刷机的每滴油墨最多只能表现出50种左右的灰度，只用一种黑色油墨打印灰度图像，图像将非常粗糙。

一般情况下，双色调套印应用较深的黑色油墨和较浅的灰色油墨进行印刷。黑色油墨用于表现阴影，灰色油墨用于表现中间色调和高光，但更多的情况是将一种黑色油墨与一种彩色油墨配合，用彩色油墨来表现高光区，用双色来印刷可以降低印刷成本。

由于双色调使用不同的彩色油墨重新生成不同的灰阶，因此在Photoshop中将双色调视为单通道、8位的灰度图像。在双色调模式中，不能像在RGB、CMYK和Lab模式中那样直接访问单个的图像通道，而是通过"双色调选项"对话框中的曲线来控制通道。

"双色调选项"对话框

● **"类型"下拉列表框**：用于从单色调、双色调、三色调和四色调中选择一种套印类型。
● **"油墨"设置项**：选择了套印类型后，即可在各色通道中用曲线工具调节套印效果。

13.5 使用形状工具

使用形状工具可以绘制矩形、圆角矩形、椭圆、直线、多边形和软件本身提供的形状等图形。还可以通过形状的运算和自定义形状让绘制的图形更加丰富。

13.5.1 绘制规则形状

绘制形状的工具有"矩形工具" ▢、"圆角矩形工具" ▢、"椭圆工具" ◉、"多边形工具" ◉、"直线工具" ╱ 及"自定义形状工具" ✍ 等。下面分别对它们进行介绍。

在选择基本形状绘制工具时，有3种模式供选择，分别是形状图层、路径和填充像素。

● 在形状图层模式的选项栏中，可以对其颜色进行设置，双击选项中的色块会弹出"拾色器"对话框，在其中可以调整颜色，或者改变"前景色"，使用快捷键Alt+Backspace来调整颜色。还可以给它添加样式，通过样式面板直接添加图层样式。

三种模式

创建新形状图层

添加样式

> 📝 **提示：**
> 形状图层的形状可以通过修改路径的工具修改，例如，"钢笔工具"等。

"填充像素"模式

"路径"模式

- **填充像素模式**：就好比是一次性完成"建立选区"和"前景色填充"两个命令。
- **路径模式**：绘制图形时创建新的形状路径，且没有填充颜色。
- **绘制矩形**

使用"矩形工具" ，可以绘制矩形或正方形。选中"矩形工具" ，然后在画布上单击并拖曳鼠标即可绘制出矩形，若要绘制正方形，需要配合Shift键来绘制。

下面介绍"矩形工具"的选项栏。

"矩形工具"选项栏

填充类型：单击右侧三角会出现颜色面板，从中选择可改变绘制图形的填充颜色。

描边颜色：单击右侧三角会出现颜色面板，从中选择可改变绘制图形边框的颜色。

描边宽度：单击右侧三角会出现滑块，拖动滑块可改变边框的粗细。

描边选项：单击右侧三角会出现线条样式面板，从中选择可改变边框的样式。

单击"更多选项"按钮，在弹出的"描边"对话框中，主要属性参数如下。

- **预设**：单击右侧的黑色三角可以选择线条样式。
- **对齐**：有三个选项，"内部"、"居中"、"外部"，可以改变添加样式的位置。
- **端点**：有三个选项，"端面"、"圆形"、"方形"，可以改变添加样式两个端点之间的形状。

- **角点**：有三个选项，"斜接"、"圆形"、"斜面"，可以改变添加样式角点的形状。
- **虚线**：可以设置虚线的长短和间隔，还可以自定义设置虚线的样式并且存储。

"描边"样式

设置形状宽度：修改此选项的像素可改变绘制图形的宽度。

链接形状的高度和宽度 ：单击此按钮可以约束绘制图形等比例缩放。

设置形状高度：修改此选项的像素可改变绘制图形的高度。

路径操作 ：单击右侧三角会出现下拉菜单，包括"新建图层"、"合并形状"、"减去顶层形状"、"与形状区域相交"、"排除重叠形状"和"合并形状组件"。功能分别是在绘制形状与现在绘制形状之间的关系，"新建图层"表示创建新图层；"合并形状"表示创建的形状将与已经存在的形状合并；"减去顶层形状"表示创建新形状后原形状将会被覆盖；"与形状区域相交"表示创建的形状与原形状重叠部分作为新的形状；"排除重叠形状"表示将从原形状中减去重叠部分成为新形状。"合并形状组件"表示将所有绘制的形状组成一个组件。

"形状"组件

路径对齐方式 ：单击右侧三角会出现下拉菜单，从中可以更改形状图层的对齐方式。

路径排列方式 ：单击右侧三角会出现下拉菜单，从中可以更改形状图层的排列位置。

：单击右侧三角会出现下拉菜单，包括"不受约束"、"方形"、"固定大小"、"比例"和"从中心"。下面分别介绍其功能，"不受约束"，表示绘制尺寸大小不受限制的矩形；"方形"，表示绘制正方形；"固定大小"表示绘制固定尺寸的矩形，"W"、"H"分别设置矩形的宽度和高度；"比例"，表示绘制固定宽、高比的矩形，"W"、"H"分别设置宽度和高度的比值；"从中心"表示绘制矩形时，光标的起点在矩形的中心。

对齐边缘：选中此选项，绘制矩形边缘自动与像素边缘重合。

"对齐"选项　　　　　　"图层"选项　　　　　　"矩形工具"选项

● **绘制圆角矩形**

使用"圆角矩形工具" ，可以绘制具有平滑边缘的矩形。其使用方法与矩形工具相同，用鼠标拖曳即可。"圆角矩形工具"的选项栏与"矩形工具"选项栏基本相同，只是多了"半径"参数的设置。

"圆角矩形工具"选项栏

半径：控制圆角矩形的平滑程度，值越大，圆角弧度也就越大。输入0时，则为矩形。

● **绘制椭圆**

使用"椭圆工具" ，可以绘制椭圆，若要绘制圆形则需要配合Shift键来绘制。椭圆工具的选项栏和前面介绍的选项栏相同，这里就不再介绍了。

"椭圆工具"选项栏

● **绘制多边形**

使用"多边形工具" ，可以绘制所需的正多边形，绘制时起点在多边形的中心，终点在多边形的一个顶点。多边形工具的选项栏与矩形工具选项栏基本相同，其区别在于"边"的设置和"多边形选项工具"的设置，下面将分别来介绍一下。

"多边形工具"选项栏

边：用于设置多边形的边数。

多边形选项：包括"半径"、"平滑拐角"、"星形"、"缩进边依据"和"平滑缩进"。

❶**半径**：用于输入多边形的半径长度，单位为像素，及确定多边形大小。

❷**平滑拐角**：选中此复选框可以使多边形具有平滑的拐角。多边形边数越多越接近圆形。

❸**星形**：选中此复选框可以使多边形的边向中心缩进成星状，其下方的"缩进边依据"与"平滑缩进"方可使用。

❹**缩进边依据**：用于设定边向内缩进的程度。

❺**平滑缩进**：可使圆形缩进代替尖锐缩进。

多边形选项　　　　　"星形"　　　　　"平滑缩进"　　　　平滑缩进对比图

● 绘制直线

使用"直线工具" ，可以绘制直线或箭头的线段。直线工具的选项栏与前面介绍的选项栏基本相同，区别在于直线选项与粗细的设置。

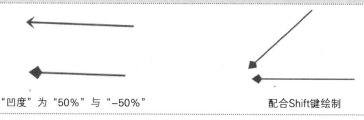

"直线工具"选项栏

粗细：用于设置直线的宽度。

直线选项：包括"箭头"设置区，可以设置"起点"、"终点"、"宽度"、"长度"和"凹度"。

❶ **"起点"和"终点"**：选择此复选框时，用于确定箭头在线段的哪一方，若都选则两头都带有箭头。

❷ **宽度**：设置箭头宽度与线段宽度的比值，可输入10%与1000%之间的数值。

❸ **长度**：设置箭头长度与线段宽度的比值，可输入10%与1000%之间的数值。

❹ **凹度**：设置箭头中央凹陷的程度，可输入−50%与50%之间的数值。

"箭头"设置区

📝 **提示**：

使用方法为，光标拖曳的起点为线段的起点，拖曳的终点为线段的终点，配合Shift键使用可以将直线的方向控制在0°、45°和90°方向。

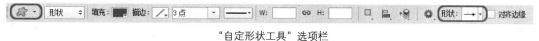

"凹度"为"50%"与"−50%"　　　　　　配合Shift键绘制

13.5.2 绘制不规则形状

使用"自定形状工具" 🏵可以绘制一些不规则图形或者自定义图形。

"自定形状工具"的选项栏与"矩形工具"选项栏基本相同，不同的是它的"形状"选项，下面进行介绍。

"自定形状工具"选项栏

形状：用于选择需要绘制的形状，单击右侧的黑色小三角会出现形状面板，里面存储着可供选择的形状，单击面板右侧的 ✿ 按钮弹出下拉菜单，从中可以选择所需的形状，或者选择"载入形状"命令载入外形文件，其文件类型为"*.CHS"。

"形状"面板

"面板"下拉菜单

| 13.6 | 对图像进行修饰处理

本节将通过介绍对图像的变形、修饰、修复来学习基础工具的应用，为后面的综合实例的应用奠定良好的基础。

13.6.1 变换图形

变换图形是针对所编辑或绘制好的图像通过拖动控制点以变换图像的形状或路径等，也可以通过"编辑丨自由变换"菜单命令和"编辑丨变换"菜单命令来实现，在变形的样式弹出式菜单中，形状也是可延展的，可拖动它们的控制点将网格再次变形。

选区内图像的变换

选择"编辑自由变换"菜单命令或按Ctrl+T键，可以对选区中的图像进行缩放、旋转等操作，下面介绍一下具体操作步骤。

- **改变图像大小**：将鼠标放置于选区变换框的各节点上，指针变成双向箭头时拖动鼠标，可改变其大小；配合Shift键使用可以等比例缩放。
- **旋转图像**：将鼠标放置于变换框外，当指针变成 ↱ 时，拖动鼠标可对选区中的图像进行旋转变换。配合"Shift"键使用可按照15°旋转。
- **移动图像**：将鼠标放置于变换框内，当指针变成 ▸ 时，拖动鼠标可移动图像的位置。

 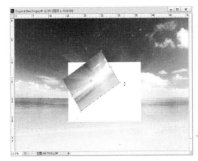 

| 缩放图像 | 旋转图像 | 移动图像 |

提示：

自由变换图像完成后，按Enter键应用变换，按Esc键放弃变换操作，图像返回原始状态。

选择"编辑丨变换"子菜单中的变换命令，可以对图像进行更多的变换操作。

- **"编辑丨变换丨再次"**：重复执行上一次使用的变换操作。
- **"编辑丨变换丨缩放"**：调整选区中图像的大小，若按Shift键拖动，可以按固定比例缩放选中的图像大小。
- **"编辑丨变换丨旋转"**：对选区中的图像进行旋转变换。
- **"编辑丨变换丨斜切"**：使选区图像作倾斜变换，或者按快捷键Ctrl+T，然后按住Ctrl键进行斜切变换。
- **"编辑丨变换丨扭曲"**：可以任意拖动各节点对图像进行扭曲变换，按Ctrl+Alt快捷键使用变换框可以形成菱形。
- **"编辑丨变换丨透视"**：可以拖动变换框上的节点，将图像变换成等腰梯形或对顶三角形图像。

"变换"子菜单　　　　斜切变换　　　　扭曲变换　　　　透视变换

- **"编辑 | 变换 | 旋转180度"**：使选区中的图像旋转180°。
- **"编辑 | 变换 | 旋转90度（顺时针）"**：使选区中的图像顺时针旋转90°。
- **"编辑 | 变换 | 旋转90度（逆时针）"**：使选区中的图像逆时针旋转90°。
- **"编辑 | 变换 | 水平翻转"**：使选区中的图像水平翻转。
- **"编辑 | 变换 | 垂直翻转"**：使选区中的图像垂直翻转。

整个图像画布的变换

使用"图像 | 旋转画布"子菜单下的命令可以对图像画布进行调整，实际上是对整幅图像进行旋转变换，而不是对图像中的选定区域。

- **"图像 | 图像旋转 | 旋转180度"**：将图像作180°旋转。
- **"图像 | 图像旋转 | 90度（顺时针）"**：将图像沿顺时针方向旋转90°。
- **"图像 | 图像旋转 | 90度（逆时针）"**：将图像沿逆时针方向旋转90°。
- **"图像 | 图像旋转 | 任意角度"**：将打开"旋转画布"对话框。在对话框中可以输入角度值，并选择是顺时针方向还是逆时针方向。
- **"图像 | 图像旋转 | 水平翻转"**：在水平方向上将整幅图像翻转。
- **"图像 | 图像旋转 | 垂直翻转"**：在垂直方向上将整幅图像翻转。

旋转180°　　　　顺时针方向旋转90°　　　　水平翻转

13.6.2 变形效果的应用

变形图形，有许多种不同的效果，而且每个效果还可以根据自己的需要配合一些快捷键进行更多的延展，下面进一步介绍变形效果的应用。

首先介绍变形工具的选项栏。

"自由变换工具"选项栏

- **参考点位置**：控制点中间的点，表示原点，可以单击不同的位置改变原点。
- **使用参考点相对定位**：可以更改图像的x和y的坐标轴。
- **设置水平缩放**：修改此选项可以更改变形图像的宽度。
- **保持长宽比**：单击此按钮可以锁定图像的比例。
- **设置垂直缩放比例**：修改此选项可以更改变形图像的高度。
- **设置旋转**：修改此选项可以更改变形图像的角度。
- **设置水平和垂直斜切**：修改此选项可以更改变形图像斜角的角度。
- **设置插值**：此选项代表的是扩大缩小、拉伸图片时候的算法。
- **在自由变换和变形模式之间切换**：单击此"变形"按钮，出现"变形"选项栏，从中可以设置更多变形效果。

"变形"选项栏

- **更改变形方向**：单击此按钮可以更改变形的方向。
- **设置弯曲**：修改此项可以改变变形图像的网格弯曲程度，值越大，越弯曲。
- **设置水平和垂直扭曲**：修改此项可以改变变形图像水平弯曲或者垂直弯曲的程度，在"无"或者"自定"状态下无法输入数字值。

> **提示：**
> 单击"自定"按钮弹出一个下拉列表，从中可以选择更多的变形效果；在"自定"状态下可以用鼠标任意拖曳网格点改变变形图像。

13.6.3 实战：制作花卉图案

自由变换工具的用法非常灵活，配合Shift、Alt、Ctrl这三个键的使用，可以任意改变图形。其中，Alt键控制图形以中心点为对称中心的变化，Shift键控制角度的变化和控制长宽比；Ctrl键控制自由变换，下面通过一个实例进行详细介绍。

步骤1 新建一个400像素×350像素的背景色为白色的图像文件，单击"确定"按钮；或按快捷键 Ctrl+N；然后，选择工具箱中的"油漆桶"工具，将背景层填充颜色设置为#FFCCCC，进行填充。

步骤2 新建一个图层，选择"椭圆形状"工具，在工作区画一条椭圆路径，再单击选项栏中的"减去顶层"形状按钮，或按Alt键的同时叠在刚才的形状上再画一个椭圆，将两个椭圆重叠的部分减去。按Ctrl+Enter快捷键将路径转换为选区。

新建"400*350"的文件

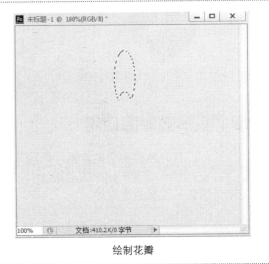

绘制花瓣

步骤3 在工具箱中选择油漆桶工具，将选区填充为"#FF0000"红色。

步骤4 选择"编辑 | 自由变换"命令，或按Ctrl+T快捷键，将变形框中的几何中心点移动到选区的正下方，作为"花心"，在选项栏中设置旋转角度为45°，然后按回车键。

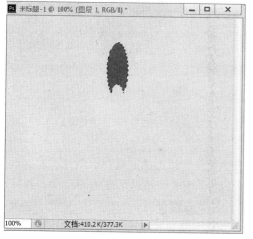

填充红色

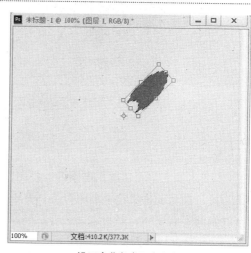

设置变化角度及中心点

步骤5 再按Ctrl+Alt+Shift组合键，同时，连续按T键，转眼间一朵鲜艳的花儿就会呈现在眼前了。

注意：

举一反三，可以在第3步时选择渐变工具，前景色为红色，背景色为白色，从前景色到背景色的线性渐变从上往下拉出渐变，然后重复步骤4、5即可。

最终图案

渐变效果图案

13.6.4 实战：图章工具

仿制图章工具▲可以从图像中拷贝信息，然后应用到其他区域或者其他图像中，该工具常用于复制对象或去除图像中的缺陷。下面通过实际操作来熟悉一下该工具的使用。

步骤1 打开随书附带光盘中的"CDROM\素材\第13章\仿制图章工具.jpg"文件，在工具箱中选择"仿制图章"工具▲，在工具选项栏中选择一个"柔角"画笔，设置画笔的直径为70px，硬度为0%。

步骤2 将光标放在水面上，按住Alt键单击鼠标进行取样，然后将光标放在海豚上，按住鼠标左键进行涂抹。

"仿制图章"素材

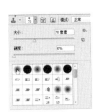
仿制图章工具

最终效果

提示：

仿制图章工具包括两个工具，分别是仿制图章工具、图案图章工具，它的快捷键是S。

图案图章工具的用法

使用图案图章工具可以利用图案进行绘画，也可以从图案库中选择图案或者自己创建图案。选择图案图章工具，在选项栏中选取画笔笔尖，并设置画笔选项（混合模式，不透明度和流量），选择"对齐"会对像素连续取样，而不会丢失当前的取样点，即使松开鼠标按键时也如此，如果取消选择"对齐"，则会在每次停止并重新开始绘画时使用初始取样点中的样本像素。还可以在图案弹出式面板中选择图案。

13.6.5 实战：锐化工具

锐化工具可以聚焦软边缘，以提高清晰度或聚焦程度，也就是增大像素之间的对比度。与模糊工具的作用正好相反。

"锐化工具"选项栏

锐化工具选项栏与模糊工具选项栏基本相同，这里就不再重复了，选择"保护细节"单选项可以使图像更加细腻逼真。其使用方法与模糊工具相同，下面用实例来学习一下该工具的使用方法。

步骤1 打开随书附带光盘中的"CDROM\素材\第13章\锐化工具实例.jpg"文件。	**步骤2** 在工具箱中选择"锐化工具"按钮，在工具选项栏中设置参数，在图像中按住鼠标左键对其进行涂抹即可进行处理。

打开素材文件

"锐化工具"设置

最终效果

13.6.6　实战：为人物衣服替换颜色

通过本实例学习工具的综合应用。

步骤1　打开随书附带光盘中的"CDROM\素材\第13章\为人物衣服替换颜色实例.jpg"文件。

步骤2　在工具箱中单击"磁性套索工具"按钮，在选项栏中设置默认即可，然后勾选人物的衣服。

步骤3　新建一个图层，在工具箱中选择"油漆桶"工具，将前景色填充为#FFF00。

步骤4　将"图层模式"改为"正片叠底"，按Ctrl+D快捷键取消选择。

| 打开素材文件 | 用磁性套索工具选取衣服 | 填充颜色 | 改变图层模式 |

13.7 │ 操作答疑

下面举出多个常见问题并对其进行一一解答。在后面给出多个习题，以便在学习了前面的知识后，通过习题对其进行巩固。

13.7.1　专家答疑

（1）Photoshop CS6中包括哪些色彩模式，怎样在不同的图像色彩模式之间进行转换？

答：包括RGB模式、CMYK模式、Lab模式、灰度模式、位图模式、索引模式、双色调模式；图像色彩模式的转换方法是选择图像模式菜单命令来进行转换，但只有处于灰度模式或多通道模式下的图像才能转化为位图模式。

（2）在Photoshop CS6中，文件的基本操作中有哪些快捷键？

答：新建文档的快捷键为Ctrl+N，关闭文档的快捷键为Ctrl+W，关闭全部文档的快捷键为Ctrl+Alt+W，打开文档的快捷键为Ctrl+O，保存文档的快捷键为Ctrl+S，另存为的快捷键为Ctrl+Shift+S。

13.7.2　操作习题

1．选择题

（1）仿制图章工具可以从图像中（　　），然后应用到其他区域或者其他图像中。

　A.拷贝信息　　　　　　B.拷贝图层

（2）修复画笔工具可用于（　　）瑕疵，使它们消失在周围的图像环境中。

　A.校正　　　　　　　B.纠正

（3）模糊工具可以柔化图像的（　　），减少图像中的（　　）。

　　A.边缘、像素　　　　　　B.边缘、细节

2. 填空题

（1）在使用画笔的过程中，按住＿＿＿＿＿＿键可以绘制水平、垂直或者以45°为增量角的直线。

（2）污点修复画笔与修复画笔的不同，污点修复画笔不要求用户指定＿＿＿＿＿＿，它将自动从＿＿＿＿＿＿的周围取样。

3. 上机操作

将合影变成单人照。

01　　　　　　　　　　02　　　　　　　　　　03

（01）打开素材图片，在工具箱中选择仿制图章工具，设置适中的画笔大小。

（02）使用仿制图章工具选取样点，然后对需要去除的图像按住鼠标左键进行涂抹。

（03）经过反复涂抹，最终将合影变成单人照。

第14章

图层的应用

本章重点：

要了解图层样式中各种样式的功能、用法，对图层样式的调整关系到图层显示的效果，影响最终设计效果。

学习目的：

熟练掌握图层的应用，在设计中灵活地做出需要的效果。

参考时间：50分钟

主要知识	学习时间
14.1 认识图层	10分钟
14.2 创建图层	10分钟
14.3 图层组的应用	10分钟
14.4 图层的基本操作	20分钟

14.1 认识图层

在Photoshop中，图层是最重要的功能之一，它控制着对象的"不透明度"和"混合模式"，另外，通过图层还可以管理复杂的对象，提高工作效率。

14.1.1 图层概述

图层的出现使平面设计进入了另一个世界，那些复杂的图像一下子变得简单清晰起来。

图层就好像是一张张堆叠在一起的透明纸张，用户要做的就是在几张透明纸上分别作画，再将这些纸按一定次序叠放在一起，通过上方透明的纸张的透明区域可以看到下面的内容，从而使它们共同组成一幅完整的图像。

图层面板

图层1

图层2

将图层重叠在一起

图中每一张透明的纸即是一个图层，利用相应的工具可以绘制图层并调整其位置，或将不需要的图层删除，再新建图层并绘制需要的图形，从而得到新的图像。

14.1.2 图层面板

在菜单栏中选择"窗口丨图层"命令或按7键，可以显示或隐藏"图层"面板。

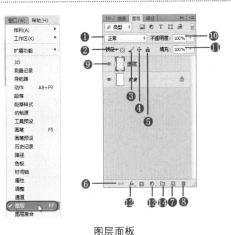

图层面板

❶ 正常 ：用于设置当前图层中的图像与下面图层混合时使用的"混合模式"。

❷锁定透明像素：单击"图层"面板上部的图按钮，可以锁定图层中的透明区域，此时在没有像素的区域内不能进行任何操作。

❸锁定图像像素：单击"图层"面板上部的按钮，可以锁定图层中的像素区域，此时在该图层内有像素信息的区域不能进行编辑，但是可以进行位置移动操作。

❹锁定位置：单击"图层"面板上部的按钮，可以锁定图层中像素区域的位置，此时该图层上的像素信息的位置就被锁定了，但是可以进行其他的编辑操作。

❺锁定全部：单击"图层"面板上部的按钮，图像中的所有编辑操作将被禁止。

启用锁定：当 锁定：图 ✓ ⊕ 🔒 按钮为反白状态时，表示锁定功能被启用。

解除锁定：当 锁定：图 ✓ ⊕ 🔒 按钮处于正常状态时，表示锁定功能被解除。

锁定所有链接图层： 为了确保图层的属性不变，可以锁定所有的链接图层，先选择所有的链接图层，然后选择"图层 | 锁定图层"命令，弹出"锁定图层"对话框。

链接多个图层后，如果在该对话框中勾选"全部"复选框，"图层"面板中的图层名称右边会出现一把实心锁，如果在该对话框中勾选除"全部"复选框外的其他复选框，"图层"面板中的图层名称右边将会出现一把空心锁。

⑥**链接图层：** 选中要链接的两个或更多个图层或组，单击 ∞ 按钮，可以将其链接。与同时选定的多个图层不同，链接的图层将保持关联，直至用户取消它们的链接为止。用户可以从链接的图层移动、应用变换以及创建剪贴蒙版。

⑦**复制：** 拖动要复制的图层到 按钮上，可以实现图层的复制。使用 工具的状态下，按住Alt键拖动图像可以实现图层的复制。

"锁定图层"对话框　　　　　锁定图层后的效果　　　　　链接图层

> 💡 **提示：**
> 按住Alt键后单击 按钮，同样可以弹出"新建图层"对话框，也可以使用快捷键Ctrl+Shift+N打开"新建图层"对话框。按住Ctrl键后单击 按钮，可以在当前图层的下面新建一个图层。

⑧**删除：** 单击 按钮可以删除当前选中的图层或图层组。或者首先选中要删除的图层或组，在菜单栏中选择"图层 | 删除"选项中的"图层"或"组"，随后会弹出删除"图层"对话框或删除"组"对话框。

> 💡 **提示：**
> 在"图层"面板中，选择要删除的"图层"或"组"，右击鼠标，在弹出的下拉列表中选择"删除图层"或"删除组"选项，也可以将其删除。

⑨**显示与隐藏：** 单击图层左侧的 👁 按钮，可以将该图层上的像素信息隐藏起来，再次单击 👁 按钮，又可以将该图层上的像素信息显示出来。

> 💡 **提示：**
> 按住Alt键后单击 👁 按钮可以只显示该图层，其他图层则被全部隐藏。再次进行同样的操作又可以将图层全部显示。

⑩**"设置图层的总体不透明度"** 不透明度:100% ▼：用于设置图层的总体不透明度，设置的不透明度对该图层中的任何元素都会起作用。

⑪**"设置图层的填充百分比"** 填充:100% ▼：用于设置当前图层的填充百分比。

⑫**"添加图层样式"按钮** fx：单击该按钮，在弹出的下拉列表中可以选择要为当前图层应用的图层样式。

⑬**"创建新的填充或调整图层"按钮** ：单击该按钮，在弹出的下拉列表中可以选择创建新的填充图层或调整图层。

⑭**"创建新组"按钮** ：单击该按钮可以创建一个新的图层组。

14.2 创建图层

在Photoshop中，图层是最至关重要的，利用图层可以轻松移动或复制需要的图像，也可以调整该图层的不透明度以使部分内容透明，还可以添加各种艺术效果以满足设计的需要，本节将对其进行简单的介绍。

14.2.1 新建图层

下面介绍创建新图层的方法。

新建文件，执行"图层 | 新建图层"命令，即可新建图层。

新建文件，执行"窗口 | 图层"命令，或按F7键打开图层面板，在图层面板中单击"创建新图层" 按钮即可创建新图层。

> **提示：**
>
> 按Shift+Ctrl+N快捷键也可以新建图层。如果需要在某一个图层下方创建新图层（背景层除外），则按住键盘上Ctrl键的同时单击"创建新图层"按钮 即可。

14.2.2 图层的分类

在Photoshop中，通常将图层分为以下几类。

普通图层： 在Photoshop中普通图层显示为灰色方格的层。用于承载图像信息，不填充像素的区域是透明的，有像素的区域会遮挡下面图层中的内容。

文字图层： 文字图层是一种特殊的图层。用于承载文字信息。它在"图层"面板中的缩览图与普通图层不同。选中"文字图层"，右击鼠标，在随后弹出的下拉列表中选择"栅格化文字"选项，通过"栅格化文字"命令将其转换为普通图层，使其具备普通图层的特性。

> **提示：**
>
> 文字图层在被栅格化以前不能使用编辑工具对其进行操作。

背景图层： 一个文件只有一个背景图层，它处在所有图层的下方，如同房屋建筑时的地基。背景图层会随着文件的新建而自动生成，其不透明度不可更改、不可添加图层蒙版、不可使用图层样式。

> **提示：**
>
> 直接在背景图层上双击鼠标，在弹出的"新建图层"对话框中对图层命名或使用默认命名，单击"确定"按钮，可以快速地将背景图层转换为普通图层。

> **提示：**
>
> 如果要将一个普通图层转换为背景图层，选择该图层，选择"图层 | 新建 | 背景图层"命令，可以在普通图层和背景图层之间相互转换。

形状图层： 形状是矢量对象，与分辨率无关。在形状模式状态下，使用形状工具或钢笔工具可以自动地创建形状图层。

蒙版图层： 蒙版图层是一种特殊的图层，它依附于除背景图层以外的图层存在，决定着图层上像素的显示与隐藏。

调整图层： 可以实现对图像色彩的调整，而不实际影响色彩信息对图像的影响，当其被删除后，图像仍恢复为原始状态。

14.2.3 实战：将背景图层转换为普通图层

下面介绍将背景图层转换为普通图层的步骤。

步骤1 新建文件即可在图层面板中出现背景图层。

步骤2 在背景图层上单击锁形图标 并拖动至"删除图层" 上，即可将背景图层转换为普通图层。

将背景图层转换为普通图层

14.2.4 实战：重命名图层

下面介绍为图层重命名的步骤。

步骤1 新建文件，在图层面板中单击"创建图层" 🔲 按钮，单击该按钮所创建的图层，默认图层名为从"图层1"开始排列的图层名称。

步骤2 选中要重命名的图层，执行"图层 | 重命名图层"命令，即可在图层面板中对选中的图层进行重命名。

🖐 提示：

在图层面板中选中要重命名的图层，在该图层的名称上双击鼠标也可以实现为图层重命名的操作。

新建图层的默认名称　　　　　为图层进行重命名　　　　　为图层重命名后的效果

| 14.3 | 图层组的应用

在Photoshop中，一个复杂的图像需要几十或几百个图层组成。如此多的图层，在操作时是一件非常麻烦的事。如果使用图层组来组织和管理图层，就可以使"图层"面板中的图层结构更加清晰、合理。

使用图层组可以很容易地将图层作为一组进行移动、应用属性和蒙版，减少"图层"面板中的混乱，甚至可以将现有的链接图层转换为图层组，还可以实现图层组的嵌套。图层组也具有"混合模式"和"不透明度"，也可以进行重排、删除、隐藏和复制等操作。

14.3.1 创建与重命名图层组

在"图层"面板中，单击面板底部的 🗀 按钮，可以创建一个空的图层组。如果选择"图层 | 新建 | 组"命令，则会弹出"新建组"对话框，在对话框中输入图层组的名称，也可以为它选择"颜色"和"混合模式"，设置"不透明度"，然后单击"确定"按钮，即可按照设置的选项创建一个图层组。

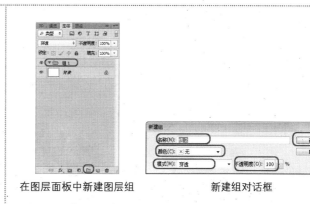

在图层面板中新建图层组　　　　　新建组对话框

14.3.2 将图层移入或移出图层组

创建图层组后，将一个或多个图层拖入图层组内，可将其添加到图层组中。也可以将图层移出图层组。

带有图层组的图层面板	将图层组内的图层移出	将图层组外的图层移入图层组

14.3.3 删除图层组

下面介绍删除图层组的方法。

- 在图层面板中选中图层组，执行"图层 | 删除 | 组"命令即可删除图层组。
- 选中图层组后将其拖曳至"删除图层" 🗑️ ，即可将图层组删除。
- 选中图层组，在图层组上右击鼠标，然后在弹出的快捷菜单中选择"删除组"命令，也可将图层组删除。
- 选中图层组，按Delete键也可将图层组删除。

📌 提示：

在图层面板中删除图层的方法和删除图层组的方法相差不多。

14.4 图层的基本操作

在图层面板中可以对图层做出许多操作，例如复制、隐藏、顺序等。

14.4.1 选择图层

当需要在某个图层上绘制或编辑对象时，首先要选择该图层，Photoshop提供了多种选择图层的方法，可以一次选择一个图层，也可以一次选择多个图层。

在【图层】面板中单击一个图层，即可选择该图层并将其设置为当前图层；如果要选择多个连续的图层，可单击一个图层，然后按住Shift键单击最后一个图层；如果要选择多个非连续的图层，可以按住Ctrl键单击要选择的图层。在工具箱中选择【移动工具】 ▶⁺ ，按住Ctrl键在窗口中单击鼠标，即可选择单击点下面的图层；如果单击点下有多个重叠的图层，则会选择位于最上面的图层。

单击选择图层	按Shift键选择图层	按Ctrl键选择图层

如果文档中包含多个图层，则在工具箱中选择"移动工具" ，然后勾选工具选项栏中的"自动选择"复选框，并在右侧的下拉列表中选择"图层"，此时使用"移动工具" 在画面上单击，可以自动选择光标下面包含像素的最顶层的图层；如果文档中包含图层组，则可以在右侧的下拉列表中选择"组"，当再使用"移动工具" 在画面上单击时，可以自动选择光标下面包含像素的最顶层的图层所在的图层组。

选择一个图层后，按Alt+】键，可以将当前图层切换为与之相邻的上一个图层；按Alt+【键，可以将当前图层切换为与之相邻的下一个图层。

要选择类型相似的所有图层，如要选择所有的文字图层，在选择了一个文字图层后，在菜单栏中选择"选择 | 相似图层"命令，即可选择其他文字图层。

在菜单栏中选择"选择 | 所有图层"命令，即可选择所有的图层。

14.4.2 实战：复制图层

新建文件并创建图层，打开"图层"面板，选中要复制的图层，将其拖曳至"创建图层" 图标上即可复制图层，被复制出的图层在名称的后面将出现"副本"字样。

将图层拖曳至"创建新图层"上

被复制的图层

14.4.3 隐藏与显示图层

步骤1 打开随书附带光盘中的"CDROM\素材\第14章\星星.psd"文件，打开"图层"面板。

步骤2 在"图层"面板中选择任意一个图层，在图层的左侧单击 按钮，即可隐藏该图层，再单击该按钮即可显示图层。

选中图层

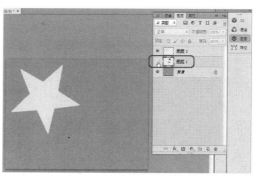
隐藏图层

14.4.4 图层不透明度与图层顺序

1. 调整图层不透明度

在"图层"面板中选择需要调整透明度的图层。然后单击"不透明度"右侧的 ▼ 按钮,弹出"数值"滑块栏,拖动滑块就可以调整图层的透明度。也可以在"不透明度"文本框中直接输入数值来调整图层的透明度。

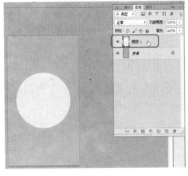

选中图层

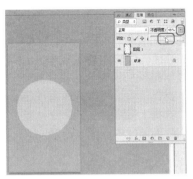

调整图层的不透明度

2. 调整图层顺序

在【图层】面板中,将一个图层的名称拖至另外一个图层的上面(或下面),当显示出黑色线条时,松开鼠标左键,即可调整图层的堆叠顺序。

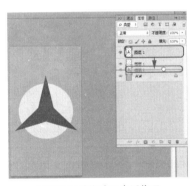

选择图层并拖动至合适位置

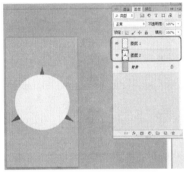

调整图层顺序后的效果

14.4.5 实战:链接图层

在编辑图像时,如果要经常同时移动或者变换几个图层,可以将它们链接在一起。链接在一起的图层,只需选择其中的一个图层移动或变换,其他所有与之链接的图层都会发生相同的变换。

步骤1 新建文件并创建图层,在图层中绘制形状,然后在"图层"面板中选择需要链接的图层。

步骤2 单击面板中的"链接图层"按钮 ⚬,即可将选择的图层链接在一起,此时被链接的图层右侧会出现一个 ⚬ 图标。拖动其中一个图层,可以发现链接的图层也一起被拖动。

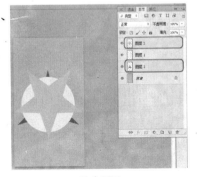

选中图层

连接图层后的效果

拖动图层时的效果

步骤3　如果要临时停用图层链接，可以按住Shift键单击图层右侧的链接图标 ，此时图标会变成 样式。这时再移动被取消链接的图层将不与其他图层跟随移动，按住Shift键再次单击 图标，可以重新启用链接功能。

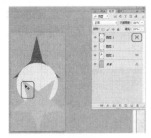

按Shift键取消链接　　　　移动取消链接的图层效果

14.4.6　图层的合并

图层的合并关系着对文件保存后文件的大小，以及保存的格式。下面介绍合并图层的方法。

在选择图层后，执行"图层 | 向下合并"命令，该命令只能将选择的图层与其下方相邻的一个图层进行合并操作。也可以通过按快捷键Ctrl+E执行合并命令。

在图层面板中选中需要合并的图层，然后在选中的图层上右击鼠标，在弹出的快捷菜单中选择"合并图层"命令，即可完成合并图层的操作。

执行"图层 | 合并可见图层"命令，可以将图层面板中，图层的左侧带有 按钮的图层全部合并，也可以通过按快捷键Ctrl+Shift+E执行合并图层命令。

执行"图层 | 拼合图像"命令，可以将所有的图层合并到一个图层上。

14.4.7　实战：制作火焰文字

本例将介绍火焰字的制作方法，主要通过旋转画布，为对象应用"风"滤镜，然后模糊对象并应用"波纹"滤镜，最后更改其模式并调整曲线，制作完成后的效果如右图所示。

步骤1　在Photoshop中，按Ctrl+N快捷键新建文件，在这里可以为新建的文件命名，新建文件的尺寸设置为默认Photoshop大小，单击"确定"按钮。

步骤2　为背景图层填充"黑色"，使用"横排文字工具" 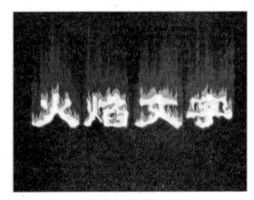，在文字工具的工具选项栏中将字体设置为"隶书"，将字体大小设置为"100"点，颜色设置为"白色"，然后在背景图层中输入文字。

火焰文字效果

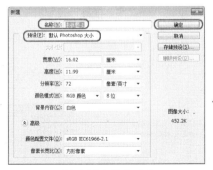

选择新建文件的尺寸

设置字体参数并输入文字

步骤3 在菜单栏中执行"图像 | 图像旋转 | 90度（顺时针）"命令，在图层面板中选中文字图层并右击鼠标，在弹出的快捷菜单中选择"栅格化图层"命令，可将文字图层变为图像图层。

步骤4 执行"滤镜 | 风格化 | 风"命令，在打开的"风"对话框中，将方向设置为"从左"，设置完成后单击"确定"按钮，完成对图像的"风"滤镜操作。此时效果不太明显，可以按Ctrl+F快捷键再次执行"风"滤镜命令。

对文字图层进行栅格化

设置"风"滤镜参数

设置了"风"滤镜后的效果

重复应用后的效果

步骤5 执行"图像 | 图像旋转 | 90度（逆时针）"命令，将图像逆时针旋转90度，再执行"滤镜 | 模糊 | 高斯模糊"命令，在打开的"高斯模糊"对话框中，将"半径"设置为"2.0"像素，然后单击"确定"按钮。

步骤6 执行"滤镜 | 扭曲 | 波纹"命令，在弹出的"波纹"对话框中使用默认设置即可，单击"确定"按钮，在"通道"面板中可以看到转换到灰度模式的效果。

设置"高斯模糊"参数

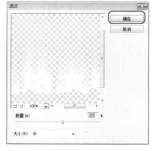

"波纹"对话框

步骤7 执行"图像 | 模式 | 灰度"命令，在弹出的对话框中单击"拼合"按钮，将弹出"信息"对话框，单击"扔掉"按钮。

单击"拼合"按钮

单击"扔掉"按钮

步骤8 执行"图像丨模式丨索引颜色"命令，在"图层"面板中可以看到转换到索引模式的信息。

步骤9 执行"图像丨模式丨颜色表"命令，在弹出的"颜色表"对话框中，将"颜色表"设置为"黑体"，单击"确定"按钮即可。

步骤10 按Ctrl+M快捷键，打开"曲线"对话框，在该对话框中调整曲线，调整完成后单击"确定"按钮。火焰文字效果就制作完成了。

"索引颜色"效果

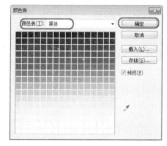

设置"颜色表"为"黑体"

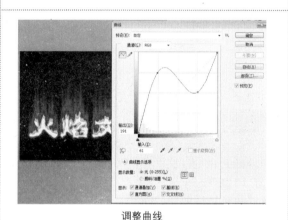

调整曲线

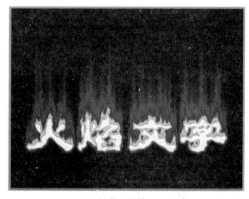

完成后的效果

14.4.8 实战：制作个性按钮

下面介绍制作个性按钮的步骤。

步骤1 新建文件，执行"窗口丨颜色"命令，或者按F6快捷键，打开"颜色"面板，在"R"颜色条右侧的文本框中输入"254"，在"G"颜色条右侧的文本框中输入"251"，在"B"颜色条右侧的文本框中输入"155"。然后按Alt+Delete快捷键，为背景图层填充前景色。在图层面板中单击"创建新的图层"按钮 ，创建"图层1"。

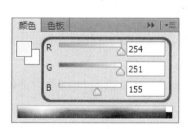

设置前景色

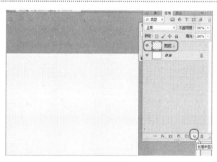

创建新图层

步骤2 在工具栏中单击"椭圆选框工具" ，在"图层1"上按住Shift键绘制圆形选框，同时按住空格键可以移动圆形选框。

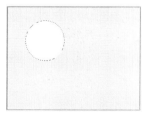

填充选区

步骤3 按Ctrl+Delete快捷键为选区填充背景色（白色），然后执行"图层 | 图层样式 | 投影"命令，在弹出的"图层样式"对话框的"结构"选项组中，将"不透明度"设置为"75%"，"角度"设置为"90°"，"距离"设置为"10"像素，"大小"设置为"15"像素。

步骤4 在"图层样式"对话框左侧的"样式"列表中，单击"内阴影"样式，在右侧的"结构"下设置其参数，将"不透明度"设置为"50%"，"距离"设置为"25"像素，"大小"设置为"30"像素。

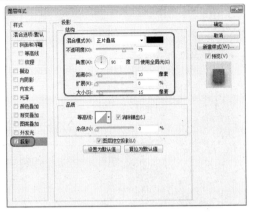

设置"投影"参数

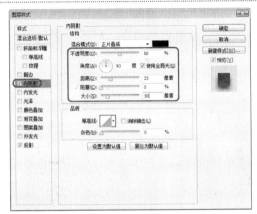

设置"内阴影"参数

步骤5 选中"图层1"，执行"图层 | 图层样式 | 斜面和浮雕"命令，在弹出的"图层样式"对话框右侧，将"方法"设置为"雕刻清晰"、"深度"设置为"1000%"、"大小"设置为"45"，在"阴影"选项组中，将"使用全局光"取消勾选，然后将"角度"设置为"90°"、"高度"设置为"40°"，单击"光泽等高线"图标，在弹出的"等高线编辑器"对话框中，使用光标拖动"等高线"，将其调整为如图所示的参数形状，然后单击"确定"按钮，返回到"图层样式"对话框中，勾选"消除锯齿"复选框，然后单击"阴影模式"文本框右侧的三角按钮，在弹出的下拉列表中选择"滤色"命令，将阴影的不透明度设置为"30%"。

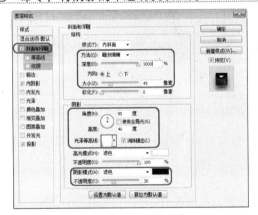

设置"斜面和浮雕"参数

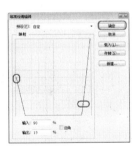

调整等高线

步骤6 在"图层样式"对话框左侧的"样式"列表中，单击"斜面和浮雕"样式下的"等高线"，然后在右侧的"图素"下单击"等高线"图标右侧的下三角按钮，在弹出的下拉列表中选择"高斯"，勾选"消除锯齿"复选框，将"范围"设置为"100%"。

设置"等高线"参数

步骤7 在"图层样式"对话框左侧的"样式"列表中单击"内发光"样式,然后在右侧"结构"下单击"混合模式"文本框右侧的三角按钮,在弹出的下拉列表中选择"正片叠底",将"不透明度"设置为"55%",单击渐变条,在弹出的"渐变编辑器"中选择"预设"下的"黑,白渐变",然后单击"确定"按钮,返回到"图层样式"对话框,将"图素"下的"大小"设置为35像素。

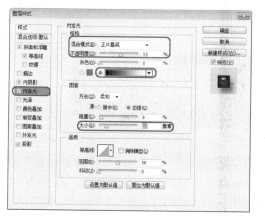

设置"内发光"参数

选择"黑,白渐变"

步骤8 在"图层样式"对话框左侧的"样式"列表中单击"光泽"样式,然后在右侧的"结构"选项组中将"混合模式"设置为"叠加"、"不透明度"设置为"100%"、"角度"设置为"0°"、"大小"设置为"65"像素,单击"等高线"图标右侧的下三角按钮,在弹出的下拉列表中选择"锥形",勾选"消除锯齿"复选框,勾选"反向"复选框。

步骤9 在"图层样式"对话框左侧的"样式"列表中单击"颜色叠加"样式,然后在右侧"颜色"选项组中单击"混合模式"右侧的文本框,在弹出的下拉列表中选择"柔光",然后单击颜色块,在弹出的"拾色器"对话框中,将RGB值设置为(220、165、65),返回到"图层样式"对话框,将"不透明度"设置为"50%"。

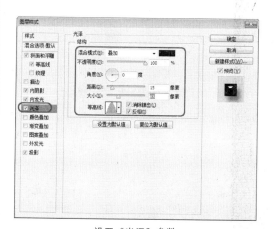

设置"光泽"参数

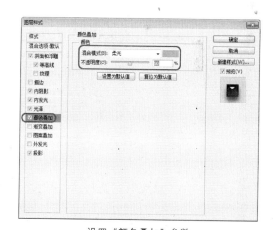

设置"颜色叠加"参数

步骤10 在"图层样式"对话框左侧的"样式"列表中单击"渐变叠加"样式,然后在右侧单击"渐变"下的渐变条,在弹出的"渐变编辑器"对话框中,将光标放置到渐变条下方单击即可创建新色标,为该渐变条再创建两个色标,排列方式如图所示,然后选中左端第一个色标,单击"色标"下的"颜色"色块,在弹出的"拾色器"对话框中,将RGB值设置为(20、0、0),使用同样的方法按顺序将其他色标的RGB值设置为(70、0、0),(255、85、55),(255、210、130),设置完成后单击"确定"按钮,返回到"图层样式"对话框,勾选"反向"复选框,然后将"缩放"设置为"150%"。

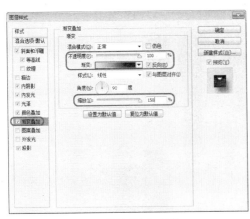

设置"渐变叠加"参数

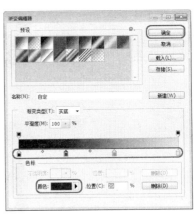

设置"渐变颜色"

步骤11 在图层面板中按住Ctrl键单击"图层1"的缩略图，即可载入选区，单击"创建选区"按钮 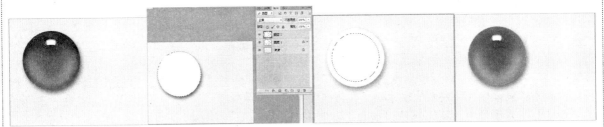，即可创建"图层2"，为选区填充白色，执行"选择|修改|羽化"命令，在弹出的"羽化"对话框中，将"羽化半径"设置为"50"像素，单击"确定"按钮。再次为选区填充白色，然后按2次Delete键。

| 设置"图层样式"后的效果 | 新建图层并未选取填充白色 | 再次填充后的效果 | 按Delete后的效果 |

步骤12 选择工具栏中的"自定形状"工具 ，在工具选项栏中选择"形状"，然后单击"形状" 右侧的下三角按钮 ，在弹出的下拉列表中选择一种形状，然后在图层上拖动，即可绘制出所选择图形。

选择图形

绘制图形

步骤13 打开"图层样式"对话框，在样式列表中单击"斜面和浮雕"样式，然后在右侧的"结构"选项组中将"深度"设置为"20%"、"大小"设置为"15"像素、"软化"设置为"10"像素，在"阴影"选项组中将"角度"设置为"30°"、"高度"设置为"5°"，"勾选"消除锯齿"复选框，将"高光模式"设置为"正常"、"高光不透明度"设置为"50%"、"阴影模式"设置为"变亮"，单击"阴影模式"右侧的颜色块，将颜色设置为白色，将"阴影不透明度"设置为"80%"。

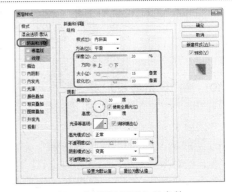

设置"斜面和浮雕"的参数

步骤14　在"图层样式"对话框中，单击样式列表中"斜面和浮雕"下的"等高线"样式，然后在右侧"图素"选项组中单击"等高线"右侧的图标，在弹出的"等高线编辑器"对话框中调整等高线为如图所示的样式，然后单击"确定"按钮。

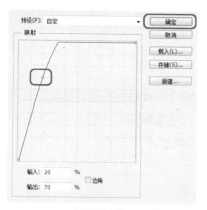

调整等高线

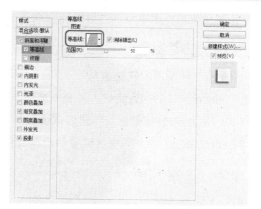

设置"等高线"的参数

步骤15　在"图层样式"对话框中，单击样式列表下的"内阴影"样式，然后在右侧的"结构"选项组中将"混合模式"设置为"线性减淡（添加）"，单击右侧的颜色块，在弹出的"拾色器"对话框中，将RGB值设置为（255、150、150），单击"确定"按钮，然后将"大小"设置为"15"像素。

步骤16　在"图层样式"对话框中，单击样式列表下的"渐变叠加"样式，然后在右侧的"渐变"选项组单击"渐变"右侧的"渐变条"，在弹出的"渐变编辑器"对话框中，选择"预设"下的"橙，黄，橙渐变"，然后单击"确定"按钮。

设置"内阴影"颜色值

选择渐变颜色

步骤17　在"图层样式"对话框中，单击样式列表下的"投影"样式，然后在右侧的"结构"选项组中单击"混合模式"右侧的颜色块，在弹出的"拾色器"对话框中，将"RGB"值设置为（75、5、5），然后单击"确定"按钮，返回到"图层样式"对话框，将"不透明度"设置为"85%"、"扩展"设置为"20%"、"大小"设置为"15"像素，然后单击"图层样式"中的"确定"按钮即可。

设置"投影"颜色

完成后的效果

14.5 | 操作答疑

在上面的实际操作过程中或许会遇到许多疑问，在这里例举比较常见的问题进行详细解答，并在后面给出练习题，以便于巩固之前所学的内容。

14.5.1 专家答疑

（1）有新建图层的快捷键吗？

答：按Ctrl+Shift+N快捷键，弹出新建图层对话框，单击"确定"按钮即可新建图层。

（2）按Ctrl+J快捷键是复制选区或图层并创建新图层时，如何将图层中的选区剪切到新图层？

答：通过按Ctrl+Shift+J快捷键剪切选取或图层并创建新图层即可。

14.5.2 操作习题

1. 选择题

（1）单击（　　　）按钮可以创建一个新的图层组。

A. *fx*.　　　　　B. 🗀　　　　　C. ⬭　　　　　D. 👁

（2）（　　　）快捷键是新建图层的快捷键。

A.Ctrl+Shift　　　B.Ctrl+N　　　C.Shift+N　　　D.Ctrl+Shift+N

2. 填空题

（1）图层的特性包括_____、_____和_____3种。

（2）图层分为_____、_____、_____、_____、_____和_____

6种。

3. 操作题

创建多个图层并为其创建多个组，然后对组进行链接。

（1）在图层面板中创建多个图层。

（2）为图层创建组。

（3）为图层组进行链接。

第15章

工具的应用

本章重点：

    通过Photoshop CS6提供的命令和工具可以对不完美的图像进行修饰，使之符合工作及审美的要求，这些工具包括图章工具、修补工具、修复工具、红眼工具、模糊工具、锐化工具、涂抹工具、加深工具、减淡工具及海绵工具等。

学习目的：

    掌握Photoshop中常用工具的用法，如裁剪工具、修饰工具、及各滤镜的方法。

参考时间：70分钟

主要知识	学习时间
15.1 裁剪图像	10分钟
15.2 图像修饰工具	10分钟
15.3 图像修复工具	10分钟
15.4 应用"液化"滤镜扭曲图像	10分钟
15.5 用"消失点"滤镜编辑照片	10分钟
15.6 用Photomerge创建全景图	10分钟
15.7 镜头缺陷校正滤镜	10分钟

15.1 裁剪图像

通过Photoshop CS6的裁剪工具与命令及切片工具的使用保留需要的图像内容，本节主要介绍相关工具及命令的使用方法。

15.1.1 裁剪工具

使用裁剪工具可以保留图像中需要的部分，剪去不需要的内容，下面介绍裁剪工具：

新建文件，在工具栏中单击"裁剪工具"，在新建文件上将出现裁剪框。	将光标放置在裁剪框的控制点上，对文件进行裁剪。

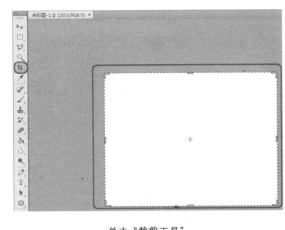

单击"裁剪工具"

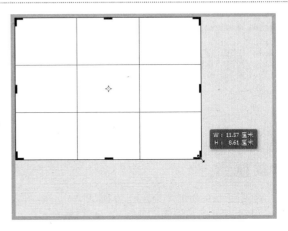

对文件进行裁剪

确定好位置后，在工具选项栏中单击 ✓ 按钮或按Enter键，确定当前位置，即可完成剪裁。

裁剪工具栏

15.1.2 实战：裁剪图像大小

下面通过实例介绍裁剪工具的使用步骤。

步骤1 打开随书附带光盘中的"CDROM\素材\第15章\01.jpg"文件。

步骤2 在工具栏中单击"裁剪工具" ，在图片的周边将出现裁剪框，这时即可对其进行裁剪。

打开素材文件

使用"裁剪工具"

步骤3 将光标放置在裁剪框的控制点上，对图片进行裁剪。

步骤4 确定好位置后，在工具选项栏中单击 ✓ 按钮或按Enter键即可完成裁剪操作。

对图片进行裁剪

确定裁剪操作

15.1.3　用透视裁剪工具

透视裁剪工具可以将倾斜的图像裁剪为水平的图像。下面介绍透视裁剪工具的使用步骤。

步骤1　打开一幅素材文件，在工具栏中单击"裁剪工具"按钮，并长按鼠标或在"裁剪工具"按钮上右击选择"透视裁剪工具" 。

步骤2　在素材中拖出裁剪框，然后调整裁剪框的控制点，使裁剪框的边框与图中的水平画面保持水平，调整完成后，在裁剪框中双击即可完成透视裁剪。

选择"透视裁剪工具"

拖出裁剪框

调整裁剪框

透视裁剪后的效果

15.1.4　用"裁剪"命令

使用选区工具选择要保留的图像部分，然后选择"图像 | 裁剪"命令，可以裁剪图像，具体操作步骤如下。

步骤1　打开一幅素材文件，在工具箱中选择选区工具，用鼠标左键拖曳要保留的图像。

步骤2　选择"图像 | 裁剪"命令，完成对图片的裁剪。

用"选区工具"选择图像

15.1.5　用"裁切"命令

　　"裁切"命令通过移去不需要的图像数据来裁剪图像，其所用的方式与"裁剪"命令所用的方式不同。可以通过裁切周围的透明像素或指定颜色的背景像素来裁剪图像。选择"图像 | 裁切"命令，在"裁切"对话框中选择要设置的选项。

　　透明像素： 修整掉图像边缘的透明区域，留下包含非透明像素的最小图像。

　　左上角像素颜色： 从图像中移去左上角像素颜色的区域。

　　右下角像素颜色： 从图像中移去右下角像素颜色的区域。

　　裁切： 设置裁切"顶"、"底"、"左"或"右"。

15.1.6　切片工具与切片选择工具

　　切片工具用于分解图片，用这个工具可以把图片切成若干小图片。这个工具在网页设计中运用比较广泛，可以把做好的页面效果图，按照自己的需求切成小块，并可直接输出网页格式，非常实用。

步骤1 打开随书附带光盘中的"CDROM\素材\第15章\切片工具实例.jpg"文件。

步骤2 选择工具箱中的"切片工具" ，根据需要设置图像切割的片数，在图像上按住鼠标左键，拖动出合适大小的选区，比如切成6片。

步骤3 在菜单栏中选择"文件 | 存储为Web所用格式"命令。在弹出的对话框中，设置好参数，单击"储存"按钮。

打开素材文件

切片工具

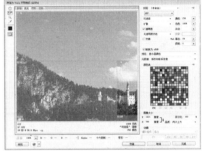
存储Web对话框

　　"切片选择工具"使用方法： 对02切片的大小进行调节，选择工具箱"切片选择工具" ，将鼠标移动到图像的02切片内，单击鼠标选择切片，当把鼠标放在切片边缘线上出现箭头时，按住鼠标左键拖动，可扩大或缩小切片选区的大小。

　　删除切片方法： 在要删除的切片选区内，单击鼠标右键，弹出快捷对话框，选择"删除切片"选项即可。

　　划分切片： 在切片上单击鼠标右键，从弹出的菜单中选择"划分切片"选项；在弹出的对话框中，选择水平划分，重新划分为3份，单击"确定"按钮后，所选择的切片将被重新水平划分为3份；或在弹出的对话框中，选择垂直划分，输入重新划分为4份，单击"确定"按钮后，所选择的切片将被重新垂直地划分为4份。

技巧：

　　水平划分和垂直划分可以同时选择使用。

扩大切片

编辑切片

划分切片

编辑切片选项：单击鼠标右键，弹出快捷对话框，选择"编辑切片"选项，在弹出的对话框中设置各个选项。

　　名称：切片的名称，可自己设置名称。

　　URL：设置单击切片后打开的网站网址。

　　目标：打开网址的方式（在浏览器的新窗口中打开）。

　　信息文本：输入想要显示的文本，在网页浏览器左下角将会显示所输入的文本。

　　Alt标记：输入文本，当鼠标停放在输入标记的切片上不动时，将提示所输入的文本内容。

15.2 图像修饰工具

图像修饰工具包括：模糊工具、锐化工具和涂抹工具，加深和减淡工具，海绵工具，它们可以对图像中像素的细节进行处理。

15.2.1 模糊工具与锐化工具

模糊工具可以柔化图像的边缘，减少图像中的细节。它的主要作用是进行像素之间的对比，在做立体包装时可以用它达到"近实后虚"的效果。锐化工具可以聚焦软边缘，以提高清晰度或聚焦程度，也就是增大像素之间的对比度。这两个工具起到互补作用，下面对比学习一下。

"模糊工具"选项栏

模糊工具选项栏包括"画笔"设置项和画笔预设项，"模式"下拉列表和"强度"设置框和"对所有图层取样"复选框。

画笔设置项：用于设置画笔的硬度和大小。

画笔预设项：用于设置画笔的形状。

模式下拉列表：用于选择色彩的混合模式。

强度设置框：用于设置画笔的强度。

对所有图层取样复选框：选中此项可以让模糊工具作用于所有层的可见部分。

"锐化工具"选项栏

锐化工具选项栏与模糊工具基本相同，选择保护细节单选项时，可以使图像更加细腻逼真，其使用方法与模糊工具相同。下面用实例来学习一下这两个工具的区别。

步骤1　打开随书附带光盘中的"CDROM\素材\第15章\模糊工具与锐化工具实例.jpg"文件。	**步骤2**　在工具箱中选择"模糊工具"按钮，或者"锐化工具"，设置其参数，在图像中按住鼠标左键对其进行涂抹，即可分别得到以下效果。

打开素材文件

模糊效果

锐化效果

技巧：

　　在使用"模糊工具"时，如果反复涂抹同一区域，会使该区域变得更加模糊。模糊工具适合处理小范围内的图像，如果要对整幅图像进行处理，应使用"模糊"滤镜。

15.2.2 加深工具和减淡工具

加深工具和减淡工具用于修饰图像的工具，它们基于调节照片特定区域曝光度的传统摄影技术改变图像的曝光度，使图像变暗或变亮。选择这两个工具后，在画面涂抹可进行加深和减淡的处理，在某个区域上方涂抹的次数越多，该区域就会变得更暗或更亮。

"减淡工具"选项栏

"加深工具"选项栏

"减淡工具"与"加深工具"选项栏相同，包括画笔设置项、范围下拉列表以及曝光度设置框等。

画笔设置项与前面相同，在此不再重复。范围下拉列表中包括"阴影"、"中间调"和"高光"，下面分别进行介绍。

阴影：选中后只作用于图像的阴影区域。

中间调：选中后只作用于图像的中间调区域。

高光：选中后只作用于图像的高光区域。

曝光度设置项用于设置图像的曝光强度，建议使用时把曝光度调到最小，一般为15%即可。下面通过实际操作来对比一下这两个工具的不同。

步骤1 打开随书附带光盘中的"CDROM\素材\第15章\加深与减淡工具实例.jpg"文件。

步骤2 在工具箱中分别单击"减淡工具"按钮或"加深工具"按钮，在工具选项栏中设置参数，按住鼠标左键对图片进行涂抹，就可以得到以下不同的效果。

打开素材文件

"加深工具"效果

"减淡工具"效果

15.2.3 海绵工具

海绵工具可以精确地更改区域的色彩饱和度。在灰度模式下该工具通过使灰阶远离或靠近中间灰色来增加或降低对比度。

"海绵工具"选项栏

"海绵工具"选项栏包括"画笔"设置项、"模式"下拉列表和"流量"设置框等。画笔和流量前面讲过了，不再重复。

打开一张图片

降低饱和度

饱和度

在模式下拉列表中选择"降低饱和度"选项，可以降低色彩饱和度；选择"饱和"可以提高色彩饱和度；如果图像为灰度模式，选择"降低饱和度"可以使图像趋向于50%的灰度，选择"饱和"可使图像趋向于黑白两色。

在"灰度"模式下"降低饱和度"   在"灰度"模式下的"饱和度"

15.2.4 涂抹工具

涂抹工具可以模拟手指拖过湿油漆时呈现的效果，在工具选项栏中，除"手指绘画"选项外，其他选项都与模糊和锐化工具相同。

"涂抹工具"选项栏

涂抹工具的作用是选中此项可以设定涂抹的色彩，就好像用未干的手指在油墨上涂抹一样。下面学习该工具的使用。

新建白色背景图层并建立"图层1"，在"图层1"上绘制圆形选区并填充黑色，在工具栏中，单击"涂抹工具" ，在工具选项栏中在"强度"模式下拉列表中选择降低饱和度，设置为"70%"，然后在"图层1"的黑色圆形上向外拖动。

 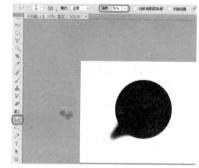

建立涂层并填充   设置涂抹工具参数后在图层上涂抹

15.2.5 实战：模糊背景图像

本例介绍如何使用"模糊工具"对图片背景进行模糊。具体操作步骤如下。

步骤1 打开随书附带光盘中的"CDROM\素材\第15章\长椅.jpg"文件。

步骤2 在图层面板，复制背景层或者按Ctrl+J快捷键复制图层。

打开素材文件   复制背景层

步骤3 在工具栏中选择"磁性套索工具" ，然后在工具选项栏中将"对比度"设置为"90%"，按设置频率为"100"，对长椅进行选区，按Ctrl+Shift+I快捷键反向选择。

步骤4 在工具栏中选择"模糊工具" ，设置画笔"大小"为"200"，"强度"设置为"100%"，然后按住鼠标左键进行反复涂抹，将图片涂抹到合适效果后取消选区。

选取长椅

涂抹后的效果

15.2.6 实战：制作巧克力玫瑰

本例主要介绍如何运用"涂抹工具"，"加深工具""减淡工具"，相互配合完成实例。

步骤1 打开随书附带光盘中的"CDROM\素材\第15章\巧克力玫瑰实例.jpg"文件。

步骤2 在图层面板，复制背景层或按Ctrl+J快捷键复制图层，然后去色，或按Ctrl+Shift+U快捷键。

打开素材文件

去色效果

步骤3 新建一个图层，在工具箱中选择"魔棒工具"，设置容差为15，选择背景，然后反选（按快捷键Ctrl+Shift+I）将玫瑰花勾选出来，填充巧克力颜色#623C31，把"图层模式"改成"强光"。

步骤4 盖印图层，按Ctrl+Shift+Alt+E快捷键盖印，在工具箱中选择"涂抹"工具，设置画笔硬度为60，强度为60。

"涂抹"工具

"加深减淡"工具

步骤5 使用"涂抹"工具，涂抹不同的花瓣，并设置其数值。

步骤6 细化花边和花瓣，用"加深"、"减淡"工具进行涂抹，数值不要调得太高，慢慢涂下边缘，加深花瓣。

"涂抹"花瓣

细化花瓣

步骤7　新建一个图层，选择画笔，调整好大小，绘画出滴落的效果，也可以用钢笔勾出来，再填充巧克力颜色#623C31。

步骤8　按Ctrl+Shift+Alt+E快捷键盖印，用"加深"或"减淡"工具调整滴落的巧克力，让它和花瓣更融合；再用"涂抹"工具或"减淡"工具调整整体效果。

"滴落"效果

最终效果

15.3 图像修复工具

图像修复工具主要用于对图片中不协调的部分进行修复。下面介绍图像修复工具。

15.3.1 污点修复画笔工具

污点修复画笔工具可以快速移去照片中的污点和其他不理想的部分。污点修复画笔的工作方式与修复画笔类似：使用图像或图案中的样本像素进行绘画，污点修复画笔不要求用户指定样本点，它将自动从所修饰区域的周围取样。

"污点修复画笔"选项栏

单击此按钮可以在打开的下拉菜单中对画笔进行大小、硬度、间距以及圆度角度和钢笔压力等设置。

模式：用于设置修复图像时的混合模式，包括"正常"、"替换"和"正片叠底"等，选择"替换"可保留画笔描边的边缘处的杂色、胶片颗粒和纹理。

类型：用于设置修复的方法，选择"近似匹配"时可使用选区边缘周围的像素来查找要用的选定区域修补图像区域；选择"创建纹理"时，可使用选区中的所有像素创建一个用于修复该区域的纹理。

内容识别：设置源取样类型。

对所有图层取样：勾选该项，可从所有可见图层中对数据进行取样，取消勾选则只能在当前图层取样。

下面实际使用一下该工具。

步骤1　打开随书附带光盘中的"CDROM\素材\第15章\污点修复画笔工具.jpg"文件。

步骤2　在工具箱中选择 按钮，在工具选项栏中设置画笔大小，按住鼠标左键对图片中的文字进行涂抹，系统将自动修复。

| 打开素材文件 | 选择修复画笔 | 最终效果 |

15.3.2　修复画笔工具

　　修复画笔工具可用于校正瑕疵，使它们消失在周围的图像环境中。与仿制图章工具一样，使用修复画笔工具可以利用图像或图案中的样本像素来绘画，但是修复画笔工具可将样本像素的纹理、光照、透明度和阴影等与源像素进行匹配，从而使修复后的像素不留痕迹地融入图像的其余部分。

<!-- 选项栏图 -->
"修复画笔"选项栏

　　"修复画笔工具"选项栏包括"画笔"设置项，"模式"下拉列表，"源"选项区和"对齐"复选项等，选择图案的目的是为了用图案的纹理来修复图像。它的用法和作用与"图章工具"和"污点修复工具"基本相同，这里就不再讲解，下面了解一下"源"选区项。

　　"源"选区项可以选择取样或者图案单选项。按住Alt键定下取样点才能使用"源"选项区，选择"图案"选项时，可以确定下一个具体的图案，然后使用才会有效果。

　　通过下面的实例来学习一下该工具的使用。

| **步骤1**　打开随书附带光盘中的"CDROM\素材\第15章\修复工具.jpg"文件。 | **步骤2**　在工具栏中单击"修复画笔工具"按钮 ✐，然后按住Alt键取样，单击，对其进行连续取样修复图像。 |

打开素材文件

修复后效果

15.3.3　修补工具

　　修补工具可以说是对修复画笔工具的一个补充。修复画笔工具使用画笔来进行图像的修复，而修补工具则是通过选区来进行图像修复的。像修复画笔工具一样，修补工具会将样本像素的纹理、光照和阴影等与源像素进行匹配，还可以使用修补工具来仿制图像的隔离区域。

<!-- 选项栏图 -->
"修补工具"选项栏

　　修补工具选项栏包括"修补"选项区，"透明"复选框和使用"图案"设置框，在"修补"选项区可以选择"源"或者"目标"单选项。

　　● **源**：指要修补的对象是现在选中的区域，就是先选中要修补的区域，再把选区拖动到用于修的区域。

　　● **目标**：与"源"相反，要修补的是选区被移动后到达的区域，而不是移动前的区域，方法是选中好的区域，在拖动选区到要修补的区域。

- **透明**：选择此项可对选区内的图像进行模糊处理，可以除去选区内细小的划痕，先用修补工具选中要修补的区域，再在选项栏中选此项区域内的图像，就会自动消除细小划痕等。
- **使用图案**：用指定的图案修饰选区，先用修补工具选中需要修补的区域，然后选择图案，就会自动用图案来修补图像。

📖 **技巧：**

无论用仿制图章工具、修复画笔工具或者修补工具，在修复图片边缘的时候都应该结合选区来完成。

下面通过实例的操作步骤来熟悉一下该工具的使用。

| **步骤1**　打开随书附带光盘中的"CDROM\素材\第15章\修补工具.jpg"文件。 | **步骤2**　在工具栏中选择"修补工具" 🔘 ，然后在选项栏中选用新选区，在图像上创建需要修补的选区，拖动选区进行修补，最后取消选择。 |

打开素材文件

选取修补区域

拖动选区

最终效果

15.3.4 内容感知移动工具

　　"内容感知移动工具"可以简单到只需选择图像场景中的某个物体，然后将其移动到图像中的任何位置，经过Photoshop CS6的计算，完成极其真实的PS合成效果。

"内容感知移动工具"选项栏

- **感知移动功能**：这个功能主要用于移动图片中的主体，并随意放置到合适的位置。移动后的空隙位置，PS会智能修复。
- **快速复制**：选取想要复制的部分，移到其他需要的位置，就可以实现复制，复制后的边缘会自动柔化处理，跟周围环境融合。

📖 **技巧：**

在工具箱的修复画笔工具栏中选择"内容感知移动工具"，鼠标光标处就有"X"图形，按住鼠标左键并拖动就可以画出选区，跟套索工具操作方法一样。用工具把需要移动的部分选取出来，然后在选区中再按住鼠标左键拖动，移到想要放置的位置后松开鼠标，系统就会智能地进行修复。

下面通过实际的操作步骤来熟悉一下该工具的使用。

步骤1 打开随书附带光盘中的"CDROM\素材\第15章\内容感知移动工具实例.jpg"文件。	**步骤2** 选择工具箱中的"内容感知移动工具",在其选项栏中,将"模式"设置为"移动","适应"设置为"非常严格"。

打开素材文件

内容感知移动工具

步骤3 使用内容感知移动工具在图像中按住鼠标左键不放拖动,套选出要移动的人物。	**步骤4** 把鼠标光标移动到选区内,按住鼠标不放,拖曳选区到图像的任何位置。

移动选区

"勾选"图像

步骤5 移动到合适位置后,松开鼠标左键,按Ctrl+D快捷键取消选区,选择工具箱中的仿制图章工具对图像进行修复。	📖 **技巧:** 重复执行上面的步骤,在内容感知移动工具选项栏中将"模式"改为"扩展",则是对选区内的图像完美复制。

修复画面

复制图像

15.3.5 红眼工具

红眼工具可移去用闪光灯拍摄的人物照片中的红眼,也可以移去用闪光灯拍摄的动物照片中的白色或绿色反光。红眼是由于相机闪光灯在主体视网膜上反光引起的。在光线暗淡的房间里照相时,由于主体的虹膜张开得很宽,因此将会更加频繁地看到红眼。为了避免红跟,应使用相机的红眼消除功能,或者最好使用可安装在相机上远离相机镜头位置的独立闪光装置。

"红眼工具"选项栏

红眼工具选项栏包括"瞳孔大小"和"变暗量"两个单选项，下面进行介绍。

● **瞳孔大小**：设置瞳孔，眼睛暗色中心的大小。

● **变暗量**：设置瞳孔的暗度。

15.3.6　仿制图章工具

仿制图章工具可以将一幅图像的选定点作为取样点，将该取样点周围的图像复制到同一图像或另一幅图像中。仿制图章工具也是专门的修图工具，可以用来消除人物脸部斑点、背景部分不相干的杂物、填补图片空缺等。

"仿制图章工具"选项栏

● **对齐**：勾选中该选项可以多次复制图像，所复制出来的图像仍是选定点内的图像，若未选中该复选框，则复制出的图像将不再是同一幅图像，而是多幅以基准点为模板的相同图像。

● **不透明度/流量**：可以根据需要设置笔刷的不透明度和流量，使仿制的图像效果更加自然。

下面通过实际的操作步骤来熟悉一下该工具的使用。

步骤1　打开随书附带光盘中的"CDROM\素材\第15章\仿制图章工具实例.jpg"文件。在工具箱中选择"仿制图章工具"，设置图章的大小。

步骤2　按住Alt键，光标变成准星形状，在图像中适当的位置上单击鼠标，设置取样点，并在人物图像上涂抹，对取样进行复制。

打开素材文件

用"仿制图章"进行涂抹

步骤3　使用同样的方法，继续在图像中设置取样点并涂抹，适当调整笔触大小和不透明度，直到效果满意为止。

技巧：

举一反三，使用仿制图章工具复制图像，过程中复制的图像将一直保留在仿制图章上，除非重新取样将原来复制图像覆盖，如果在图像中定义了选区内的图像，复制将仅限于在选区内有效。

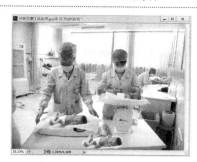

最终效果

15.3.7　图案图章工具

图案图章工具有点类似于图案填充效果。使用工具之前需要定义好想要的图案，适当设置好选项栏的相关参数，如笔触大小、不透明度、流量等，然后在画布上涂抹，就可以出现想要的图案效果，绘出的图案会重复排列。

"图案图章工具"选项栏

下面通过实际的操作步骤来熟悉一下该工具的使用。

新建一个文件，选择工具箱中"图案图章工具"，单击选项栏中"图案"选项，在弹出的对话框选择一种图案，或者单击 ⚙ 按钮，在弹出下拉菜单中选择图案追加也可以。在图像窗口中单击并按住鼠标左键不放来回拖动，被涂抹的区域将复制出所选择的图案效果。

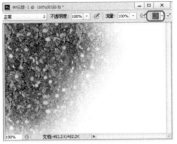

复制效果图

步骤1 打开随书附带光盘中的"CDROM\素材\第15章\图案图章工具实例.jpg"文件。	**步骤2** 在工具箱中选择"矩形选框工具"，选择需要定义的图案。
\n打开素材文件	\n选择区域
步骤3 选择"编辑|定义图案"命令，在打开的"图像名称"对话框中，设置名称为"图案1"，单击"确定"按钮，图案将自动生成到图案列表中。	**步骤4** 按Ctrl+D快捷键取消选区，选择工具箱中"图案图章工具"，在选项栏图案下拉列表中找到自定义的图案，在图像中合适的位置按下鼠标左键拖动，复制出图案。
\n定义图案	

📋 **技巧：**
定义图案必须是矩形没有羽化的选区。

最终效果

15.3.8　实战：去除照片中的红眼

本例主要介绍运用"红眼工具"来完成对照片的处理。

步骤1 打开随书附带光盘中的"CDROM\素材\第15章\红眼工具实例.jpg"文件。	**步骤2** 在工具栏中选择"红眼工具"按钮，在工具选项栏中设置参数（瞳孔大小为50%，变暗量为50%），对图片中人物的红眼进行选取，系统将自动修复图片中人物的红眼。

打开素材文件

"红眼工具"设置

最终效果

15.3.9　实战：修复空缺区域

本例主要介绍运用"仿制图章工具"对照片进行处理。

步骤1 打开随书附带光盘中的"CDROM\素材\第15章\修复空缺区域实例.jpg"文件。

步骤2 在工具箱中单击"仿制图章"按钮，在选项栏中设置画笔硬度为0、大小为92、按住Alt键单击天空作为取样点，然后在空白处拖动鼠标。

素材文件

"仿制图章"设置

步骤3 按住Alt键单击草地作为取样点，然后在空白处拖动鼠标，制作完成修补缺失的图像。

📋 **技巧：**

修复图像，除了仿制图章工具，用修复或修补工具也可以，举一反三用其他方法尝试一下。

修复天空

最终效果

15.3.10　实战：修复脏乱图像

本例主要介绍运用"修补工具"对照片进行处理。

步骤1 打开随书附带光盘"CDROM\素材\第15章\脏乱.jpg"文件。

步骤2 在工具栏中选择"修补工具" ⬡ ，在选项栏中选用新选区，在图像上创建需要修补的选区。

步骤3 移动创建的选区，在选区上移动，重复此步骤，直到将需要修补的地方都修补好为止。全部修补好后按Ctrl+D快捷键取消选区即可。

打开素材文件

创建选区

移动选区

15.4 | 应用"液化"滤镜扭曲图像

"液化"滤镜用于推、拉、旋转、反射、折叠和膨胀图像的任意区域。利用消失点能够以立体方式在图像中的透视平面上工作。当使用消失点来修饰、添加或移去图像中的内容时，结果将更加逼真，因为系统可正确地决定这些编辑操作的方向，并且将它们缩放到透视平面。

15.4.1 "液化"对话框

"液化"滤镜是修饰图像和创建艺术效果的强大工具，使用该滤镜可以非常灵活地创建推拉、扭曲、旋转、收缩等变形效果。

"液化"对话框中包含"变形工具"选项组，"工具选项"选项组，"重建选项"选项组以及高级模式下的"蒙版选项"选项组和"视图选项"选项组，每个选项组中包含的工具和各个选项组中参数都可以进行设置。

"液化"对话框

15.4.2 使用变形工具

选择变形工具后，在对话框中的图像上单击并拖动鼠标涂抹即可进行变形处理，变形效果将集中在画笔区域的中心，并且会随着鼠标在某个区域中的重复拖动而得到增强。

● **"向前变形"工具**：拖动鼠标时可以向前推动像素。
● **"重建"工具**：在变形的区域单击或拖动鼠标进行涂抹，可以恢复图像。

向前推动像素

使用重建工具

● **"褶皱"工具**：在图像中单击或拖动鼠标可以使像素向画笔区域的中心移动，使图像产生向内收缩的效果。
● **"膨胀"工具**：在图像中单击或拖动鼠标可以使像素向画笔区域中心以外的方向移动，使图像产生向外膨胀的效果。

使用褶皱工具

使用膨胀工具

- **"左推"工具** ▓：垂直向上拖动鼠标时，像素向左移动；向下拖动时，像素向右移动；按住Alt键垂直向上拖动时，像素向右移动；按住Alt键向下拖动时，像素向左移动。如果围绕对象顺时针拖动，则可增加其大小，逆时针拖动时则减小其大小。

向上拖动鼠标　　　　　　向下拖动鼠标　　　　　Alt键+向上拖动鼠标　　　　Alt键+向下拖动鼠标

- **"缩放工具"** 🔍/**"抓手工具"** ✋：用于缩放图像和移动画面，也可以通过快捷键来操作，如按Ctrl++快捷键放大视图，按Ctrl+-快捷键缩小视图，按住空格键拖动鼠标移动画面。

15.4.3 设置工具选项

"液化"对话框中的"工具选项"选项组用于设置当前选择的工具的属性。

- **画笔大小**：设置扭曲工具的画笔大小。
- **画笔密度**：设置画笔边缘的羽化范围，增加该值可以使画笔中心的效果最强，边缘的效果最轻。
- **画笔压力**：设置扭曲速度，范围为1～100。较低的压力可以减慢变形的速度，因此，更易于对变形效果进行控制。
- **画笔速率**：设置按下鼠标按键并保持静止不动时的扭曲速度，该值越高，扭曲的速度越快。
- **湍流抖动**：设置湍流工具混杂像素时的紧密程度。
- **重建模式**：用于重建工具，选取的模式决定了该工具如何重建预览图像的区域。
- **光笔压力**：当计算机配置有数位板和压感笔时，勾选该项可通过压感笔的压力控制工具。

15.4.4 设置重建选项

在"液化"对话框中扭曲图像时，可以通过"重建选项"选项组来撤销所做的变形。具体的操作方法是：首先在"模式"选项下拉列表中选择一种重建模式，然后单击"重建"按钮，按照所选模式恢复图像，如果连续单击"重建"按钮，则可以逐步恢复图像。如果要取消所有扭曲效果，将图像恢复为变形前的状态，可以单击"恢复全部"按钮。

"模式"下拉列表中包含"恢复"，"刚性"，"生硬"，"平滑"和"松散"几种重建模式。

- **恢复**：表示均匀地消除扭曲，不进行任何种类的平滑处理。
- **刚性**：表示在冻结区域之间边缘处的像素网格中保持直角，有时会在边缘处产生近似不连续的现象。
- **生硬**：表示在冻结区域和未冻结区域之间的边缘处，采用冻结区域的扭曲，扭曲将随着与冻结区域距离的增加而不断减弱，其作用类似于弱磁场。
- **平滑**：表示在冻结区域内和未冻结区域间创建平滑连续的扭曲。
- **松散**：产生的效果类似于"平滑"，但冻结和未冻结区域的扭曲之间的连续性更大。

15.4.5 设置蒙版选项

在"液化"对话框中，当图像中包含选区或蒙版时，可以通过蒙版选项对蒙版的保留方式进行设置。

- **"冻结蒙版"工具** 🖌/**"解冻蒙版"工具** 🖌：在对部分图像进行处理时，如果不希望影响其他区域，可以使用"冻结蒙版"工具，在图像上绘制出冻结区域（要保护的区域），然后使用变形工具处理图像，被冻结区域内的图像就不会受到影响了；如果要解除冻结，可以用"解冻蒙版"工具涂抹冻结区域。

绘制冻结区域 效果

- **替换选区**：显示原图像中的选区、蒙版或者透明度。
- **添加到选区**：显示原图像中的蒙版，此时可以使用冻结工具添加到选区。
- **从选区中减去**：从当前的冻结区域中减去通道中的像素。
- **与选区交叉**：只使用当前处于冻结状态的选定像素。
- **相反选区**：使用选定像素使当前的冻结区域反相。
- **无**：单击该项后，可解冻所有被冻结的区域。
- **全部蒙版**：单击该项后，会使图像全部被冻结。
- **全部相反**：单击该项后，可使冻结和解冻的区域对调。

15.4.6 设置视图选项

在"液化"对话框中，视图选项是用来设置是否显示图像、网格或背景的，还可以设置网格的大小和颜色、蒙版的颜色、背景模式以及不透明度。

- **显示图像**：勾选该项后，可在预览区中显示图像。
- **显示网格**：勾选该项后，可在预览区中显示网格，使用网格可帮助用户查看和跟踪扭曲。可以选取网格的大小和颜色，也可以存储某个图像中的网格，并将其应用于其他图像。
- **显示蒙版**：勾选该项后，可以在冻结区域显示覆盖的蒙版颜色。在调整选项中，可以设置蒙版的颜色。
- **显示背景**：可以选择只在预览图像中显示现用图层，也可以在预览图像中将其他图层显示为背景。

15.4.7 实战：修出瘦脸

本例主要介绍运用"滤镜 | 液化"命令对照片进行处理，具体的操作步骤如下。

步骤1 打开随书附带光盘中的"CDROM\素材\第 15章\修出瘦脸实例.jpg"文件。

步骤2 在图层面板中复制背景图片。

打开素材文件

复制背景图片

步骤3 执行"滤镜 | 液化"命令，然后选择"左推工具" 或者按O键，在"工具选项"面板中，设置"画笔大小"为150，"画笔密度"为13，"画笔压力"为13，其他默认。

步骤4 在左边脸与头发之间，根据脸型向下拖动10~20次，类似使用涂抹工具，这样脸就会自动瘦一些，然后修饰右边的脸，方法一样，只不过这次是反方向，向上拖动。

> **技巧：**
> 在脸与头发之间拖动。

选项设置

最终效果

15.5 | 用"消失点"滤镜编辑照片

"消失点"是一个特殊的滤镜，它可以在包含透视平面（如建筑物侧面或任何矩形对象）的图像中进行透视校正。编辑使用"消失点"滤镜时，首先要在图像中指定透视平面，然后再进行绘画、仿制、拷贝或粘贴以及变换等操作，所有的操作都采用该透视平面来处理，Photoshop可以确定这些编辑操作的方向，并将它们缩放到透视平面中，因此，可以使编辑结果更加逼真。

15.5.1 "消失点"对话框

在"消失点"对话框中，包含用于定义透视平面的工具、用于编辑图像的工具以及一个可预览图像的工作区域。

首先在预览图像中指定透视平面，然后就可以在平面中绘制、仿制、复制、粘贴和变换内容。消失点工具包括选框、图章、画笔及其他工具，其工作方式与主工具箱中对应的工具十分类似，快捷键也是相同的。下面通过实际的操作来学习"消失点"滤镜的使用。

打开一个素材文件，执行"滤镜 | 消失点"命令，打开"消失点"对话框。

打开素材文件

"消失点"对话框

创建透视平面

- **"编辑平面工具"** ：用于选择、编辑、移动平面的节点以及调整平面的大小并创建透视平面。使用该工具可以移动节点后的透视平面。
- **"创建平面工具"** ：用于定义透视平面的四个角节点，创建了四个角节点后，可以移动、缩放平面或重新确定其形状。按住Ctrl键拖动平面的边节点可以拉出一个垂直平面。

| 移动透视平面 | 创建二个角节点 | 创建三个角节点 | 创建四个角节点 |

技巧：

在定义透视平面的节点时，如果节点的位置不正确，可按Backspace键或Delete键将该节点删除。

技术看板：有效平面与无效平面

在定义透视平面时，定界框和网格会改变颜色，以指明平面的当前情况，蓝色的定界框为有效平面，但有效的平面并不能保证具有适当透视的结果，还应该确保定界框和网格与图像中的几何元素或平面区域精确对齐；红色的定界框为无效平面，"消失点"无法计算平面的长宽比，因此，不能从红色的无效平面中拉出垂直平面，尽管可以在红色的无效平面中进行编辑，但将无法正确对齐结果的方向；黄色的定界框同样为无效平面，Photoshop无法解析平面的所有消失点，尽管可以在黄色的无效平面中拉出垂直平面或进行编辑，但将无法正确对齐结果的方向。

- **"矩形选框工具"** ：在平面上单击并拖动鼠标可以选择图像。选择图像后，将光标移至选区内，按住Alt键拖动可以复制图像，按住Ctrl键拖动选区，则可以用源图像填充该区域。

| 选择图像 | 复制图像 | 拖动选区 |

- **"仿制图章工具"** ：选择该工具后，按住Alt键在图像中单击设置取样点，然后在其他区域单击并拖动鼠标即可复制图像，按住Shift键单击可以将描边扩展到上一次的单击处。

| 设置取样点 | 复制图像 | 变换工具 |

技巧：

选择图章工具后，可以在对话框顶部的选项中选择一种"修复"模式。如果不与周围像素的颜色、光照和阴影混合应选择"关"；如果要将描边与周围像素的光照混合，同时保留样本像素的颜色，应选择"亮度"；如果要保留样本图像的纹理，同时与周围像素的颜色、光照和阴影混合，应选择"开"。

- "画笔工具" ：可在图像上绘制选定的颜色。
- "变换工具" ：使用该工具时，可以通过移动定界框的控制点来缩放、旋转和移动浮动选区，类似于在矩形选区上使用"自由变换"命令。
- "吸管工具" ：可拾取图像中的颜色，作为画笔工具的绘画颜色。
- "抓手工具" ：放大图像的显示比例后，使用该工具可在窗口内移动图像。
- "缩放工具" ：在图像上单击鼠标，可放大图像的视图；按住Alt键单击鼠标，则缩小视图。

15.5.2 实战：巧妙打造田园花布沙发

本例主要介绍如何运用"滤镜 | 液化"功能对照片进行处理。

步骤1 打开随书附带光盘中的"CDROM\素材\第15章\13.psd"文件，然后按快捷键Ctrl+J生成一个新的图层。

步骤2 打开花布图案文件，按快捷键Ctrl+A进行全选，按快捷键Ctrl+C将其拷贝到剪贴板上，以备后面使用。

打开素材文件

素材图片

步骤3 执行"滤镜 | 消失点"命令，弹出对话框后，选择创建面板工具 ，在沙发的侧面创建一个平面。

步骤4 按快捷键Ctrl+V放入材质面料，然后拖到建立的网格里，这样可以自动地适应这个网格，使用"选框工具"进行选取，并按住Alt键进行复制，将复制后的对象添加到其他网格中。

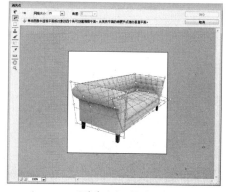

"消失点"对话框

放入材质

步骤5 调整完成后，单击"确定"按钮，在"图层"面板中，按住Ctrl键单击沙发图层的缩略图，将其载入选区，再次调出路径变为选区，然后按快捷键Ctrl+Shift+I进行反选，按Delete键删除多余部分。

步骤6 调节图层的混合模式为正片叠底。

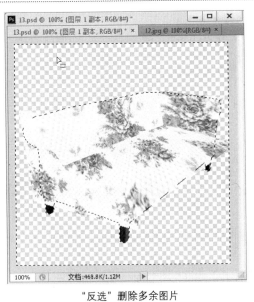

"反选"删除多余图片

最终效果

15.6 | 用Photomerge创建全景图

全景图往往给人一种大气开阔的感受。使用数码相机拍摄全景图像时，往往会受广角镜头的制约。也可以使用相机拍摄角度相同的多张图像，然后在Photoshop中使用"Photomerge"命令进行合成，快速得到全景图像，同时还可以结合"自动对齐图层"和"自动混合图层"命令对图像进行拼合。

使用"Photomerge"命令能快速将多幅边缘具有一定类似度的图像进行拼合，使其形成视野更开阔的全景图效果。

15.6.1 "Photomerge"对话框

在菜单栏中选择"文件 | 自动 | Photomerge"命令，打开"Photomerge"对话框。

下面简单介绍该对话框中各个选项的功能。

- **"源文件"选项区域**：用户可以在"使用"菜单中选取下列选项之一，还可以在该选项区域中设置图像混合等。
- **文件**：使用个别文件生成 Photomerge 合成图像。
- **文件夹**：使用存储在一个文件夹中的所有图像来创建 Photomerge 合成图像。

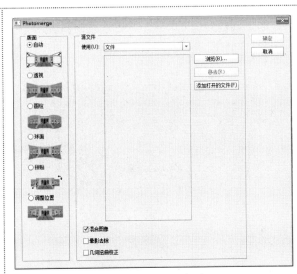

"Photomerge"对话框

- **混合图像**：找出图像间的最佳边界，并根据这些边界创建接缝，以使图像的颜色相匹配。关闭"混合图像"时，将执行简单的矩形混合。如果要手动修饰混合蒙版，此操作将更为可取。
- **晕影去除**：在由于镜头瑕疵或镜头遮光处理不当而导致边缘较暗的图像中去除晕影，并执行曝光度补偿。
- **几何扭曲校正**：补偿桶形、枕形或鱼眼失真。
- **"版面"选项区域**：用户可以在该选项区域中选择一个版面选项。
- **自动**：Photoshop 分析源图像并应用"透视"或"圆柱"和"球面"版面，具体取决于使用哪一种版面能够生成更好的 Photomerge。
- **透视**：通过将源图像中的一个图像（默认情况下为中间的图像）指定为参考图像来创建一致的复合图像。然后将变换其他图像（必要时，进行位置调整、伸展或斜切），以便匹配图层的重叠内容。
- **圆柱**：通过在展开的圆柱上显示各个图像来减少在"透视"版面中会出现的"领结"扭曲，文件的重叠内容仍匹配。将参考图像居中放置，最适合于创建宽全景图。
- **球面**：对齐并转换图像，使其映射球体内部。如果拍摄了一组环绕 360°的图像，使用此选项可创建 360°全景图。也可以将"球面"与其他文件集搭配使用，产生完美的全景效果。
- **拼贴**：对齐图层并匹配重叠内容，同时变换（旋转或缩放）任何源图层。
- **调整位置**：对齐图层并匹配重叠内容，但不会变换（伸展或斜切）任何源图层。

Photoshop 可从源图像创建一个多图层图像，并根据需要添加图层蒙版，以创建图像重叠位置的最佳混合。可以编辑图层蒙版或添加调整图层，以便进一步微调全景图的其他区域。

技巧：

要替换图像边框周围的空白区域，请使用内容识别填充。

15.6.2 实战：将多张照片拼接成全景图

本实例主要运用"Photomerge"命令和裁剪工具以及图章工具进行处理。

步骤1 打开随书附带光盘中的"CDROM\素材\第15章\拼接照片1.jpg"和"拼接照片2.jpg"文件。

步骤2 在菜单栏中选择"文件 | 自动 | Photomerge"命令，单击"添加打开的文件"按钮，单击"确定"按钮，即可生成全景图。

打开素材文件

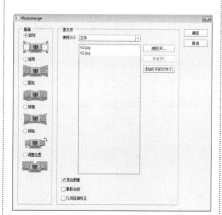

"Photomerge"对话框

步骤3 在全景图文件中，选择工具栏中的裁剪工具，对图像进行裁剪。

步骤4 新建一个图层，在工具栏中选择"仿制图章"工具，对全景图2图层进行修饰，反复涂抹修复完成。

裁剪工具　　　　　　　　　　　　　　　　　　最终效果

15.6.3　自动对齐图层

"自动对齐图层"命令可以根据不同图层中的相似内容自动对齐图层。可以指定一个图层作为参考图层，也可以由Photoshop自动选择参考图层，其他图层将与参考图层对齐，以便匹配的内容能够自行叠加。通过使用"自动对齐图层"命令，可以替换和删除具有相同背景的图像部分。对齐图像之后，使用蒙版或混合效果将每个图像的部分内容组合到一个图像中。

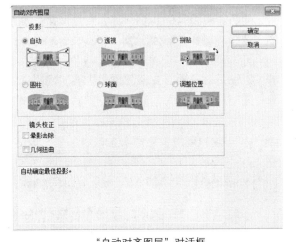

"自动对齐图层"对话框

15.6.4　自动混合图层

使用"自动混合图层"命令可缝合或组合图像，从而在最终的复合图像中获得平滑的过渡效果。"自动混合图层"将根据需要对每个图层应用图层蒙版，以遮盖过渡曝光或曝光不足的区域或内容差异。作为其众多用途之一，可以使用"自动混合图层"命令混合同一场景中具有不同焦点区域的多幅图像，以获取具有扩展景深的复合图像。

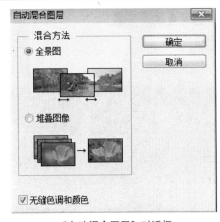

"自动混合图层"对话框

15.7 镜头缺陷校正滤镜

"镜头校正"滤镜用于修复常见非镜头缺陷，可以更轻松地消除桶形、枕形变型，相片周边暗角，以及造成边缘出现彩色光晕的色像差等；也可用来旋转图像，或修复由于相机垂直或水平倾斜而导致的图像透视现象。该滤镜与"变换"功能相比，提供了网格和变形选项。

15.7.1 "镜头校正"滤镜对话框

在菜单栏中选择"滤镜 | 镜头校正"命令，在弹出的对话框中可看到该对话框分为3个区域，左侧是滤镜工具，中间是预览区和操作窗口，右侧是参数设置区。

"镜头校正"对话框

下面介绍"镜头校正"对话框中的操作窗口。

操作窗口

- **预览**：勾选"预览"复选框后，即可在操作窗口内预览效果。
- **显示网格**：勾选"显示网格"复选框后，即可在窗口中显示网格。右侧的"颜色"和"大小"选项，可以设置网格的颜色和大小。

在"镜头校正"对话框中，参数设置分为自动校正和自定两种，下面分别对"自动校正"选项卡和"自定"选项卡进行介绍。

"自动校正"选项卡

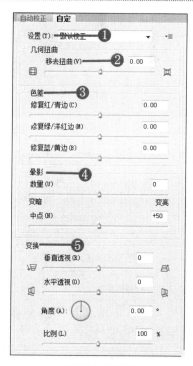

"自定"选项卡

1. 自动校正

几何扭曲、色差和晕影：设置图像中需要校正的部分。

自动缩放图像：对图像进行校正后，将自动缩放图像；不勾选则显示原图像大小。

边缘：指定如何处理由枕形变型、旋转或透视校正而产生的空白区域。

2. 自定

❶ **"设置"** 选取预设的设置列表。"镜头默认值"选项可使用制作图像的相机、镜头、焦距和光圈组合存储的位置，此为默认值。"上一次校正"选项可以使用上一次镜头校正中使用的位置。

❷ **移去扭曲**：校正镜头桶形或枕形变型。

❸ **色差**：下面的选项为校正色边。

❹ **晕影**：用于校正由于镜头缺陷等不正确方式导致的边缘较暗的图像。

　　ⓐ **数量**：设置沿图像边缘变亮或黑暗的程度。

　　ⓑ **中点**：设置受"数量"滑块影响的区域宽度。

❺ **变换**：用于校正图像和旋转图像。

　　ⓐ **垂直透视**：用于校正由于相机向上或向下的倾斜而导致的图像透视。

　　ⓑ **水平透视**：用于校正图像的透视，并与水平线平行。

　　ⓒ **角度**：用于校正相机歪斜导致的透视。

　　ⓓ **比例**：用于缩放对象，左右拖动鼠标，可以查看到图像的大小变化。

15.7.2　用滤镜校正失真照片

步骤1　启动Photoshop CS6，打开随书附带光盘中的"CDROM\素材\第15章\001.jpg"文件。	**步骤2**　选择"滤镜 | 镜头矫正"命令，进入镜头矫正面板。

打开素材文件

"镜头矫正"对话框

步骤3　选择"相机制造商"下拉列表中的"FUJIFLM"命令。	**步骤4**　再选择"相机型号"和"镜头型号"选择模式。

选择"FUJIFLM"命令

选择"相机型号"和"镜头型号"

步骤5 单击"确定"按钮完成校正失真效果。

完成后的效果

15.8 | 操作答疑

下面举出多个常见问题并对其进行一一解答，并在后面给出多个习题， 以方便学习了前面的知识后进行巩固。

15.8.1 专家答疑

（1）如何对图像进行液化操作？

答：选择要液化的图像后，在菜单栏中选择"滤镜｜扭曲"命令，运用"液化"对话框中提供的各种工具，进行相应的调整。

（2）裁切工具的作用是什么？

答：使用裁剪工具可以在图像或图层中剪裁所选定的区域，一般都是用来减小画布至合适大小。

15.8.2 操作习题

1. 选择题

（1）"镜头校正"滤镜用于修复常见的（ ）。

A.镜头光线　　　　B.枕形失真　　　　C.镜头缺陷

（2）（　　　　）滤镜可用于推、拉、旋转、反射、折叠和膨胀图像的任意区域。

A.滤镜　　　　　　B.液化　　　　　　C.变形工具

2. 填空题

（1）_____对话框中包含用于定义透视平面的工具，用于编辑图像的工具以及一个可预览图像的工作区域。

（2）用仿制图章工具复制图像时，需要先按_____键并单击鼠标以定义图案。

3. 操作题

完成后的效果

（01）使用仿制图章工具去除水杯中的划痕。

（02）使用裁剪工具将水杯区域进行裁剪。

第16章

使用文字、路径和切片

本章重点：

　　本章掌握路径的创建与编辑方法，以及讲述创建文字的方法、路径的创建与使用以及网页切片的创建与输出，除此之外，本章还将简单介绍文字和路径的相关知识，这对制作网页中的素材图形有着至关重要的影响。

学习目标：

　　掌握文本的输入、设置与编辑方法；掌握路径的创建与编辑方法，以及多种选取工具的使用方法。

参考时间：70分钟

主要知识	学习时间
16.1　文字的输入与设置	10分钟
16.2　编辑文本	10分钟
16.3　认识路径	10分钟
16.4　创建路径	10分钟
16.5　编辑路径	10分钟
16.6　使用路径面板	10分钟
16.7　网页切片输出	10分钟

16.1 | 文字的输入与设置

　　文字是人们传达信息的主要方式，在设计工作中最为重要，文字的不同大小、颜色及不同的字体，传达给人们的信息也不相同。要熟练掌握关于文字的输入与设定的方法。

16.1.1 输入文字

1. 直排文字工具

步骤1　打开随书附带光盘中的"CDROM\素材\第16章\风景.jpg"文件。

步骤2　在工具箱中单击"直排文字工具"按钮，在工具选项栏中将文字样式设置为"方正康体简体"，将字号设置为"30点"，将文本颜色设置为"白色"。

步骤3　在素材文件上单击鼠标，并输入相应的文本信息，观察输入完成后的效果。

打开素材

设置参数

输入文本后的效果

2. 横排文字工具

　　使用"横排文字工具"输入文字的操作方法与使用"直排文字工具"输入文字的方法是一样的，选择文字工具后，在选项栏中设置参数，然后在素材文件上单击鼠标，并输入相应的文本信息，即可完成文字的输入。

输入文本后的效果

3. 直排文字蒙版工具

步骤1　打开随书附带光盘中的"CDROM\素材\第16章\风景.jpg"文件。

步骤2　在工具箱中单击"直排文字蒙版工具"按钮，在工具选项栏中，将文字样式设置为"方正康体简体"，将字号设置为"50点"，在图形中输入文字。

步骤3　按Ctrl+Enter快捷键确认，在工具箱中单击"渐变工具"，在工具选项栏中将渐变样式设置为"透明彩虹渐变"，对文字进行填充。

步骤4　按Ctrl+D快捷键取消选区，显示完成后的效果。

输入文字

使用渐变填充

填充后效果

4. 横排文字蒙版工具

步骤1　打开随书附带光盘中的"CDROM\素材\第16章\风景.jpg"文件。

步骤2　在工具箱中单击"横排文字蒙版工具"按钮 ，在工具选项栏中将文字样式设置为"方正康体简体"，将字号设置为"50点"，在图形中输入文字。

步骤3　按Ctrl+Enter快捷键确认，在工具箱中单击"渐变工具"，在工具选项栏中将渐变样式设置为"透明彩虹渐变"，对文字进行填充。

步骤4　按Ctrl+D快捷键取消选区，观察完成后的效果。

填充后效果

5. 段落

段落文字是在文本框内输入的文字，它具有自动换行、可调整文字区域大小等优势，在处理文字量较大的文本时，可以使用段落文字来完成，下面将介绍如何创建段落文本。

步骤1　打开随书附带光盘中的"CDROM\素材\第16章\风景.jpg"文件。

步骤2　在工具箱中选择文字工具，单击并拖动鼠标，拖出一个矩形定界框。

步骤3　进入文本输入，当输入的文字到达文本框边界时，系统会进行自动换行。完成文本输入后，按Ctrl+Enter快捷键进行确定。

拖出矩形定界框

输入文本

16.1.2　载入文本路径

路径文字是创建在路径上的文字，文字会沿路径排列出图形效果。下面介绍如何创建路径文本，具体操作步骤如下。

步骤1　打开一个素材文件,在工具箱中的"矩形工具"上右击鼠标,在弹出的列表中选择"直线工具"　,在工作区中绘制一条直线。	步骤2　在工具箱中单击"横排文字工具",在工具选项栏中将字体设置为"汉仪雪峰体简",将字号设置为"85",将字体颜色设置为"白色",将光标放在路径上,当光标变为 形状时,单击鼠标,输入文字即可。
 绘制直线	 完成后效果

16.1.3　设置文字属性

步骤1　打开随书附带光盘中的"CDROM\素材\第16章\花.jpg"文件。

步骤2　在工具箱中单击"横排文字工具"按钮 T ,在文件中输入文字。

步骤3　选择文字图层,选择"窗口|字符"命令,弹出"字符"面板,将字体设置为"方正康体简体",字体大小设置为"142点",将文本颜色的RGB值设置为(172、49、49),单击该面板底部的"仿粗体"和"仿斜体"按钮,效果如图。

打开素材

输入文字

设置文字样式

使用"段落"面板设置属性

　　"段落"面板的设置与"字符"面板的设置相似,其中主要包含"文字对齐方式"、"左缩进值"、"右缩进值"、"首行缩进值"、"段后间距"、"连字"等选项。下面简单介绍如何使用"段落"面板。

步骤1　打开随书附带光盘中的"CDROM\素材\第16章\山.jpg"文件。	步骤2　在工具箱中单击"横排文字工具"按钮 T ,字体与大小可自行设置,然后在文件中输入文字。
 打开素材	 输入文字

步骤3 选择"窗口 | 段落"菜单命令，展开"段落"面板，单击"居中对齐文本"按钮，将"首行缩进"设置为"70点"，将"段前添加空格"设置为"10点"。

设置段落文字

16.1.4 实战：制作个性简历

本例介绍绘制个性简历的方法，步骤如下。

步骤1 打开Photoshop CS6软件，新建一个名称为"个性简历"，"宽度"、"高度"分别为15厘米、25厘米，"分辨率"为72像素/英寸，背景颜色为白色的文档，单击"确定"按钮。

步骤2 新建一个图层，将前景色的RGB值设置为（18、224、248），单击"确定"按钮，按Alt+Delete快捷键填充颜色。

步骤3 新建"图层2"，用"矩形工具"绘制一个矩形，设置前景色为白色，将路径载入选区，填充颜色，取消选区。

"新建"对话框

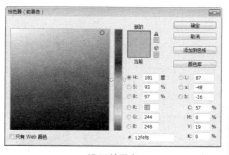

设置前景色

填充白色

步骤4 新建"图层3"，选择"椭圆选框工具"，按住Shift键绘制圆。

步骤5 选择"渐变工具"，在"渐变编辑器"中设置渐变颜色，单击"确定"按钮。

步骤6 按住鼠标从下往上拖动，填充渐变色，然后按Ctrl+D快捷键。

绘制圆形

渐变工具

填充颜色

步骤7 复制"图层3"，并将其重新命名为"图层4"。

步骤8 使用选择工具在场景中调整复制后的对象的位置，并调整大小。

步骤9 按Ctrl+J快捷键复制多个图层，调整大小以及位置。

复制图层

调整位置、大小

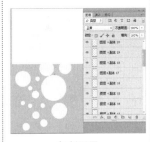

复制图层

步骤10 新建一个图层，选择"钢笔工具"，在场景中绘制路径。

步骤11 选择"横排文字工具"，设置字体为"Adobe 黑体 Std"，设置字号为"36点"，在路径上输入文字"你需要呼吸新鲜空气"。

步骤12 新建一个图层，输入文字"IT"，设置字号为"72点"，选择"文件|存储"命令。

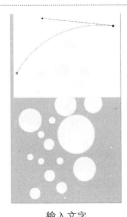

输入文字

调整文字

输入文字

16.1.5 实战：制作可爱文字

本例将介绍使用"横排文字工具"和应用图层样式，来制作可爱文字的方法，具体的操作步骤如下。

步骤1 按Ctrl+O快捷键，在弹出的对话框中选择随书附带光盘中的"CDROM\素材\第16章\绿色背景.jpg"文件，单击"打开"按钮，即可打开选择的素材文件。

步骤2 在工具箱中选择"横排文字工具" T，在工具选项栏中将字体设置为"Cooper Black"，将字体大小设置为180点，将文本颜色的RGB值设置为（1、148、25）。

步骤3 在素材文件中输入文字。

打开的素材文件

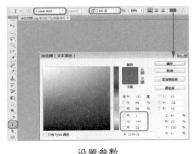

设置参数

输入文字

步骤4 在"图层"面板中重命名文字层为"文字1"，然后复制"文字1"图层，并将复制后的图层重命名为"文字2"。

步骤5 选择图层"文字2"，并在文档中使用"移动工具" ⊹ 调整其位置（为了方便观察移动效果，可以为文字2更改一种颜色）。

步骤6 确定"文字2"图层处于选中状态，单击"图层"面板底部的"添加图层样式"按钮 fx,，在弹出的下拉菜单中选择"内阴影"命令。

复制并重命名图层

移动文字位置

选择"内阴影"命令

步骤7 弹出"图层样式"对话框，在"结构"区域中，将"混合模式"设置为"正常"，将右侧色块的RGB值设置为（255、255、255），将"大小"设置为6像素。

步骤8 在左侧的"样式"列表中，选择"内发光"选项，在右侧的设置区域中，将"混合模式"设置为"正常"，将"不透明度"设置为50，将发光颜色的RGB值设置为（255、255、255），将"阻塞"设置为11，将"大小"设置为18。

步骤9 在左侧的"样式"列表中选择"光泽"选项，在右侧的设置区域中，将"混合模式"设置为"正常"，将右侧色块的RGB值设置为（135、232、0）。

设置"内阴影"参数

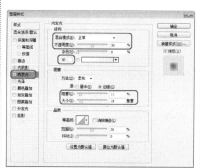

设置"内发光"参数

设置"光泽"参数

步骤10 在左侧的"样式"列表中，选择"渐变叠加"选项，在右侧的设置区域中单击渐变条，弹出"渐变编辑器"对话框，将左侧色块的RGB值设置为（255、255、255）。

步骤11 在位置18处添加色块，并将色块的RGB值设置为（107、214、29）。

步骤12 将右侧色块的RGB值设置为（1、142、24）。

设置左侧色块的颜色

添加色块并设置颜色

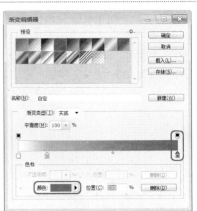

设置右侧色块的颜色

步骤13 设置完成后单击"确定"按钮，返回到"图层样式"对话框中，然后将"缩放"设置为150。

步骤14 设置完成后单击"确定"按钮，即可查看应用图层样式后的效果。

步骤15 在工具箱中选择"椭圆工具" ，在工具选项栏中将工具模式定义为"形状"，并绘制椭圆。

设置缩放

应用图层样式

绘制椭圆

步骤16 在"图层"面板中将椭圆的"填充"设置为0%。

步骤17 在"图层"面板中选择图层"椭圆1"，然后单击底部的"添加图层样式"按钮 fx，在弹出的下拉菜单中选择"内阴影"命令。

步骤18 弹出"图层样式"对话框，在右侧的设置区域中，将"混合模式"设置为"正常"，将右侧色块的RGB值设置为（255、255、255），将"不透明度"设置为44，"角度"设置为-83度，"距离"设置为34，"大小"设置为24。

设置填充

选择"内阴影"命令

设置"内阴影"参数

步骤19 设置完成后单击"确定"按钮，即可查看应用图层样式后的效果。

步骤20 右击图层"椭圆1"，在弹出的快捷菜单中选择"栅格化图层"命令，即可栅格化图层。

步骤21 选择"文字2"图层，使用"魔棒工具" 选择字母"G"，然后选择"椭圆1"图层。

应用样式后的效果

栅格化图层

创建选区

步骤22 在菜单栏中选择"选择 | 反向"命令，然后按Delete键删除选区，删除选区后，按Ctrl+D快捷键取消选区的选择。

步骤23 使用前面介绍的方法，为其他文字制作光泽效果。

删除选区

制作其他光泽

16.2 | 编辑文本

在Photoshop CS6中，设计师也可以对输入的文本进行编辑。

16.2.1 设置文字变形

为了增强文字的效果，可以创建变形文本。下面学习设置文字变形的方法。

步骤1 打开随书附带光盘中的"CDROM\素材\第16章\雪.jpg"文件，在工具箱中单击"横排文字工具"，在素材中输入文字。

步骤2 在工具选项栏中单击"创建变形文字"按钮 ，在弹出的"变形文字"对话框中单击"样式"右侧的下三角按钮，在弹出的下拉菜单中选择"扇形"选项。

步骤3 单击"确定"按钮，即可完成对文字的变形，观察效果。

选择文字

选择"扇形"选项

完成后的效果

16.2.2 栅格化文字

文字图层是一种特殊的图层，要是想对文字进行进一步的处理，可以对文字进行栅格化处理，即先将文字转化成一般的图像再进行处理。

对文字进行栅格化处理的方法如下：使用"移动工具" 选择文字图层，然后右击鼠标，在弹出的快捷菜单中选择"栅格化文字"命令即可。

栅格化处理前后的效果对比

16.3 认识路径

路径是由线条及其包围的区域组成的矢量轮廓，它包括有起点和终点的开放式路径，以及没有起点和终点的闭合式路径两种，此外，它还是选择图像和精确绘制图像的重要媒介。

16.3.1 路径形态

路径是可以转换为选区或者使用颜色填充和描边的轮廓。它包括有起点和终点的开放式路径，以及没有起点和终点的闭合式路径两种，此外，路径也可以由多个相互独立的路径组件组成，这些路径组件被称为子路径，路径中包含3个子路径。

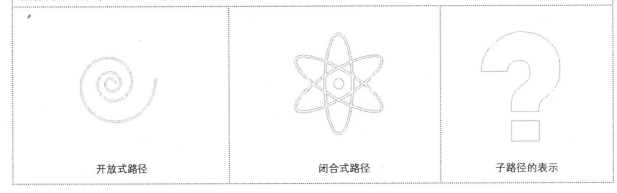

| 开放式路径 | 闭合式路径 | 子路径的表示 |

16.3.2 路径的组成

路径由一个或多个曲线段或直线段、控制点、锚点和方向线等构成。

16.3.3 "路径"面板

使用"路径"面板可以对路径快速、方便地进行管理。

"路径"面板可以说是集编辑路径和渲染路径的功能于一身，在这个面板中，可以完成从路径到选区和从自由选区到路径的转换，还可以给路径添加一些效果，使路径看起来不那么单调。

选择"窗口｜路径"命令，可打开"路径"面板。

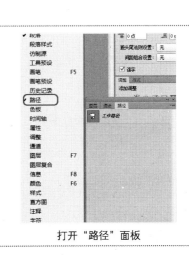

打开"路径"面板

| 16.4 | 创建路径

使用"钢笔工具" 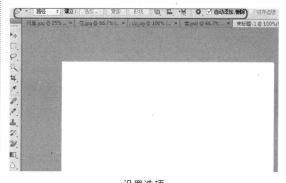、"自由钢笔工具" 、"矩形工具" 、"圆角矩形工具" 、"椭圆工具" 、"多变形工具" 、"直线工具" 和"自定形状工具" 等都可以创建路径。在Photoshop中，"钢笔工具" 是具有最高精度的绘画工具。

16.4.1 使用"钢笔工具"创建路径

"钢笔工具" 是创建路径的最主要的工具，它不仅可以用来选取图像，而且可以绘制卡通漫画。选择"钢笔工具" ，开始绘制之前光标会呈 形状，若大小写锁定键被按下则为 形状。

1. 绘制直线路经

步骤1 新建一个空白文件，然后在工具箱中选择"钢笔工具" ，在工具选项栏中进行选项设置。

步骤2 在空白文件中使用钢笔工具在场景中任意一处单击，然后在另一处单击，即可创建路径。

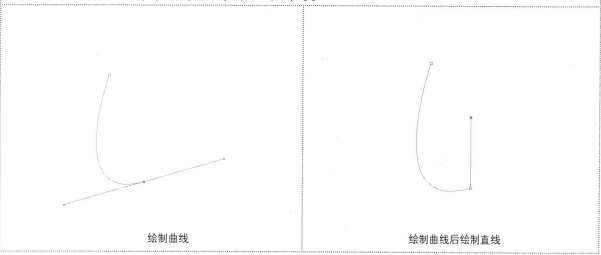

设置选项　　　　　　　　　　　　　　　　　　　　绘制直线

2. 绘制曲线路径

单击绘制出的第一点，然后单击并拖动鼠标绘制出第二点，这样就可以绘制曲线，并使描点两端出现方向线。方向点的位置及方向线的长短会影响到曲线的方向和弧度。

绘制出曲线后，若要在之后接着绘制直线，则需要按住Alt键，在最后一个锚点上单击，使控制线只保留一段，再松开Alt键，在新的地方单击另一点即可。

绘制曲线　　　　　　　　　　　　　　　　　　　　绘制曲线后绘制直线

16.4.2 使用"自由钢笔工具"

"自由钢笔工具" 用于绘制比较随意的图形，它的使用方法与套索工具非常相似，选择该工具后，在画面中单击并拖动鼠标即可绘制路径，路径的形状为光标运行的轨迹，Photoshop会自动为路径添加锚点。下面学习用自由钢笔工具创建路径的方法。

步骤1 新建一个空白文件，在工具箱中选择"自由钢笔工具" ⟋ ，在工具选项栏中进行选项设置，然后在空白文件中绘制图形。	**步骤2** 绘制完成后，可以在工具箱中选择"直接选择工具" ▶ 或"转换点工具" ⊳ ，对绘制的路径进行进一步的修改。

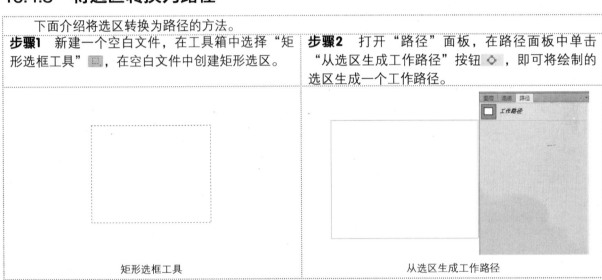

绘制图形	对图形进行修改

16.4.3 将选区转换为路径

下面介绍将选区转换为路径的方法。

步骤1 新建一个空白文件，在工具箱中选择"矩形选框工具" ▢ ，在空白文件中创建矩形选区。	**步骤2** 打开"路径"面板，在路径面板中单击"从选区生成工作路径"按钮 ◇ ，即可将绘制的选区生成一个工作路径。

矩形选框工具	从选区生成工作路径

16.4.4 实战：制作可爱小脚丫图像

步骤1 启动Photoshop CS6，新建一个图层，选择"钢笔工具"，在场景中绘制一个小脚丫。	**步骤2** 选择"路径"面板，按住Ctrl键单击路径图层，载入选区。

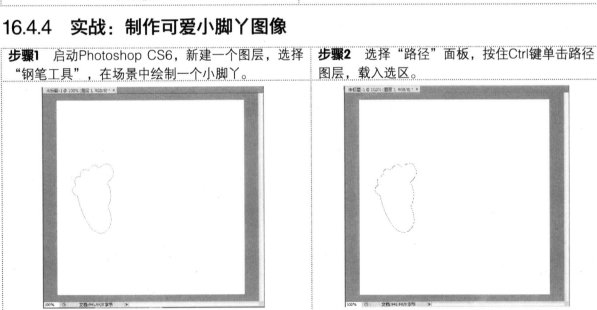

绘制的小脚丫	进入选区

步骤3 设置前景色的RGB值为（243、191、242）。按Alt+Delete快捷键填充颜色，按Ctrl+D快捷键取消选区。	**步骤4** 选中图层1，并复制该图层，然后将复制后的图层拖曳至合适的位置。

填充的颜色

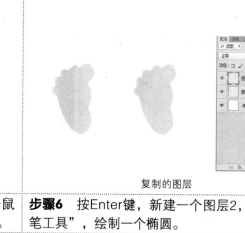

复制的图层

步骤5 按Ctrl+T快捷键进入自由变换选区，右击鼠标，在弹出的对话框中选择"水平翻转"命令即可。

步骤6 按Enter键，新建一个图层2，选择"钢笔工具"，绘制一个椭圆。

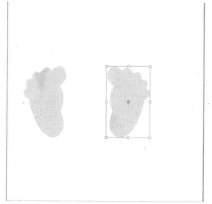

反转后的效果

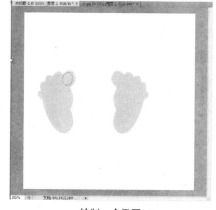

绘制一个椭圆

步骤7 按Ctrl+Enter快捷键将其载入选区。

步骤8 选择"渐变填充工具"，单击"编辑渐变" 按钮，在弹出的对话框中设置渐变色，设置的颜色如图所示。

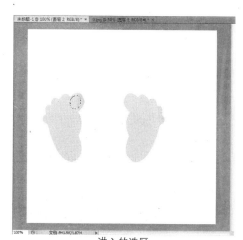

进入的选区

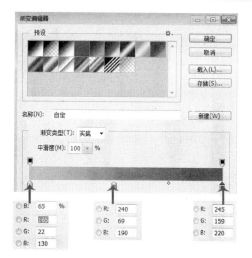

设置的渐变色

步骤9 单击"确定"按钮即可在选区中进行填充。按Ctrl+D快捷键取消选区。

步骤10 使用同样的方法绘制其他的椭圆，并为其填充颜色。

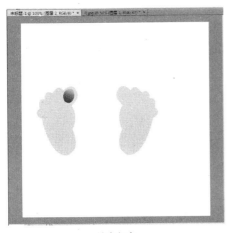

填充颜色

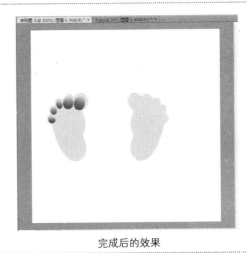

完成后的效果

步骤11 按Ctrl键的同时选择图层2、图层3、图层4、图层5、图层6。右击鼠标，在弹出的对话框中选择"合并图层"命令，合并图层。

步骤12 选择"图层6"，右击鼠标，在弹出的对话框中选择"复制图层"命令，复制一个图层6副本。

复制的圆

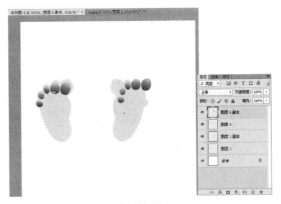

合并的图层

步骤13 按Ctrl+T快捷键进入自由变换选区，右击鼠标，在弹出的对话框中选择"水平翻转"命令即可。并将其调整至合适的位置。

步骤14 选择"钢笔工具"，绘制一个形状，按Ctrl+Enter快捷键将其转换为选区。

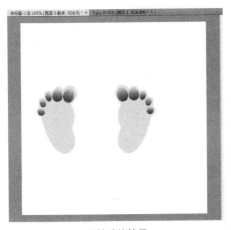

反转后的效果

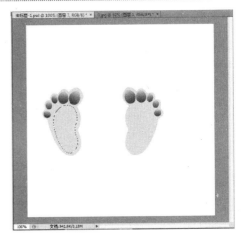

进入选区

步骤15 选择前景色，将前景色的RGB值设置为（29、116、224），按Alt+Delete快捷键填充颜色。

步骤16 选择"图层7"，复制一个图层7副本，并将其调整至合适的位置。

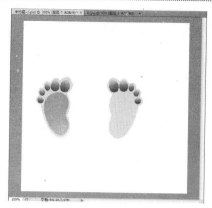

填充的颜色

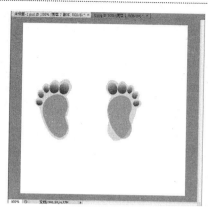

复制的图层7副本

步骤17 按Ctrl+T快捷键进入自由变换选区，右击鼠标，在弹出的对话框中选择"水平翻转"命令即可。

步骤18 新建"图层8"，使用"钢笔工具"绘制一个形状，按Ctrl+Enter快捷键将其转换为选区。

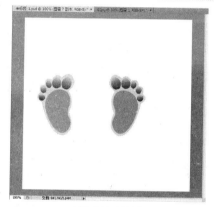

水平反转后的效果

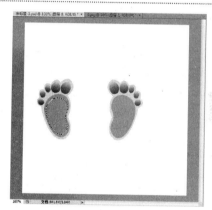

绘制的选区

步骤19 选择"渐变填充工具"，单击"编辑渐变" ▭ 按钮，在弹出的对话框中设置渐变色，设置的颜色如图所示。

步骤20 设置完成后对其进行填充。

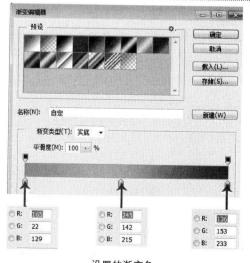

设置的渐变色

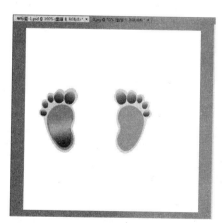

填充的颜色

步骤21 选择图层8，复制一个图层8副本，对其执行"水平反转"命令，并将其调整至合适的位置，观查完成后的效果。

步骤22 新建一个图层9，选择"椭圆选框工具"，绘制一个椭圆选区。

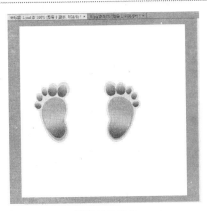

调整好的位置

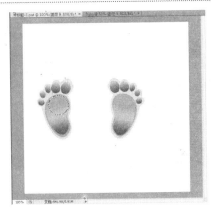

绘制椭圆选区

步骤23 选择"渐变填充工具"，单击"编辑渐变" ▇▇▇▇ 按钮，在弹出的对话框中设置渐变色，设置的颜色如图所示。

步骤24 设置完成后进行填充。复制一个图层9副本，执行"水平反转"命令，并将其调整至合适的位置。

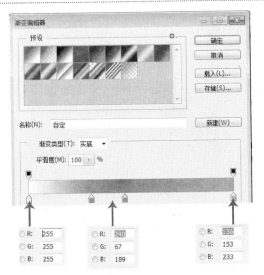

设置的渐变色

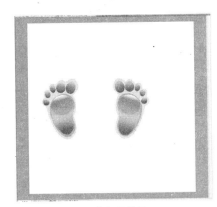

调整好的效果

步骤25 在工具箱中选择"文本工具"，右击鼠标，在弹出的下拉菜单中选择"直排文字工具"，在第一个脚丫上输入文字"脚步轻轻"，选择输入的文字，在选项栏中，将字体设置为"隶书"，对文字进行缩放。

步骤26 选择工具箱中的"文本工具"下拉菜单中的"直排文字工具"，在第二个脚丫上输入文字"右行礼让"，设置字体为"隶书"，对文字进行缩放。

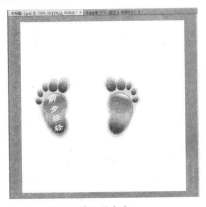

输入的文字

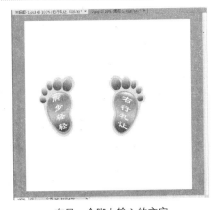

在另一个脚上输入的文字

16.4.5 实战：绘制京剧脸谱

中国京剧脸谱艺术是广大戏曲爱好者非常喜爱的艺术门类，在国内外流行的范围相当广泛，已经被大家公认为是中华民族传统文化的标识。

脸谱来源于舞台，在一些大型建筑物、商品的包装、各种瓷器上以及人们穿的衣服上都能看到风格迥异的脸谱形象。这远远超出了舞台应用的范围，足见脸谱艺术在人们心目中所占据的地位，说明脸谱具有很强的生命力。许多国际友人、国内的有识之士出于对中国戏曲脸谱的好奇与喜爱，都在探索脸谱的奥秘。

脸谱的主要特点有三点：美与丑的矛盾统一；与角色的性格关系密切；其图案是程式化的。下面介绍如何绘制京剧脸谱，具体操作步骤如下。

步骤1 启动Photoshop CS6，按Ctrl+N快捷键新建一个空白文档，在弹出的对话框中，将"名称"设置为"脸谱"，将"宽度"、"高度"、"分辨率"分别设置为60厘米、80厘米、96像素/英寸。

步骤2 设置完成后，单击"确定"按钮，按Ctrl+O快捷键打开"打开"对话框，在该对话框中选择随书附带光盘中的"CDROM\素材\第16章\海.psd"文件。

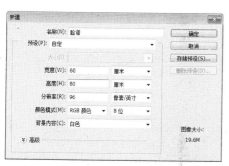

"新建"对话框

"打开"对话框

步骤3 单击"打开"按钮，即可将选中的文件打开，在工具箱中单击"移动工具" ，将"海"素材文件拖曳至"脸谱"文件中。

步骤4 按F7键打开"图层"面板，在该面板中选择"01"图层，单击"添加图层蒙版"按钮 ，在工具箱中单击"渐变工具" ，按住鼠标在文档中进行拖动即可。

添加素材文件

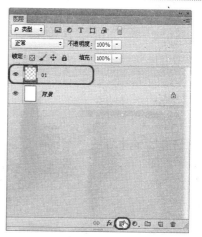

单击"添加图层蒙版"按钮

步骤5 再在工具箱中单击"渐变工具" ，在工具选项栏中单击颜色条，在弹出的对话框中选择最左侧的色标，将其RGB值设置为（89、115、138），再将其右侧色标的RGB值设置为（255、255、255）。

步骤6 设置完成后，单击"确定"按钮，在"图层"面板中单击"创建新图层"按钮 ，并将该图层命名为"渐变色背景"。

设置渐变颜色

创建新图层

步骤7 按住鼠标在文档中进行拖动，填充所设置的渐变色，在"图层"面板中将图层"01"调整至最上方。

步骤8 在"路径"面板中单击"创建新路径"按钮 ，并将其命名为"脸"。

填充渐变色

新建"脸"路径

步骤9 在工具箱中单击"钢笔工具" ，在工作区中绘制路径。

步骤10 在"图层"面板中单击"创建新图层"按钮 ，将创建的新图层命名为"脸"，将前景色的RGB值设置为（236、206、214），按Ctrl+Enter快捷键将路径载入选区。

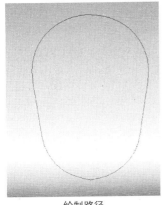

绘制路径

载入选区

步骤11 在工具箱中将"背景色"的RGB值设置为（14、105、54），按Ctrl+Delete快捷键填充背景色。

步骤12 按Ctrl+D快捷键取消选区，在"图层"面板中选择"脸"图层，双击该图层，在弹出的对话框中选择"描边"选项卡，将"大小"设置为4。

填充背景色

设置图层样式

步骤13 设置完成后，单击"确定"按钮，在工具箱中单击"钢笔工具" ，在"路径"面板中单击"创建新路径"按钮 ，将其命名为"脸部（白）"，绘制路径。

步骤14 在"图层"面板中单击"创建新图层"按钮，将新创建的图层命名为"脸部（白）"，按Ctrl+Enter快捷键将其载入选区，将背景色的RGB值设置为（255、255、255），按Ctrl+Delete快捷键进行填充。

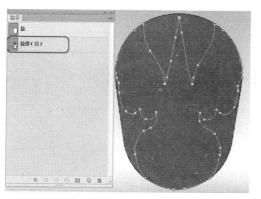

绘制"脸部（白）"路径

填充颜色

步骤15 按Ctrl+D快捷键取消选区。在工具箱中单击"钢笔工具" ，在"路径"面板中单击"创建新路径"按钮 ，将其命名为"红色01"，然后绘制路径。

步骤16 在"图层"面板中单击"创建新图层"按钮 ，将新创建的图层命名为"红色01"，按Ctrl+Enter快捷键将其载入选区，将前景色的RGB值设置为（233、77、24），按Alt+Delete快捷键进行填充，按Ctrl+D快捷键取消选区。

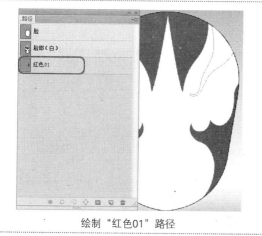

绘制"红色01"路径

新建图层

步骤17 在工具箱中单击"钢笔工具" ，在"路径"面板中单击"创建新路径"按钮 ，将其命名为"红色02"，然后绘制路径。

步骤18 在"图层"面板中单击"创建新图层"按钮 ，将新创建的图层命名为"红色02"，按Ctrl+Enter快捷键将其载入选区，将前景色的RGB值设置为（233、77、24），按Alt+Delete快捷键进行填充，按Ctrl+D快捷键取消选区。

绘制"红色02"路径

填充颜色

步骤19 在"图层"面板中按住Ctrl键选择"红色01"和"红色02"图层，按住鼠标将其拖曳至"创建新图层"按钮上，对选中的图层进行复制，按Ctrl+T快捷键变换选取，右击鼠标，在弹出的快捷菜单中选择"水平翻转"命令。

步骤20 在文档中调整图形的位置，查看调整后的效果。

选择"水平翻转"命令

调整图形的位置

步骤21 按Enter键确认，在工具箱中单击"钢笔工具"，在"路径"面板中单击"创建新路径"按钮 ，将其命名为"红心"，然后绘制路径。

步骤22 在"图层"面板中，单击"创建新图层"按钮 ，将新创建的图层命名为"红心"，按Ctrl+Enter快捷键将其载入选区，将前景色的RGB值设置为（233、77、24），按Alt+Delete快捷键进行填充，按Ctrl+D快捷键取消选区。

绘制"红心"路径

新建图层并填充颜色

步骤23 在工具箱中单击"钢笔工具" ✐，在"路径"面板中单击"创建新路径"按钮，将其命名为"面部黑色"，然后绘制路径。

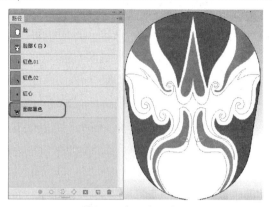

绘制"面部黑色"路径

步骤24 在工具箱中单击"椭圆工具" ◯，在文档中绘制多个椭圆形。

绘制椭圆形

步骤25 在工具箱中单击"钢笔工具" ✐，在文档中绘制图形。

使用"钢笔工具"绘制图形

步骤26 在"图层"面板中单击"创建新图层"按钮 🔲，将新创建的图层命名为"面部黑色"，按Ctrl+Enter快捷键将其载入选区，将背景色的RGB值设置为（0、0、0），按Ctrl+Delete快捷键进行填充。

填充背景色

步骤27 按Ctrl+D快捷键取消选区，在工具箱中单击"钢笔工具"，在"路径"面板中单击"创建新路径"按钮 🔲，将其命名为"黄色"，然后绘制路径。

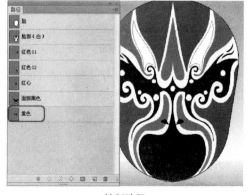

绘制路径

步骤28 在"图层"面板中单击"创建新图层"按钮 🔲，将新创建的图层命名为"黄色"，按Ctrl+Enter快捷键将其载入选区，将背景色的RGB值设置为（244、205、31），按Ctrl+Delete快捷键进行填充。

新建图层并填充颜色

步骤29 按Ctrl+D快捷键取消选区，在工具箱中单击"钢笔工具" ，在"路径"面板中单击"创建新路径"按钮 ，将其命名为"眼白（右）"，然后绘制路径。

步骤30 在工具箱中单击"渐变工具" ，在工具选项栏中单击颜色条，在弹出的对话框中选择最左侧的色标，将其RGB值设置为（176、166、203），将右侧色标的RGB值设置为（176、166、203），在渐变条中单击鼠标，添加一个色标，并将其RGB值设置为（255、255、255）。

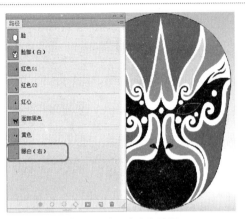

绘制"眼白（右）"路径

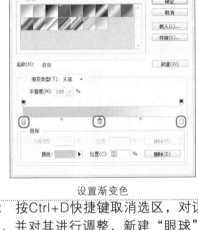

设置渐变色

步骤31 设置完成后，单击"确定"按钮，在"图层"面板中单击"创建新图层"按钮 ，将新创建的图层命名为"眼白（右）"，按Ctrl+Enter快捷键将其载入选区，在文档中按住鼠标进行拖动，填充设置的渐变颜色。

步骤32 按Ctrl+D快捷键取消选区，对该图层进行复制，并对其进行调整，新建"眼球"路径，使用"椭圆工具" 按住Shift键绘制一个正圆。

填充渐变色

绘制正圆

步骤33 在"图层"面板中新建"眼球"图层，将路径转换为选区，将前景色的RGB值设置为（67、59、51），按Alt+Delete快捷键，为选区填充前景色。

步骤34 在工具箱中单击"减淡工具" ，在工具选项栏中将"笔触"设置为40，将"曝光度"设置为50%，在文档中对眼球进行涂抹，查看完成后的效果。

填充前景色

使用减淡工具进行涂抹

步骤35 按Ctrl+D快捷键取消选区，再在工具箱中单击"椭圆工具"，在"图层"面板中选择"眼球"图层，在文档中分别绘制两个大小不同的正圆，并为其填充颜色，查看完成后的效果。

绘制其他圆形

步骤36 在"图层"面板中选择"眼球"图层，将其拖曳至"创建新图层"按钮上，对该图层进行复制，在文档中调整所复制图形的位置并查看调整后的效果。

对图形进行复制

步骤37 在工具箱中单击"钢笔工具"，在"路径"面板中单击"创建新路径"按钮，将其命名为"下巴"，然后绘制路径。

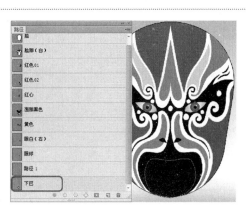

绘制"下巴"路径

步骤38 在"图层"面板中单击"创建新图层"按钮，将新创建的图层命名为"下巴"，按Ctrl+Enter快捷键将其载入选区，将前景色的RGB值设置为（243、243、245），按Alt+Delete快捷键进行填充，按Ctrl+D快捷键取消选区。

为"下巴"路径填充颜色

步骤39 在工具箱中单击"椭圆工具"，在文档中绘制一个椭圆，按Ctrl+Enter快捷键将其载入选区，按Shift+F6快捷键打开"羽化选区"对话框，在该对话框中将"羽化半径"设置为15。

设置羽化半径

步骤40 在"图层"面板中新建一个"嘴巴阴影"图层，将前景色的RGB值设置为（0、0、0），按Alt+Delete快捷键进行填充，按Ctrl+D快捷键取消选区。

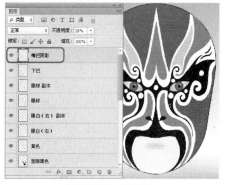

新建图层并填充颜色

步骤41 使用同样的方法绘制其他对象，并为其填充颜色。

步骤42 按住Ctrl键选择除"01"、"渐变色背景"、"背景"外的所有图层，对选中的图层进行复制，按Ctrl+E快捷键将选中的涂层进行合并，按Ctrl+T快捷键变换选区，右击鼠标，在弹出的快捷菜单中选择"垂直翻转"命令，并调整其位置。

绘制其他对象后的效果

复制图形并进行垂直翻转

步骤43 在"图层"面板中单击"添加图层蒙版"按钮，添加一个图层蒙版，在工具箱中单击"渐变工具"，在工具属性栏中将渐变颜色设置为"前景色到背景色渐变"，按住鼠标在文档中进行拖动即可。

步骤44 在工具箱中单击"矩形工具"，在工具选项栏中，将工具模式设置为形状，将填充颜色设置为红色，在文档中绘制一个矩形，在图层面板中双击该图层，在弹出的"图层样式"对话框中，选择"投影"选项卡，将"不透明度"设置为82，将"角度"设置为49。

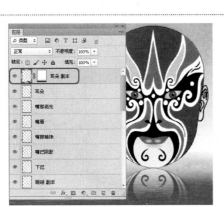

为蒙版添加渐变色

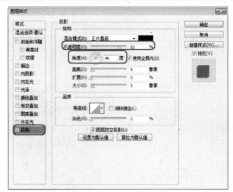

设置图层样式

步骤45 绘制一个矩形并将填充颜色设置为红色，在工具箱中单击"直排文字工具"，在文档中单击鼠标，并输入文字，选中输入的文字，在工具选项栏中，将"字体"设置为"汉仪细行楷简"，将"字体大小"设置为130点，将"字体颜色"设置为白色。

步骤46 使用前面介绍的方法导入其他素材文件，并在文档中调整其位置，查看完成后的效果。

输入文字

添加其他素材后的效果

16.5 编辑路径

使用 🖋、🖋、▢、◉、◉、◉、/ 和"自定形状工具"🏵 等工具都可以创建路径，不过前提是在工具选项栏中选中"路径"选项。

16.5.1 路径选择工具

使用"路径选择工具"可以选择整个路径，也可以移动路径。下面介绍使用路径选择工具的方法。

步骤1 使用"自定形状工具"🏵创建一个工作路径，然后打开"路径"面板，选择"工作路径"。	**步骤2** 在工具箱中选择"路径选择工具"，然后单击创建的路径，可以看到，路径上的锚点都是实心显示的，即可移动路径。

步骤3 按住Ctrl键可以使其转换为"直接选择工具"，这样就可以对锚点进行修改。

16.5.2 直接选择工具

直接选择工具主要用于选择锚点和方向点。被选中的锚点显示为实心方形，没有选中的锚点显示为空心的方形。

在路径外单击则可隐藏锚点，在锚点上单击可以选择这个锚点，选中的锚点两侧会出现控制柄。

如果配合使用Shift键，可选择多个锚点。也可以通过框选来选择多个锚点。

锚点被选中后，可将光标放置在锚点上，通过拖动鼠标来移动锚点。当方向线出现时，可以用直接选择工具移动控制点的位置，改变方向线的长短来影响路径的形状，改变方向线的状态会影响路径的形状。按住Alt键可暂时切换为路径选择工具。

16.5.3 添加/删除锚点工具

使用"添加锚点工具"🖉在路径上单击可以添加锚点，使用"删除锚点工具"🖉在锚点上单击可以删除锚点，也可以在钢笔工具状态下，在工具选项栏中选择"自动添加/删除"复选框。此时在路径上单击即可添加使用文字、路径和切片锚点，在锚点上单击即可删除锚点。

16.5.4 转换点工具

使用"转换点工具"📐可以使锚点在角点、平滑点和转角之间进行转换。

- **角点转换成平滑点**：使用"转换点工具"📐在锚点上单击并分别拖动控制柄，可将角点转换成平滑点。
- **平滑点转换成角点**：使用"转换点工具"📐直接对锚点单击即可进行转换。
- **平滑点转换成转角点**：使用"转换点工具"📐单击方向点并拖动，更改控制点的位置或方向线的长短即可。

16.6 使用路径面板

使用"路径"面板可以对路径快速、方便地进行管理。"路径"面板是集编辑路径和渲染路径于一身，在这个面板中，可以完成从路径到选区和从自由选区到路径的转换，还可以对路径施加一些效果，使路径看起来不那么单调。

16.6.1 填充路径

步骤1 打开随书附带光盘中的"CDROM\素材\第16章\纸盒.jpg"文件。	**步骤2** 在工具箱中选择钢笔工具，在纸盒上创建一条路径。

打开素材

创建路径

步骤3 在"路径"面板上单击 ● 按钮，即可用前景色对路径进行填充，前景色可为任意颜色。

步骤4 如果在按住Alt键的同时单击 ● 按钮，则可弹出"填充路径"对话框。

填充前景色

"填充路径"对话框

16.6.2 描边路径

步骤1 打开随书附带光盘中的"CDROM\素材\第16章\背景.jpg"文件。

步骤2 在工具箱中选择钢笔工具，然后在文件中创建路径。

打开素材

创建路径

步骤3 在文件中选择创建的路径，在"路径"面板上单击"将路径作为选区载入" 按钮 ，可以实现对路径的描边。

16.6.3 实战：路径和选区的转换

单击"将路径作为选区载入"按钮 ，可以将路径转换为选区，操作步骤如下。

步骤1 打开随书附带光盘中的"CDROM\素材\第16章\百合.jpg"文件。

步骤2 在工具箱中选择钢笔工具，对素材创建路径。

打开素材

创建路径

步骤3 单击"路径"面板上的"将路径作为选区载入"按钮 ，可以将路径转换为选区进行操作。

步骤4 如果在按住Alt键的同时单击 按钮，可弹出"建立选区"对话框，通过该对话框可以设置"羽化半径"等选项。

步骤5 单击 按钮，可以将当前的选区转换为路径。

将路径转换为选区

"建立工作路径"对话框

将选区转换为路径

16.6.4 工作路径

在Photoshop中，每个图像上只能有一个工作路径，用钢笔工具在图像上绘制所产生的路径，叫工作路径。

16.6.5 使用"创建新路径"和"删除当前路径"按钮

打开路径面板，选择"创建新路径"按钮，新建一个图层，绘制一个圆，将圆载入选区，填充颜色，取消选区之后，选择路径，然后将路径删除。

16.6.6 复制路径

复制路径的主要作用是将路径包围的图像作为其他程序的信息来使用。复制路径的具体操作步骤如下。

步骤1 打开随书附带光盘中的"CDROM\素材\第16章\海星.jpg"文件。

步骤2 在工具箱中选择"钢笔工具" ，然后在场景中对图像创建路径。

步骤3 单击"路径"面板右上角的黑三角按钮，选择"存储路径"命令后再选择"复制路径"命令。

打开素材

创建路径

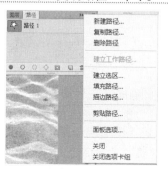
选择"复制路径"命令

16.6.7 实战：绘制笑脸

绘制笑脸的步骤如下。

步骤1 打开Photoshop CS6软件，按Ctrl+N快捷键，在弹出的对话框中，将其"名称"设置为"笑脸"，将"宽度"、"高度"均设置为20厘米。"分辨率"为72像素/英寸，背景内容为白色，单击"确定"按钮。

步骤2 新建一个图层，选择"椭圆工具"，按住Shift键，绘制正圆，选择"路径"面板，选中"路径1"，单击"将路径作为载入选区"按钮。

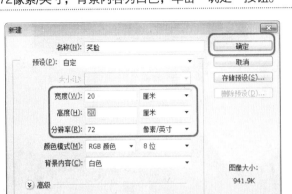

新建"笑脸"

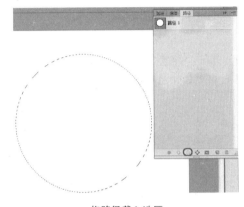

将路径载入选区

步骤3 将前景色的RGB值设置为（253、250、3），单击"确定"按钮。

步骤4 按Alt+Delete快捷键，填充颜色，按Ctrl+D快捷键取消选区。

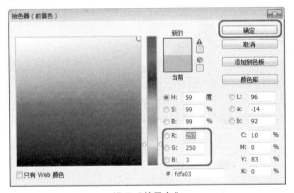

设置"前景色"

取消选区

步骤5 新建图层2，设置前景色的RGB值为（253、186、3），单击"确定"按钮。

步骤6 进入路径面板，选择路径1，单击"将路径作为载入选区"按钮，按Alt+Delete快捷键填充颜色，按Ctrl+D快捷键取消选区。

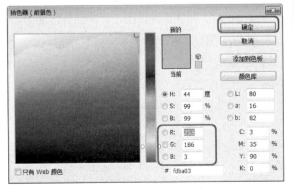

设置"前景色"

取消选区

步骤7 选择"椭圆工具",按住Shift键绘制正圆,选择"路径"面板,选中"路径2",按Ctrl+T快捷键,改变正圆的大小,效果如图。

设置正圆大小

步骤8 将"路径2"载入选区,按Shift+F6快捷键,将"路径2"羽化边缘,设置"羽化半径"为10像素。

羽化半径

步骤9 按Delete键,取消选区,效果如图。

取消选区

步骤10 新建一个图层,选择"椭圆工具",绘制一个椭圆,调整到合适的位置。

绘制椭圆

步骤11 选择"渐变工具",在"渐变编辑器"中设置渐变颜色。

设置渐变

步骤12 将椭圆载入选区,将椭圆形填充渐变效果。

渐变效果

步骤13 新建图层,选择"椭圆工具",绘制一个椭圆,将其调整到合适的位置。

绘制椭圆

步骤14 设置前景色的RGB值为(71、3、45),单击"确定"按钮。

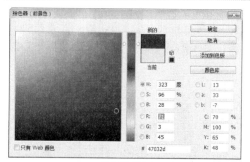

设置前景色

步骤15 将椭圆载入选区,按Alt+Delete快捷键,填充颜色,按Ctrl+D快捷键取消选区。

步骤16 按Ctrl+J快捷键复制"图层4",并将其调整至合适的位置。

填充颜色

复制图层

步骤17 选择"钢笔工具"，绘制一个形状。

步骤18 将绘制的图形载入选区，按Alt+Delete快捷键，填充颜色，按Ctrl+D快捷键取消选区，最终效果如图。

使用钢笔工具绘制

最终效果

16.7 网页切片输出

切片就是将一幅大图像分割为一些小的图像切片，然后在网页中通过没有间距和宽度的表格重新将这些小的图像没有缝隙地拼接起来，成为一幅完整的图像。这样做可以降低图像的大小，减少网页下载的时间。

16.7.1 创建切片

创建切片使用的是切片工具，而且切片只能是矩形，不能是其他形状。当然，也可以创建多边形的切片，但是这种切片实际上是由矩形拼凑而成的。创建切片的步骤操作如下。

步骤1 打开随书附带光盘中的"CDROM\素材\第16章\雪.jpg"文件。

步骤2 选择工具箱中的"切片工具" ，在选项栏中设置参数，然后将该工具移到图像窗口上，对图像进行切片，形成的切片会被分成数块，并且切片将会依据切割的位置自动地进行编号。

打开素材   进行切割后的图片

步骤3 也可以将切片分为6部分。首先在切片部位右击鼠标，在弹出的快捷菜单中选择"切片划分"命令，弹出该项的对话框；然后设置"水平划分"为3、"垂直划分"为2，单击"确定"按钮。

划分切片

效果图

16.7.2 编辑切片

制作完切片之后，可以进一步编辑切割图像。

1. 改变切割位置与切割大小

图像被切割之后仍然可以改变其位置与大小，选择"切片选择工具" 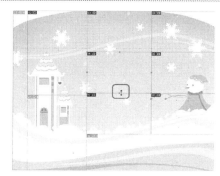，在切片部位进行拖拉可以改变切割的位置，拖拉切片边缘的变形控制点可以改变切割的大小。

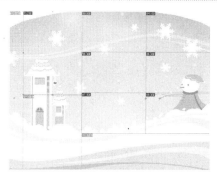

改变切割位置

改变切割大小

2. 改变切割图像的前后顺序

如果连续使用"切片工具"多次切割图像，图像上会出现多个可以编辑的切片，此时可以改变切片的前后顺序，以改变切割图像的数目。使用"切片选择工具"选取要改变顺序的切片，然后在选项控制面板上单击要改变的顺序按钮即可。

3. 将未被切割的部分转换为切割

使用"切片选择工具"先选取需要转换的图片，然后单击选项栏中的 提升 按钮即可。

4. 删除图像切片

使用"切片选择工具"选取切片，然后按Delete键可将其移除，而原本自动产生的未被切割的部分将随之移除。选择"视图|清除切片"命令，也可将图像的切片完全移除。

5. 锁定图像切片

如果不希望切片位置变动的话，选择"视图|锁定切片"命令，可将图像的切片完全锁住。

16.7.3 输出切片

要输出切片，选择"文件|存储为Web和设备所用格式"命令，在弹出的对话框中可以分别对各切片进行最佳化设定，设定完成后单击"确定"按钮，即可输出所有的切片。

16.8 操作答疑

下面列举出常见问题并对其进行详细解答。在后面给出多个练习题，以方便读者学习及巩固前面所学的知识。

16.8.1 专家答疑

（1）栅格化文字之后，是否还具有文字属性？

答：文字图层栅格化处理以后，就成为了一般的图形，不再具有文字的属性。文字图层成为普通图层后，可以对其直接应用"滤镜"效果。

（2）锚点之后是空心还是实心的方向点？

答：锚点被选中时为一个实心的方向点，不被选中时是一个空心的方向点。控制点在任何时候都是实心的方向点，而且比锚点小。

16.8.2　操作习题

1．选择题

（1）（　　　）是一种特殊的图层。要相对文字进行进一步的处理，可以对文字进行栅格化处理，即先将文字转换成一般的图像再进行处理。

　　A．文字图层　　　　　B.图像图层　　　　　C.图形图层

（2）使用"路径"面板可以对路径快速、方便地进行（　　　）。

　　A.管理　　　　　　　B.使用　　　　　　　C.编辑

（3）直接选择工具主要是用来选择（　　　）。被选中的锚点显示为实心方形，没有选中的锚点显示为空心的方形。

　　A．方向点　　　　　　B.锚点　　　　　　　C.锚点与方向点

2．填空题

（1）路径有一个或多个_____、_____、_____、_____和_____等构成。

（2）"路径"面板是集_____路径和_____路径与一身，在这个面板中，可以完成从路径到选区和从自由选区到路径的转换，还可以对路径设置一些效果，使得路径看起来不那么单调。

3．操作题

制作网页广告。

（01）运用文字工具制作网页广告。

（02）利用图层路径面板制作网页广告。

（03）运用矩形工具制作广告背景。

第17章

综合实战案例

本章重点：

本章主要介绍三个精彩案列的制作过程及方法，运用Photoshop、Flash以及Dreamweaver软件的功能来进行制作。

学习目的：

通过本章的学习，熟练掌握用Photoshop、Flash以及Dreamweaver三个软件制作网站的方法，对前面所学的知识进行巩固，为以后做网站设计积累经验。

参考时间：70分钟

主要知识	学习时间
17.1　制作儿童摄影网站	20分钟
17.2　制作红酒网站	25分钟
17.3　制作旅游网站	25分钟

17.1 | 制作儿童摄影网站

一个网站中不可缺少的元素就是该网站的LOGO、文字信息和网站动画等，本案例将结合前面章节中所学到的内容，制作一个儿童摄影网站。

17.1.1 使用Photoshop制作网页元素

网页中需要用到的一些元素，比如标题栏和网站的LOGO等，都需要在Photoshop中进行制作，下面将简单介绍在Photoshop中制作网页元素的操作步骤。

步骤1 打开Photoshop软件，按Ctrl+N快捷键，在弹出的对话框中将"名称"设置为"首页"，将宽度和高度设置为150像素×40像素，将"分辨率"设置为300，将"背景内容"设置为透明。

步骤2 设置完成后单击"确定"按钮，即可创建一个空白的Photoshop文档，在工具箱中选择"矩形选框工具" ，在场景中绘制一个矩形选区。

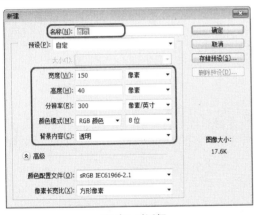

"新建"对话框

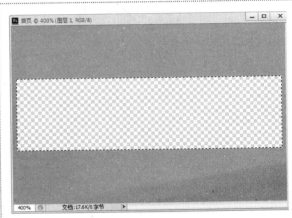

创建选区

步骤3 在工具箱中单击"设置前景色"按钮 ，在弹出的"拾色器（前景色）"对话框中，将RGB值设置为（212、181、39）。

步骤4 设置完成后单击"确定"按钮，按Alt+Delete快捷键填充前景色。

填充颜色后的效果

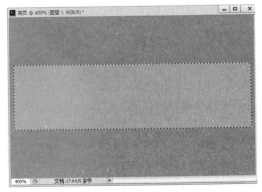

设置填充颜色

步骤5 按Ctrl+D快捷键，取消选区，在工具箱中选择"横排文字工具" ，使用同样的方法将前景色设置为白色，在选项栏中，将文字大小设置为5点，在场景中单击并输入相应的符号。

步骤6 按F7键打开"图层"面板，选择图层，单击鼠标右键，在弹出的快捷菜单中选择"栅格化文字"命令。

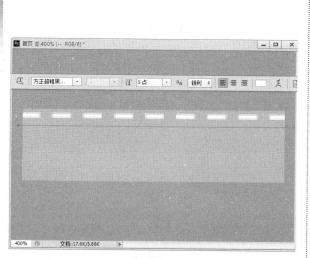

输入符号

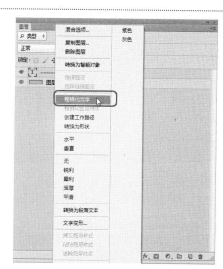

选择"栅格化文字"命令

步骤7 复制该图层，选择复制后的图层，按Ctrl+T快捷键，调出自由变换框，单击鼠标右键，在弹出的快捷菜单中选择"旋转90度（顺时针）"命令。

步骤8 旋转完成后按回车键确认该操作，使用选择工具将其调整至合适的位置。

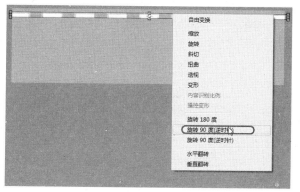

设置旋转

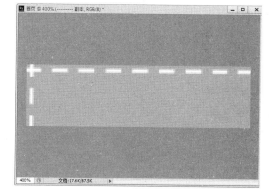

转换元件

步骤9 使用同样的方法，复制出其他的图层，并将其调整至合适的位置。

步骤10 在图层面板中，选择"图层 1"之外的其他图层，单击鼠标右键，在弹出的快捷菜单中选择"合并图层"命令。

新建图层

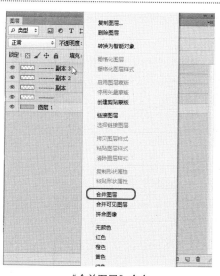

"合并图层"命令

步骤11 执行完该命令之后会将选择的图层进行合并，使用矩形选框工具，将多余的形状进行框选并将其删除，观察完成后的效果。

步骤12 在工具箱中选择"横排文字工具" T，在选项栏中将"字体"设置为"迷你简娃娃篆"，将"大小"设置为6，并将其"字距"设置为200，在场景中单击鼠标，输入文字信息"首页"，并将其调整至合适的位置。

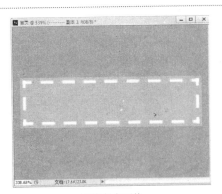

删除多余形状

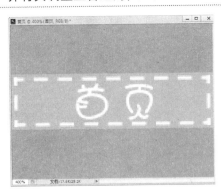

输入文字

步骤13 按Ctrl+S快捷键，在弹出的对话框中为其指定一个正确的存储路径，并将"格式"设置为png。

步骤14 单击"保存"按钮，即可将该文档保存为PNG格式的文件，返回"首页"场景，打开"图层"面板，在该面板中选择"图层 1"图层，按Ctrl键的同时单击该图层的缩略图，调出该图层的选区。

"存储为"对话框

调出缩略图

步骤15 将前景色的RGB值设置为（139、208、252）。

步骤16 按Alt+Delete快捷键为选区填充前景色。

步骤17 按Ctrl+D快捷键取消选区，双击"首页"图层，将其文字更改为"摄影中心"。

步骤18 使用同样的方法将其保存为png格式的文件。

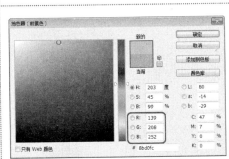

设置填充颜色

填充颜色

更改文字

步骤19　使用同样的方法，制作其他的文字效果。

步骤20　使用同样的方法新建一个"名称"为LOGO，大小为1000像素×300像素，分辨率为300像素/英寸的文档。

"新建"对话框

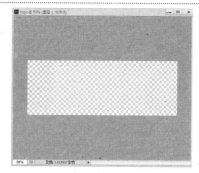

创建文档

步骤21　在工具箱中选择"矩形选框工具" ，在场景中绘制一个选区，并将前景色的RGB值设置为（255、249、227），按Alt+Delete快捷键填充前景色。

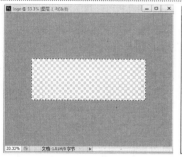

创建选区

设置前景色

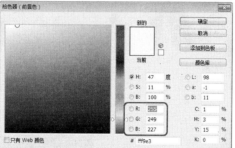

填充颜色

步骤22　按Ctrl+D快捷键取消选区，新建图层，使用钢笔工具在场景中绘制一个形状。

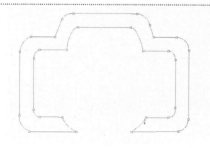

转换为元件

步骤23　按回车键确认该操作，将前景色的RGB值设置为（239、97、54），按Alt+Delete快捷键填充前景色。

调整位置并设置样式

步骤24　在工具箱中选择"椭圆选框工具" ，然后在选项栏中单击"从选区减去"按钮 ，在场景中绘制两个正圆选区。

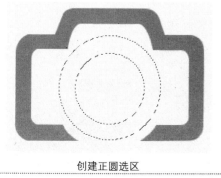

创建正圆选区

步骤25　按Alt+Delete快捷键，为选区填充前景色，然后按Ctrl+D快捷键取消选区。

填充前景色

步骤26 在工具箱中选择"横排文字工具" T ，在选项栏中将"字体"设置为"方正超粗黑简体"，将"大小"设置为35点，在场景中单击并输入文字"七"。

步骤27 打开"图层"面板，选择"七"图层，单击鼠标右键，在弹出的快捷菜单中选择"创建工作路径"命令。

输入文字

选择"创建工作路径"命令

转换为工作路径

步骤28 在工具箱中选择"直接选择工具" ，调整字体的形状。观察调整完成后的效果。

步骤29 在"图层"面板中选择"图层2"和"七"图层，按Ctrl+E快捷键将其合并，然后双击该图层的缩略图，打开"图层样式"对话框。

调整完成后的效果

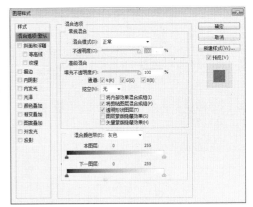
"图层样式"对话框

步骤30 在"样式"选项栏中选择"斜面和浮雕"选项，在"结构"选项组中，将"样式"设置为"内斜面"，"大小"设置为3像素，"软化"设置为2像素，在"阴影"选项组中，将"角度"设置为160度。

步骤31 设置完成后单击"确定"按钮，在场景中观察设置完成后的效果。

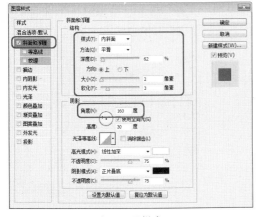
设置图层样式

设置完成后的效果

步骤32　在工具箱中选择"横排文字工具" T ，在选项栏中将"字体"设置为"汉仪综艺体简"，将"大小"设置为15点，在场景中输入相应的文字信息。

步骤33　在"图层"面板中创建一个新图层。在工具箱中选择"矩形选框工具" ，在场景中创建一个矩形选区，为其填充前景色。按Ctrl+D快捷键取消选区。

输入文字　　　　　　　　　　　　　　　　　　　　　创建选区并填充颜色

步骤34　使用同样的方法，在矩形的下方输入相应的文字信息，观察完成后的效果。

步骤35　按Ctrl+S快捷键，在弹出的对话框中为其指定一个正确的存储路径，并将其保存格式设置为JPEG。

创建选区并填充颜色　　　　　　　　　　　　　　　"另存为"对话框

17.1.2　使用Dreamweaver制作网页

在Photoshop中制作完网页元素后，下面将介绍在网页中制作儿童摄影网站。

步骤1　启动Dreamweaver软件，在菜单栏中选择"文件｜新建"命令，在弹出的"新建文件"对话框中选择"空白页｜HTML｜无"选项。	**步骤2**　设置完成后单击"创建"按钮，即可创建一个空白的页面，打开"属性"面板，在该面板中单击"页面属性"按钮。

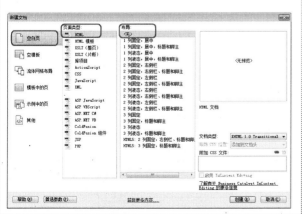 

"新建文档"对话框　　　　　　　　　　　　　　　选择"页面属性"按钮

步骤3 打开"页面属性"对话框，在"分类"选项栏中选择"外观（HTML）"选项，将"背景"颜色设置为#FFF9E3，将"左边距"、"边距宽度"、"上边距"、"边距高度"分别设置为55、55、20、20。	**步骤4** 设置完成后单击"确定"按钮，即可改变页面的颜色和边距宽度。
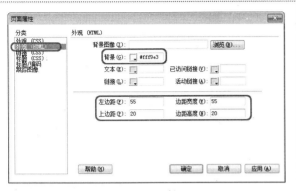 设置页面属性	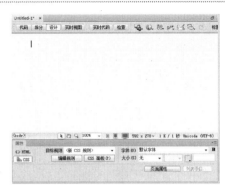 设置完成后的效果
步骤5 在菜单栏中选择"插入|表格"命令，在弹出的对话框中，将"行数"设置为1，将"列"设置为1，将"表格宽度"设置为90百分比，将"边框粗细"设置为0像素，将"单元格边距"、"单元格间距"均设置为0。	**步骤6** 设置完成后单击"确定"按钮，即可在文档中创建一个1行1列的表格。
 "表格"对话框	 创建的1行1列表格
步骤7 按Enter键进行换行，然后将光标置入第一行中，再次插入一个1行2列，"表格宽度"为99百分比的表格。	**步骤8** 将光标置于该表格的第1列中，在"属性"面板中将"HTML"选项卡中的"宽"设置为25%。
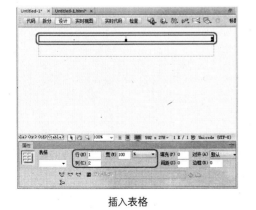 插入表格	 设置表格

步骤9 在菜单栏中选择"插入｜图像"命令，在弹出的对话框中选择随书附带光盘中的"CDROM\素材\第17章\logo（2）.jpg"文件。

步骤10 单击"确定"按钮，将选择的素材文件添加到表格中。在"属性"面板中，单击"切换尺寸约束"按钮，将其"宽"、"高"锁定，将"宽"设置为200，"高"设置为70。

"选择图像源文件"对话框

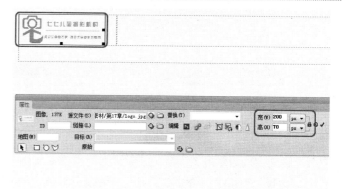

设置图像大小

步骤11 将光标置于第2列单元格中，再次插入一个1行2列，"宽"为100%的单元格。

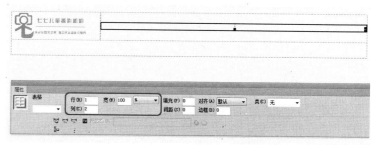

插入单元格

步骤12 将光标置于第1列单元格中，在"属性"面板中将"宽"设置为45%，"水平"设置为"居中对齐"。

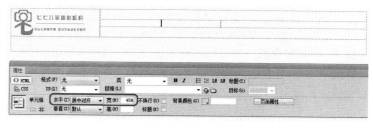

设置单元格宽度

步骤13 按Ctrl+Alt+I快捷键，在弹出的对话框中选择随书附带光盘中的"CDROM\素材\第17章\搜索.png"文件。

步骤14 单击"确定"按钮，即可将选择的素材文件添加至单元格中。

"选择图像源文件"对话框

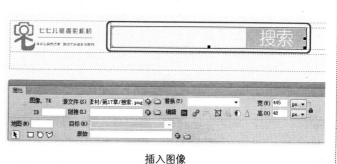

插入图像

步骤15 选择插入的对象，在"属性"面板中将"宽"设置为280。

步骤16 将光标置于第2列单元格中，在"属性"面板中单击"拆分单元格为行或列"按钮，在弹出的对话框中单击"列"单选按钮，设置"列数"为2。

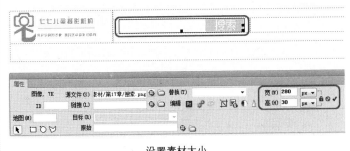

设置素材大小　　　　　　　　　　　　　　　　"拆分单元格"对话框

步骤17 设置完成后单击"确定"按钮，即可将该单元格拆分为2列。将光标置于拆分后的第1列单元格中，在"属性"面板中，将"宽"设置为25%，并将"水平"设置为"居中对齐"。

步骤18 确认光标置于第1列单元格中，在该单元格中输入"服务类型"文字信息。在菜单栏中选择"格式 | CSS样式 | 新建"命令。

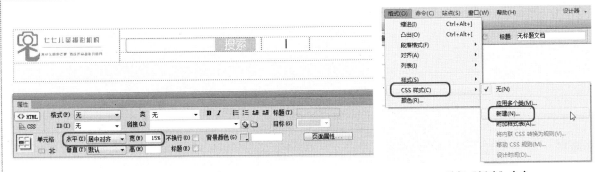

设置单元格属性　　　　　　　　　　　　　　　选择"新建"命令

步骤19 弹出"新建CSS规则"对话框，在"选择或输入选择器名称"文本框为其指定一个名称。

步骤20 弹出".l的CSS规则定义"对话框，在类型选项组中单击"Font-Family"文本框右侧的下拉三角按钮，在弹出的下拉列表中选择"编辑字体列表"选项。

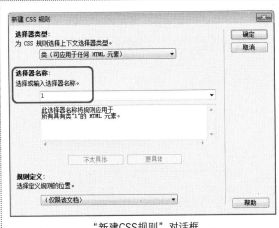

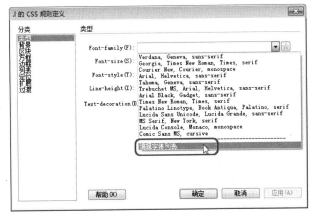

"新建CSS规则"对话框　　　　　　　　　　　选择"编辑字体列表"选项

步骤21 弹出"编辑字体列表"对话框，在"可用字体"区域中选择"汉仪综艺体简"字体，单击按钮，将其添加至"选择的字体"区域中。

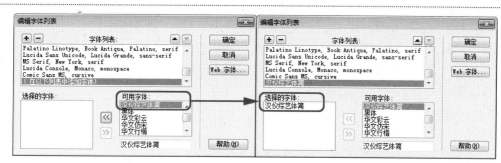

添加字体

步骤22 设置完成后单击"确定"按钮，回到".l的CSS规则定义"对话框，再次单击"Font-Famil"文本框右侧的下拉三角按钮，在弹出的下拉列表中选择"汉仪综艺体简"字体，将"Font-Size"设置为18，将"Color"设置为#F06137。

步骤23 设置完成后单击"确定"按钮，观察完成后的效果。

设置字体属性　　　　　　　　　　　　　　设置完成后的效果

步骤24 将光标置于第2列单元格，在该单元格中插入一个3行2列，表格宽度为100%，单元格间距为"3"的表格。

步骤25 选择插入的单元格，在"属性"面板中将"水平"设置为"居中对齐"。

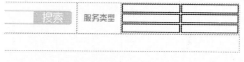

插入单元格　　　　　　　　　　　　　　　设置单元格属性

步骤26 在插入的单元格中输入相应的文字内容，查看完成后的效果。

步骤27 将光标置于第1个单元格中的第2行中，在该行插入一个2行1列，"表格宽度"为100百分比，"单元格间距"为0的表格。

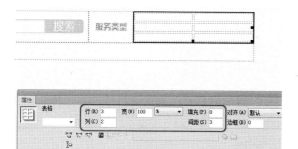

输入文字信息

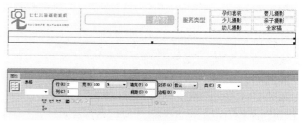

插入表格

步骤28 将光标置入第一个单元格，按Ctrl+Alt+I快捷键，在弹出的快捷菜单中选择随书附带光盘中的"CDROM\素材\第17章\花纹.png"文件。

步骤29 单击"确定"按钮，即可将选择的素材文件添加到表格中，选择插入的素材文件，在"属性"面板中单击"切换尺寸约束"按钮，将"宽"设置为"905"，"高"设置为"43"。

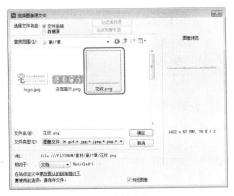

选择素材文件

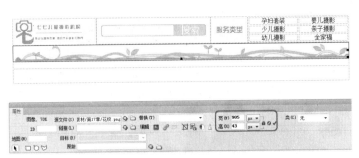

设置素材大小

步骤30 将光标置于第2行单元格中，在"属性"面板中切换至"CSS"选项卡，在该选项卡中单击"拆分单元格为行或列"按钮，在弹出的对话框中单击"列"单选按钮，并将"列数"设置为6。

步骤31 设置完成后单击"确定"按钮，即可将选择的单元格拆分为6列1行的单元格。

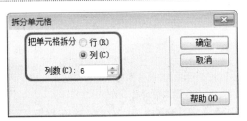

"拆分单元格"对话框

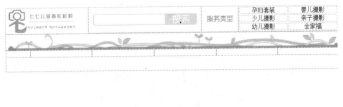

拆分单元格后的效果

步骤32 选择拆分后的单元格，在"属性"面板中将"水平"设置为"居中对齐"选项。

步骤33 将光标置入第一个单元格中，按Ctrl+Alt+I快捷键，在弹出的快捷菜单中选择随书附带光盘中的"CDROM\素材\第17章\首页.png"文件。

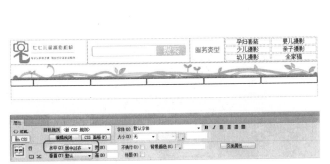

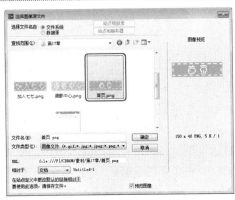

导出影片对话框

步骤34 单击"确定"按钮，即可将选择的素材文件添加至单元格中，并使用同样的方法在其他单元格中插入其他图像文件，观察完成后的效果。

添加素材后的效果

步骤35　在导航栏下方创建一个1行2列、宽度为100百分比的单元格，将光标置入第1列单元格中，在"属性"面板中将"宽"设置为90%。

设置单元格宽度

步骤36　将光标置入第2列单元格中，按Ctrl+Alt+I快捷键，在弹出的对话框中选择随书附带光盘中的"CDROM\素材\第17章\卡通.png"文件。

步骤37　单击"确定"按钮，即可将选择的素材文件添加至单元格中，选择添加的素材文件，在"属性"面板中，将"宽"设置为100。

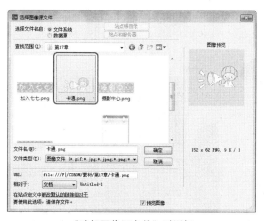

"选择图像源文件"对话框

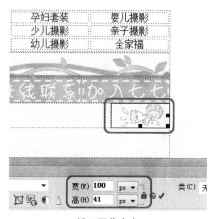

设置图像大小

步骤38　将光标置于第1列单元格中，在该单元格中输入相应的文字信息，然后单击"代码"按钮，切换至"代码"界面。

步骤39　在公告文前输入代码："<marquee direction="right" behavior="scroll" loop="-1" scrollamount="2" heihht="120">"，然后在公告文后面输入代码"</marquee>"。

"代码"界面

输入代码

步骤40　设置完成后切换至"设计"代码。在公告栏表格下方插入一个1行2列、"宽度"为100%的表格。将光标置入第1列单元格中，在"属性"面板中将"宽"设置为70%，将"高"设置为260。

步骤41 在确认当前光标置于第1列单元格中的情况下，在菜单栏中选择"插入丨媒体丨插件"命令，在弹出的"选择文件"对话框中选择随书附带光盘中的"CDROM\素材\第17章\照片切换效果.swf"素材文件。

设置表格属性　　　　　　　　选择"插件"命令　　　　　　　　"选择文件"对话框

步骤42 单击"确定"按钮，即可将选择的素材文件添加至单元格中，在"属性"面板中单击"播放"按钮，观察插入的Flash动画效果。

步骤43 将光标置于第2列单元格中，在属性面板中将"水平"设置为"居中对齐"，在该单元格中插入一个1行1列，"表格宽度"为90%的表格。

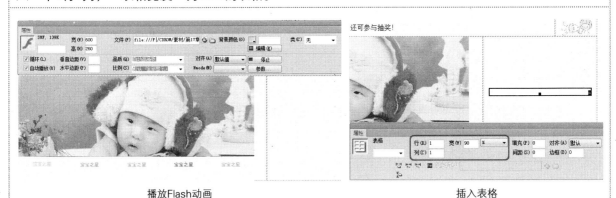

播放Flash动画　　　　　　　　　　　　　　插入表格

步骤44 将光标置于该单元格中，在"属性"面板中将"高"设置为250。

步骤45 在菜单栏中选择"格式丨CSS样式丨新建"命令，打开"新建CSS规则"对话框，在"选择器名称"下的文本框中新建一个CSS规则。

设置表格高度　　　　　　　　选择"新建"命令　　　　　　　　"新建CSS规则"对话框

步骤46 设置完成后单击"确定"按钮，打开".h的CSS规则定义"对话框，在"分类"选项列表中选择"边框"选项，在"边框"选项组中，将"Top"设置为solid，将"Width"设置为thin，将"Color"值设置为#666。

步骤47 设置完成后单击"确定"按钮即可，确认光标处于该单元格中的情况下，在"属性"面板中将"目标规则"设置为.h。

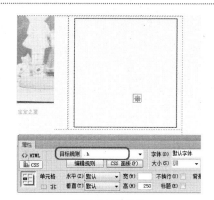

".h的CSS规则定义"对话框　　　　　　　　　　设置单元格属性

步骤48 在该单元格中插入一个7行1列，"表格宽度"为100%的表格。

步骤49 选择第2行单元格，在"属性"面板中将"高"设置为20，按Ctrl键的同时选择其他单元格，在"属性"面板中将"高"设置为38。

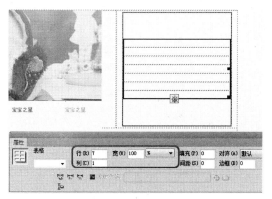

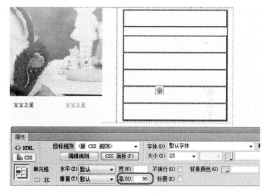

插入单元格　　　　　　　　　　　　　　　　　设置单元格属性

步骤50 将光标置入第2行单元格中，在"属性"面板中，将"字体颜色"设置为#FF7CA4。

步骤51 按Ctrl键的同时选择第1个、第6个、第7个单元格，在"属性"面板中将"水平"设置为"居中对齐"。

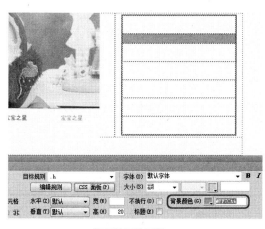

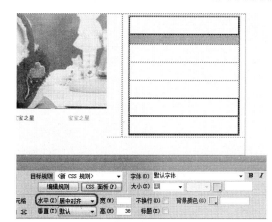

设置单元格属性　　　　　　　　　　　　　　　设置单元格属性

步骤52 将光标置于第1个单元格中，在该单元格中输入文字信息，并将其选中，在"属性"面板中将"大小"设置为18，在弹出的对话框中保持默认设置，单击"确定"按钮即可。

步骤53 确认文字信息处于被选择的状态下，在"属性"面板中将"字体颜色"设置为#F06137，单击"字体"右侧的三角按钮，在弹出的下拉列表中选择"汉仪综艺体简"选项。观察完成后的效果。

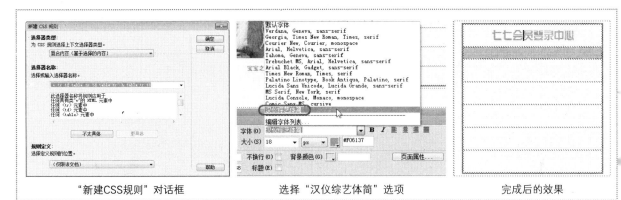

"新建CSS规则"对话框   选择"汉仪综艺体简"选项   完成后的效果

步骤54 将光标置于第3个单元格中，在该单元格中输入文字信息，然后在菜单栏中选择"插入 | 表单 | 文本域"命令，在弹出的对话框中保持默认设置，单击"确定"按钮即可，在单元格中选择插入的文本域，在"属性"面板中将"字符宽度"设置为15，将其调整至于文字信息在同一行中，然后将表单删除，观察完成后的效果。

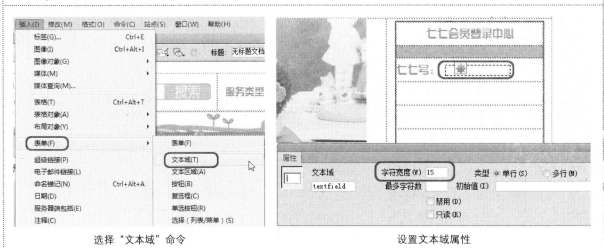

选择"文本域"命令   设置文本域属性

步骤55 使用同样的方法，在第3行单元格中输入文字信息并插入文本域，将其"类型"设置为密码。

步骤56 按Ctrl+Shift+空格键插入空格，在菜单栏中选择"插入 | 表单 | 复选框"命令，在弹出的对话框中保持默认设置，即可插入一个复选框。

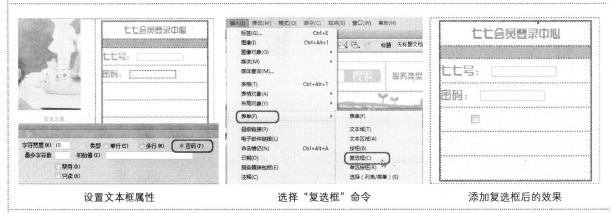

设置文本框属性   选择"复选框"命令   添加复选框后的效果

步骤57 在菜单栏中选择"格式 | CSS样式 | 新建"命令，在弹出的对话框中指定一个CSS规则。

步骤58 设置完成后单击"确定"按钮，在".t的CSS规则定义"对话框中单击"Font-Famil"文本框右侧的下拉三角按钮，在弹出的下拉列表中选择"Verdana, Geneva, sans-serif"字体，将"Font-Size"设置为16，将"Color"设置为#000。

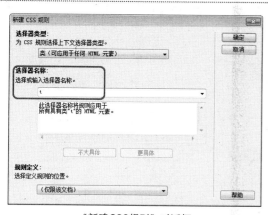

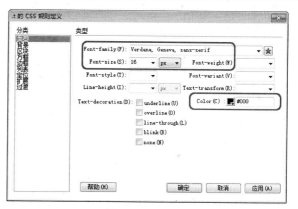

"新建CSS规则"对话框 设置CSS规则定义

步骤59 设置完成后单击"确定"按钮，选择输入的文字信息，在"属性"面板中将"目标规则"设置为.t。

步骤60 将光标置于第6行单元格中，在菜单栏中选择"插入 | 表单 | 按钮"命令，在弹出的对话框中保持默认设置，单击"确定"按钮，即可在单元格中插入按钮。

步骤61 在单元格中选择插入的按钮，在"属性"面板中将"值"设置为登录，按回车键确认该操作。

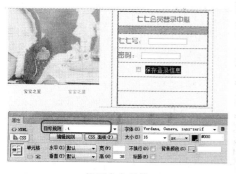

设置文字属性 插入按钮 设置按钮属性

步骤62 将光标置于第7个单元格中，在该单元格中输入文字信息，并为其设置其他CSS样式。

步骤63 在表格的下方再次创建一个1行1列，"表格宽度"为100%的单元格，并在"属性"面板中将其"高"度设置为25，在菜单栏中选择"插入 | HTML | 水平线"命令。

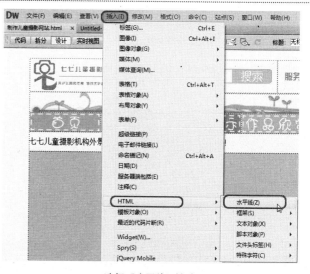

设置完成后的效果 选择"水平线"命令

步骤64 使用同样的方法创建其他对象，并进行相应的设置。设置完成后，对完成后的场景进行保存，按F12键预览效果即可。

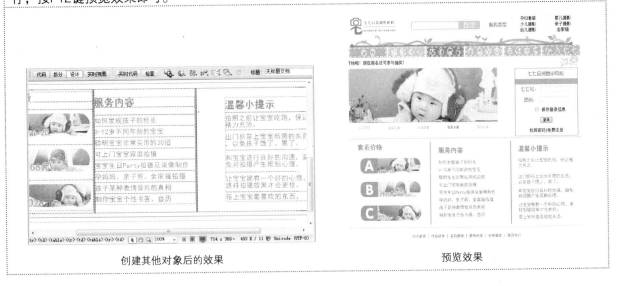

创建其他对象后的效果　　　　　　　　　　　预览效果

| 17.2 | 制作红酒网站

　　本节将根据前面章节所学的知识制作一个红酒网站，其中包括如何在Flash中制作导航动画，以及在Dreamweaver中制作网页框架，通过本节的学习，可以进一步加深对前面知识的了解。

17.2.1　制作导航动画

　　下面将介绍如何制作导航动画，该例主要是将素材文件转化为影片剪辑元件，然后输入代码，其具体操作步骤如下。

步骤1 在菜单栏中选择"文件｜新建"命令，弹出"新建文档"对话框，在"类型"列表框中选择"ActionScript2.0"选项，然后在右侧的设置区域中将"宽"设置为800像素，将"高"设置为500像素，将"帧频"设置为40fps。

步骤2 单击"确定"按钮，即可新建一个空白文档，在工具箱中选择"矩形工具" 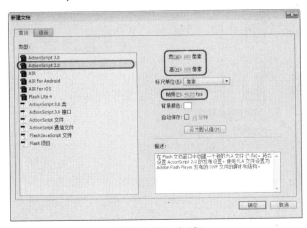，在"属性"面板中将"笔触颜色"设置为无，将"填充颜色"设置为#A4A4A4，然后在舞台中绘制矩形，将"宽"和"高"分别设置为264、38.4。

　　　　"新建文档"对话框　　　　　　　　　　　绘制矩形

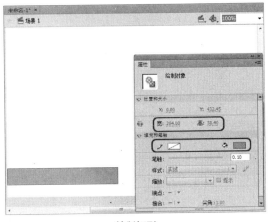

步骤3 使用同样的方法，绘制其他矩形，并在舞台中调整其位置，选择绘制的所有矩形，按F8键弹出"转换为元件"对话框，在该对话框中，输入"名称"为"长方形"，将"类型"设置为"影片剪辑"。

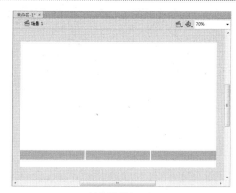

绘制其他矩形　　　　　　　　　　　　　　"转换为元件"对话框

步骤4 单击"确定"按钮，将选择的矩形转换为影片剪辑元件，然后打开"属性"面板，在该面板中将"实例名称"设置为"btnBgs"。

步骤5 在菜单栏中选择"编辑 | 复制"命令，复制该元件。

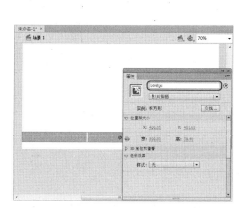

设置实例名称　　　　　　　　　　　　　　　选择"复制"命令

步骤6 在"时间轴"面板中单击"新建图层"按钮，新建"图层2"。

步骤7 在工具箱中选择"矩形工具"，在"属性"面板中，将"填充颜色"设置为"#006600"。在舞台中绘制矩形，在"属性"面板中，将"X"、"Y"分别设置为-1.45、429.55，"宽"和"高"分别设置为265.7、44.6。

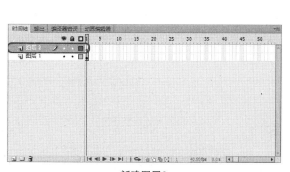

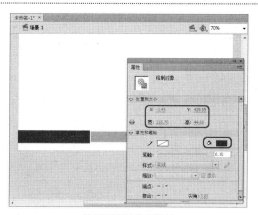

新建图层2　　　　　　　　　　　　　　　　绘制矩形并进行设置

步骤8 按F8键弹出"转换为元件"对话框，在该对话框中输入"名称"为"绿长方形"，将"类型"设置为"影片剪辑"。

步骤9 单击"确定"按钮，将绘制的绿色矩形转换为元件。然后打开"属性"面板，在该面板中将"实例名称"设置为"overs"。

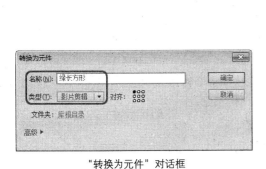

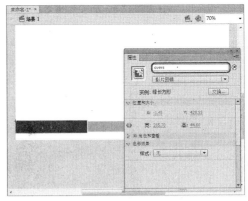

"转换为元件"对话框   设置实例名称

步骤10 在"时间轴"面板中单击"新建图层"按钮，新建"图层3"，然后在菜单栏中选择"编辑|粘贴到当前位置"命令。

步骤11 即可将复制的元件粘贴到"图层3"中，然后在该图层上单击鼠标右键，在弹出的快捷菜单中选择"遮罩层"命令。

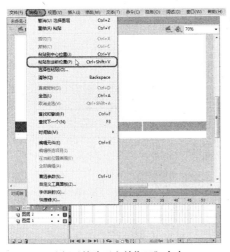

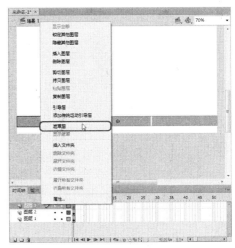

选择"粘贴到当前位置"命令   选择"遮罩层"命令

步骤12 即可将"图层3"设置为遮罩层，然后在菜单栏中选择"插入|新建元件"命令。

步骤13 弹出"创建新元件"对话框，在该对话框中输入"名称"为"反应区"，将"类型"设置为"按钮"。

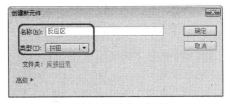

选择"新建元件"命令   "创建新元件"对话框

步骤14 单击"确定"按钮，新建元件，然后在"点击"帧位置按F6键插入关键帧。

步骤15 在工具箱中选择"矩形工具" ，在"属性"面板中将"笔触颜色"和"填充颜色"设置为黑色，然后在舞台中绘制矩形，再在"属性"面板中将"宽"和"高"分别设置为332.95、127。

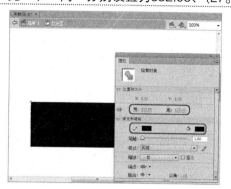

插入关键帧　　　　　　　　　　　　　　绘制矩形并设置其宽度和高度

步骤16 按Ctrl+F8快捷键弹出"创建新元件"对话框，在该对话框中输入"名称"为"展示动画"，将"类型"设置为"影片剪辑"。

步骤17 单击"确定"按钮，即可新建元件，按Ctrl+R快捷键弹出"导入"对话框，在该对话框中选择素材文件"导航01.jpg"。

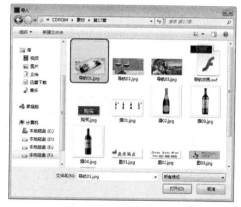

【创建新元件】对话框　　　　　　　　　　选择素材文件

步骤18 单击"打开"按钮，将选择的素材文件导入到舞台中，在"属性"面板中将"X"、"Y"都设置为0，将"宽"和"高"分别设置为800、400。

步骤19 按F8键弹出"转换为元件"对话框，在该对话框中输入"名称"为"展示图像1"，将"类型"设置为"影片剪辑"。

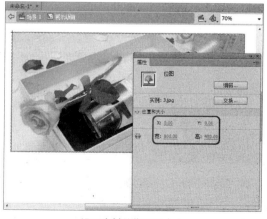

设置素材的位置及大小　　　　　　　　　　"转换为元件"对话框

步骤20 单击"确定"按钮，即可将其转换为元件，然后打开"属性"面板，在该面板中将"实例名称"设置为"p1"。

步骤21 使用同样的方法，新建"图层2"和"图层3"，然后导入素材文件，并将素材文件转换为影片剪辑元件，并设置实例名称。

设置实例名称

导入并设置其他素材文件后的效果

步骤22 在"时间轴"面板中，单击"新建图层"按钮，新建"图层4"，在"库"面板中将"反应区"元件拖曳到舞台中，并调整"反应区"元件的大小和位置。

步骤23 打开"属性"面板，在该面板中将"反应区"元件的实例名称设置为"b1"。

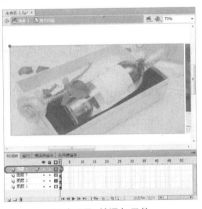

新建图层4并添加元件

为实例命名

步骤24 使用同样的方法，新建"图层5"和"图层6"，然后拖入"反应区"元件，并调整元件的大小和位置，最后设置实例名称。

步骤25 返回到"场景1"中，在"时间轴"面板中单击"新建图层"按钮，新建"图层4"，然后在"库"面板中将"展示动画"元件拖曳至舞台中，并调整元件的位置。

新建图层并调整其大小及位置

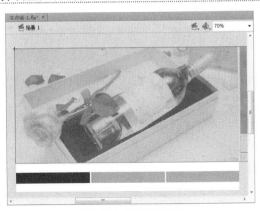

添加元件并调整其位置

步骤26　确认该元件处于选中状态，然后打开"属性"面板，将"实例名称"设置为"McPro"。

步骤27　在"时间轴"面板中单击"新建图层"按钮 ，新建"图层5"，在工具箱中选择 "文本工具" ，然后在舞台中输入文字，并在"属性"面板中将字体设置为"汉仪小隶书简"，将"大小"设置为25点，将字体颜色设置为白色。

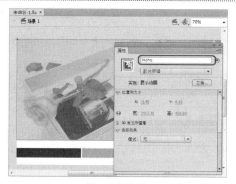

设置实例名称

输入文字并进行设置

步骤28　使用同样的方法，新建"图层6"和"图层7"，然后输入相应的文字。

步骤29　在"时间轴"面板中单击"新建图层"按钮 ，新建"图层8"按Ctrl+R快捷键，弹出"导入"对话框，在该对话框中选择素材文件"绿箭头.png"。

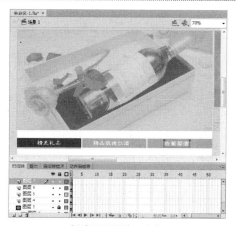

新建图层并输入文字

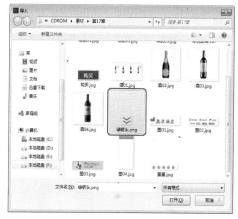

选择素材文件

步骤30　单击"打开"按钮，即可将选择的素材文件导入到舞台中，然后按F8键弹出"转换为元件"对话框，在该对话框中输入"名称"为"绿箭头"，将"类型"设置为"影片剪辑"。

步骤31　单击"确定"按钮，即可将素材文件转换为元件，然后在"属性"面板中设置"实例名称"为"McArr"，并在舞台中调整其位置。

设置元件的名称及类型

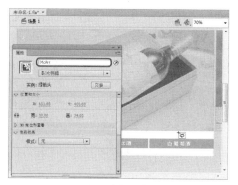

设置实例名称

步骤32　在"时间轴"面板中单击"新建图层"按钮 ，新建"图层9"，在"库"面板中将"反应区"元件拖曳到舞台中，并调整其大小和位置。

步骤33 打开"属性"面板，在该面板中将"反应区"元件的实例名称设置为"b1"。

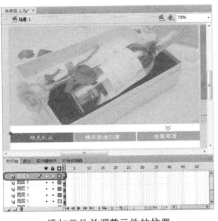

添加元件并调整元件的位置

设置元件的实例名称

步骤34 使用同样的方法，新建"图层10"和"图层11"，然后拖入"反应区"元件，并调整元件的大小和位置，最后设置实例名称。

步骤35 在"时间轴"面板中单击"新建图层"按钮，新建"图层12"，然后按F9键打开"动作"面板，并在该面板中输入代码。

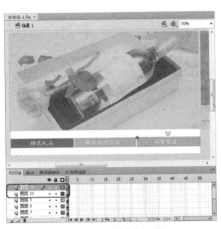

添加元件并进行调整

输入代码

步骤36 至此，菜单动画就制作完成了，按Ctrl+Enter快捷键测试影片。测试完成后，在菜单栏中选择"文件 | 保存"命令，弹出"另存为"对话框，在该对话框中选择一个保存路径，并输入文件名，然后单击"保存"按钮。

测试影片

"另存为"对话框

步骤37 保存完成后，在菜单栏中选择"文件|导出|导出影片"命令。弹出"导出影片"对话框，在该对话框中选择一个导出路径，并将"保存类型"设置为"SWF影片（*.swf）"，然后单击"保存"按钮。

选择"导出影片"命令

导出影片

17.2.2 制作红酒网站

本节将介绍如何制作红酒网站，通过本例的学习，使读者可以对前面所学的知识有所巩固，其具体操作步骤如下。

步骤1 启动Dreamweaver CS6，在菜单栏中选择"文件|新建"命令。

步骤2 在弹出的对话框中选择"空白页"选项卡，在"页面类型"下拉列表框中选择"HTML"选项，在"布局"下拉列表框中选择"无"选项。

"选择"新建"命令

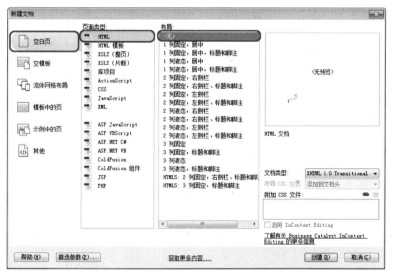

"新建文档"对话框

步骤3 选择完成后，单击"创建"按钮，即可创建一个空白的网页文档，在菜单栏中选择"插入|表格"命令。

步骤4 在弹出的对话框中将"行数"设置为9，将"列"设置为1，将"表格宽度"设置为961像素，再将"边框粗细"设置为0像素，将"单元格边距"和"单元格间距"都设置为0。

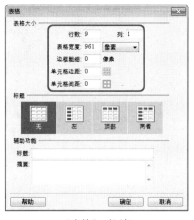

选择"表格"命令   "表格"对话框

步骤5 设置完成后，单击"确定"按钮，即可插入一个9行1列的表格。

步骤6 将光标置入到第一行单元格中，再在菜单栏中选择"插入 | 表格"命令。

插入表格   选择"表格"命令

步骤7 在弹出的对话框中将"行数"设置为1，将"列"设置为5，设置完成后，单击"确定"按钮，即可插入表格。

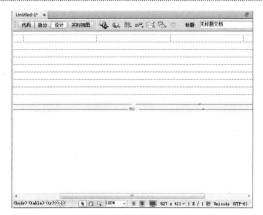

设置行数与列数   插入表格后的效果

步骤8 将光标置入到第一行的第二列单元格中，在菜单栏中选择"插入 | 图像"命令。

步骤9 在弹出的对话框中选择随书附带光盘中的"CDROM\素材\第17章\图01.jpg"文件。

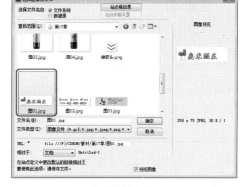

选择"图像"命令	选择素材文件

步骤10 选择完成后，单击"确定"按钮，即可将该素材文件插入到选中的单元格中。

步骤11 将光标置入到第一行的第四列单元格中，按Ctrl+Alt+I快捷键，在弹出的对话框中选择随书附带光盘中的"CDROM\素材\第17章\图02.jpg"文件。

插入图像后的效果	选择素材02.jpg

步骤12 选择完成后，单击"确定"按钮，即可将选中的素材文件插入到该单元格中，并调整单元格的大小。

步骤13 将光标置入到第二行，在菜单栏中选择"修改|表格|拆分单元格"命令。

调整单元格大小后的效果	选择"拆分单元格"命令

步骤14 在弹出的对话框中单击"列"单选按钮，将"列"设置为13，设置完成后，单击"确定"按钮，即可将该单元格进行拆分。

设置列数   拆分后的效果

步骤15 在拆分后的单元格中输入相应的文字，在菜单栏中选择"格式 | CSS样式 | 新建"命令。

输入文字

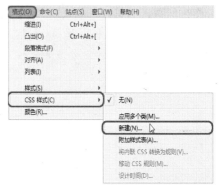

选择"新建"命令

步骤16 在弹出的对话框中，将"选择器名称"设置为"dhwz"，设置完成后，单击"确定"按钮，在弹出的对话框中选择"分类"列表框中的"类型"选项，将"Color"设置为"#FFF"。

设置选择器名称

设置颜色值

步骤17 在"分类"列表框中选择"背景"选项，将"Background-color"设置为"#B0060B"。

步骤18 在"分类"列表框中选择"区块"选项，将"Text-align"设置为"center"。

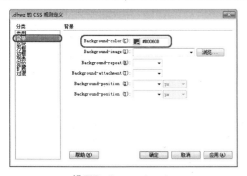

设置Background-color

设置Text-align

步骤19 设置完成后，单击"确定"按钮，选择第二行单元格，在"属性"面板中将"目标规则"设置为".dhwz"，将"高"设置为35，并在文档窗口中调整单元格的大小。

步骤20 将光标置入到第三行单元格中，在菜单栏中选择"插入 | 表格"命令，在弹出的对话框中将"行数"设置为1，"列"设置为15。

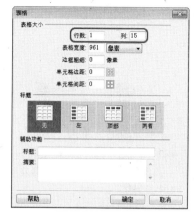

应用目标规则并设置单元格的高度　　　　　　　　设置行数与列数

步骤21 设置完成后，单击"确定"按钮，即可插入单元格，在该单元格中输入相应的文字，在菜单栏中选择"格式 | CSS样式 | 新建"命令。

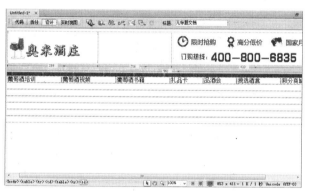

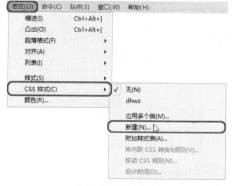

输入文字　　　　　　　　　　　　　　　　选择"新建"命令

步骤22 在弹出的对话框中，将"选择器名称"设置为"wz1"，设置完成后，单击"确定"按钮，在弹出的对话框中，将"Font-size"设置为12px。

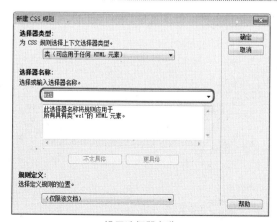

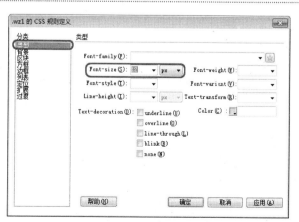

设置选择器名称　　　　　　　　　　　　　　设置Font-size

步骤23 在"分类"列表框中选择"背景"选项，将"Background-color"设置为"#F5F5F5"。

步骤24 在"分类"列表框中选择"区块"选项，将"Text-align"设置为"center"。

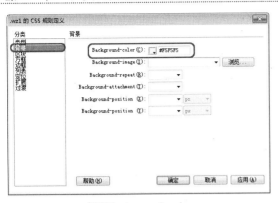

设置Background-color

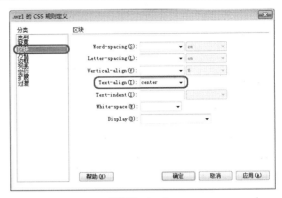

设置Text-align

步骤25 设置完成后，单击"确定"按钮，选择第三行单元格，在"属性"面板中，将"目标规则"设置为".wz1"，将"高"设置为20，并在文档窗口中调整单元格的大小。

步骤26 将光标置入到第四行单元格中，按Ctrl+Alt+T快捷键，在弹出的对话框中，将"行数"和"列"都设置为2。

设置目标规则并设置单元格高度

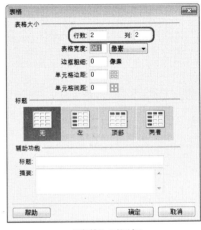

"表格"对话框

步骤27 设置完成后，单击"确定"按钮，将光标置入到第一行的第一列单元格中，在该单元格中输入文字。

步骤28 在菜单栏中选择"格式|CSS样式|新建"命令，在弹出的对话框中，将"选择器名称"设置为"wz2"。

输入文字

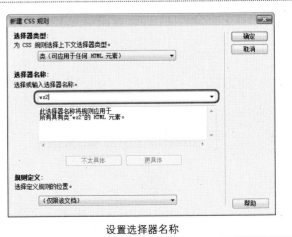

设置选择器名称

步骤29 设置完成后，单击"确定"按钮，在弹出的对话框中，将"Font-size"设置为18px，将"Font-weight"设置为"bold"，将"Color"设置为"#B47E58"。

步骤30 设置完成后，单击"确定"按钮，选中输入的文字，在"属性"面板中，将"目标规则"设置为"wz2"，将"高"设置为30。

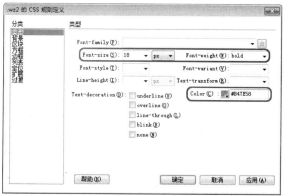

设置文字属性

设置目标规则及行高

步骤31 将光标置入到第二行的第一列单元格中，在该单元格中输入文字，为其新建CSS规则，在弹出的对话框中将"Font-size"设置为12px，将"Line-height"设置为25px，并为其应用该规则。

步骤32 选择右侧的两列单元格，右击鼠标，在弹出的快捷菜单中选择"表格|合并单元格"命令。

输入文字

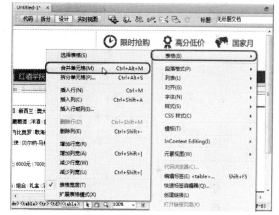

选择"合并单元格"命令

步骤33 将光标置入到合并后的单元格中，在菜单栏中选择"插入|媒体|插件"命令。

步骤34 在弹出的对话框中选择随书附带光盘中的"CDROM\效果\第17章\制作导航动画.swf"文件。

选择"插件"命令

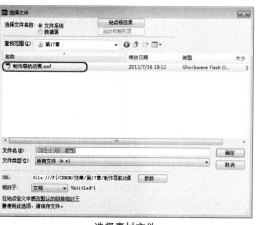

选择素材文件

步骤35 选中插入的对象，在"属性"面板中将"宽"和"高"分别设置为550、340。

步骤36 将光标置入到第五行单元格中，在菜单栏中选择"插入 | 图像"命令。

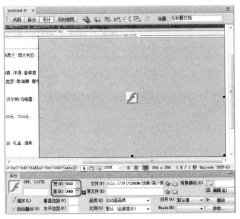

设置素材的宽度与高度　　　　　　　　　　　　选择"图像"命令

步骤37 在弹出的对话框中选择随书附带光盘中的"CDROM\素材\第17章\图03.jpg"文件。

步骤38 单击"确定"按钮，即可将选中的素材文件插入到第五行单元格中。

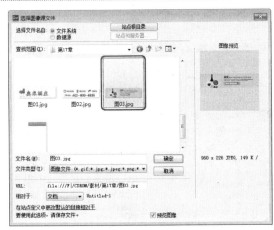

选择素材文件　　　　　　　　　　　　　　　插入素材文件后的效果

步骤39 将鼠标置入到第六行单元格中，按Ctrl+Alt+T快捷键，在弹出的对话框中，将"行数"和"列"分别设置为1、2。

步骤40 设置完成后，单击"确定"按钮，即可插入单元格，将光标置入到新插入单元格的第一列中，按Ctrl+Alt+I快捷键，在弹出的对话框中选择随书附带光盘中的"CDROM\素材\第17章\酒01.jpg"文件。

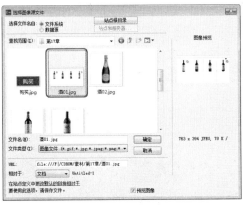

"表格"对话框　　　　　　　　　　　　　　　选择素材文件

步骤41 单击"确定"按钮，即可将该素材文件插入到单元格中，在菜单栏中选择"插入 | 布局对象 | AP Div"命令。

将素材文件插入到单元格中　　　　　　　　选择"AP Div"命令

步骤42 执行该操作后，即可插入一个AP Div，选中插入的AP Div，在"属性"面板中将"左"、"上"、"宽"、"高"分别设置为10px、727px、762px、393px。

步骤43 将光标置入到AP Div中，在菜单栏中选择"插入 | 表格"命令，在弹出的对话框中，将"行数"设置为6，"列"设置为4，"表格宽度"设置为758像素。

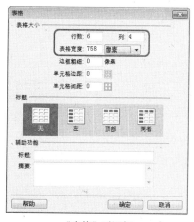

设置AP Div属性　　　　　　　　　　　　　　"表格"对话框

步骤44 设置完成后，单击"确定"按钮，即可插入单元格，选择第一行的单元格，在菜单栏中选择"修改 | 表格 | 合并单元格"命令。

步骤45 将光标置入到合并后的单元格中，在该单元格中输入相应的文字。

选择"合并单元格"命令　　　　　　　　　在单元格中输入文字

步骤46 选中输入的文字，在"CSS样式"面板中选择".wz2"CSS样式，右击鼠标，在弹出的快捷菜单中选择"应用"命令。

步骤47 根据前面介绍的方法创建其他文字，并插入相应的图像。

选择"应用"命令

创建其他对象后的效果

步骤48 按Ctrl+S快捷键，在弹出的对话框中指定保存路径，并为文件命名，单击"保存"按钮，然后按F12键进行预览。

指定保存路径

预览效果

17.3 制作旅游网站

　　一个网站的主要结构和模板布局的设计风格直接影响到客户对该网站的第一感受，首先，我们在Photoshop中对网站的页面进行设计和制作，然后将设计完成后的布局按照需要进行有规划的划分，最终结合其他软件效果一起在Dreamweaver中统一地规划。

17.3.1　使用Photoshop设计网页布局

下面介绍怎样使用Photoshop软件设置网页布局，分为制作网站背景及创建图像并导出图像几个部分。

1. 制作网站背景

步骤1　打开Photoshop软件，在菜单栏中选择"文件｜新建"命令。在弹出的对话框中将"名称"重命名为"网站背景"，在"预设"选项组中，将"宽度"设置为9，单位设置为"厘米"，"高度"设置为12，"分辨率"设置为300（像素/英寸），其他均为默认设置。

步骤2　设置完成后单击"确定"按钮，即可创建一个空白的Photoshop文档，打开"图层"面板，在该面板中单击"创建新图层"按钮 ，新建一个空白层。

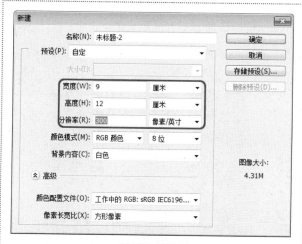

"新建"对话框

创建新图层

步骤3　在菜单栏中选择"视图｜新建参考线"命令，打开"新建参考线"对话框，在该对话框中勾选"水平"复选框，在"位置"文本框中设置0.35厘米。

步骤4　设置完成后单击"确定"按钮，即可为创建的空白文档新建一个参考线。使用同样的方法，再次在水平方向的11.8厘米处创建参考线，在垂直方向的0.2厘米处创建参考线，在垂直方向的8.8厘米处创建参考线。

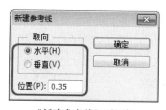

"新建参考线"对话框

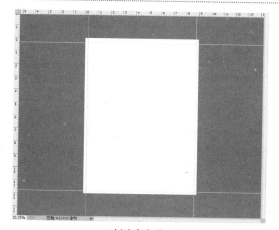

创建参考线

步骤5　以同样的方法，在菜单栏中选择"视图｜新建参考线"命令，打开"新建参考线"对话框，在该对话框中勾选"水平"复选框，在"位置"文本框中设置4厘米，在水平方向的4.025厘米处创建参考线。

步骤6　再次在水平方向的6.6厘米处创建参考线，在水平方向的6.625厘米处创建参考线，在水平方向的9.1厘米处创建参考线，在水平方向的9.125厘米处创建参考线。

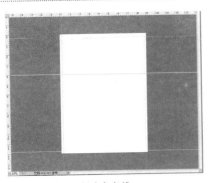

创建参考线

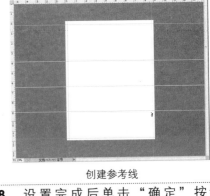

创建参考线

步骤7 在设置完成后，在4至4.025厘米、6.6至6.625厘米、9.1至9.125厘米内创建矩形选区，在"图层"面板中，单击"图层1"，将每个选区颜色的RGB值设置为（0、35、105）。

步骤8 设置完成后单击"确定"按钮，按Alt+Delete快捷键为其填充前景色，按Ctrl+D快捷键取消选区，完成后的效果。

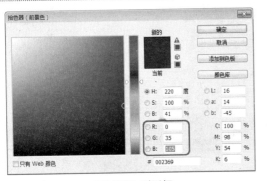

"拾色器"对话框

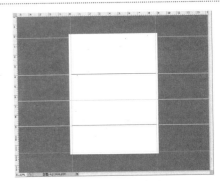

填充颜色

步骤9 在菜单栏中选择"视图｜新建参考线"命令，打开"新建参考线"对话框，在水平方向的3.8厘米处创建参考线，在垂直方向的1.4厘米处创建参考线，在垂直方向的1.2厘米处创建参考线。

步骤10 在"工具箱"选择"钢笔工具"，在创建出的参考线中绘制出一个多边形，并将其变换成选区，在"图层"面板中新建图层，将填充颜色的RGB值设置为（0、35、105）。

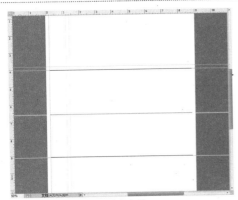

创建参考线

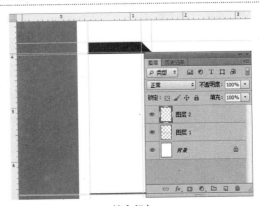

填充颜色

步骤11 按住Alt键，将多边形复制出两个，分别放置在6.6厘米和9.1厘米处，界面放大，将多边形位置适当调整。

步骤12 设置完成后，在工具箱中选择"横排文字工具"，在"选项栏"中，将字体样式设置为"汉仪仿宋简"，将"大小"设置为4.75点，字体颜色的RGB值设置为（255、255、255），设置完成后在场景中单击并输入文字。

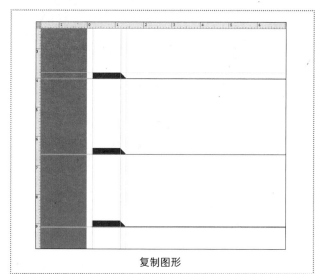

复制图形

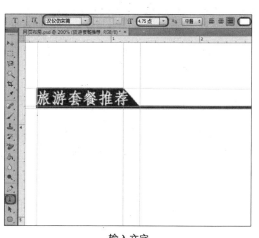

输入文字

步骤13　设置完成后，使用同样的方法在其他两处分别输入文字"出境旅游"、"国内旅游"。

步骤14　按Ctrl+H快捷键取消全部参考线，查看完成后的效果。

输入文字

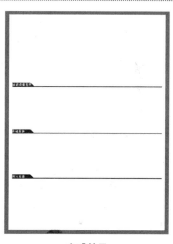

完成效果

步骤15　按住Alt+Ctrl+I快捷键，打开"图像大小"对话框，在"文档大小"组中，将宽度和高度改成8.55厘米、11.4厘米，分辨率不变。

步骤16　在菜单栏中选择"文件 | 存储为"命令，在弹出的对话框中为其指定一个正确的存储路径，将其格式设置为"JPEG"。

步骤17　设置完成后单击"确定"按钮，在弹出的对话框中保持默认设置，单击"确定"按钮。

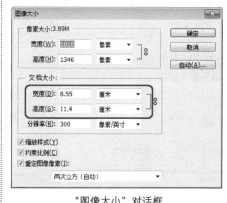

"图像大小"对话框

存储路径

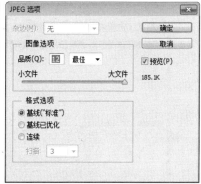

"JPEG选项"对话框

2. 创建图像并导出图像

步骤1 继续上面的操作,在水平方向的第0.69厘米处创建参考线。在工具箱中选择"矩形选框工具" ▣,在创建的参考线中创建矩形选区。	**步骤2** 在"图层"面板中新建图层,并重命名为"导航",在"工具箱"中,将前景颜色的RGB值设置为(0、35、105),按Alt+Delete快捷键,将选区填充颜色。

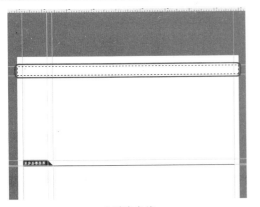

创建参考线

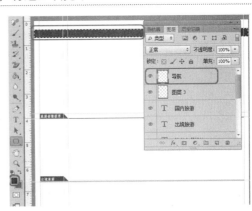

填充颜色

步骤3 填充颜色后,分别在1.5厘米、3厘米、4.5厘米、6厘米、7.5厘米处添加参考线。	**步骤4** 创建完成后,分别在1.52厘米、3.02厘米、4.52厘米、6.02厘米、7.52厘米处再次添加参考线。

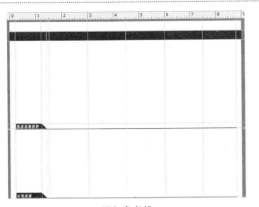

添加参考线

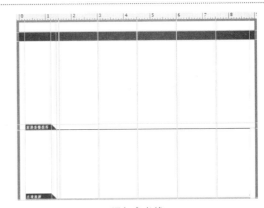

添加参考线

步骤5 新建图层,分别在1.5厘米至1.52厘米、3厘米至3.02厘米、4.5厘米至4.52厘米、6厘米至6.02厘米、7.5厘米至7.52厘米处运用参考线,建立选区,填充颜色为白色,按Ctrl+H快捷键取消参考线,查看效果。	**步骤6** 在工具箱中选择"横排文字工具" ▣,将文字颜色设置为白色,字体设置为6点,在最左侧单击并输入文字信息,查看完成后的效果。

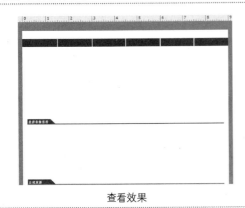

查看效果

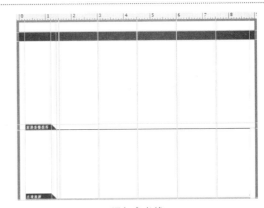

输入文字

步骤7 使用同样的方法，在其他位置输入文字信息并查看，完成后的效果。

步骤8 打开"图层"面板，按Shift键的同时选择"导航"图层和其他文字图层，在该图层右上角单击 ▼按钮，在弹出的下拉列表中选择"合并图层"命令。

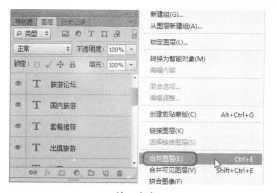

输入文字
合并图层

步骤9 合并图层后，确认当前图层处于被选择的状态下，在工具箱中选择"矩形选框工具" ⬚，创建如图所示的矩形选区。

步骤10 按Ctrl+C快捷键复制该选区，按Ctrl+N快捷键，在弹出的对话框中将其重命名为"首页"，其他均为默认参数。

框选区域

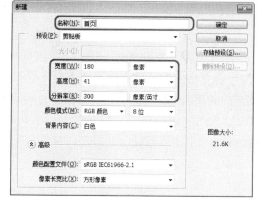

"新建"对话框

步骤11 设置完成后单击"确定"按钮，即可创建一个空白的场景文档，按Ctrl+V快捷键粘贴。

步骤12 在菜单栏中选择"文件 | 另存为"命令，在弹出的对话框中为其指定一个正确的存储路径，将"格式"设置为JPEG。设置完成后单击"确定"按钮，在弹出的对话框中保持其默认设置，单击"确定"按钮即可。

步骤13 使用同样的方法，复制粘贴其他文字，并将其保存为JPEG格式的文件，保存完成后文件夹内的效果，网页布局制作完成。

创建空白文档

"保存"对话框

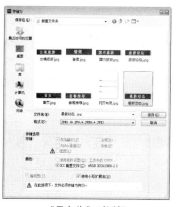

"另存为"对话框

17.3.2 使用Flash制作网站宣传动画

接下来介绍怎样使用Flash软件制作网站的动画宣传部分，具体的操作步骤如下。

步骤1 启用Flash软件，在菜单栏中选择"文件 | 新建"命令。打开"新建文档"对话框，在"类型"选项组中选择"Action Script 2.0"选项，将"宽"设置为687像素，"高"设置为350像素，"帧频"设置为12fps。

步骤2 设置完成后单击"确定"按钮，即可创建一个空白的Flash文档，在菜单栏中选择"文件 | 导入 | 导入到库"命令。

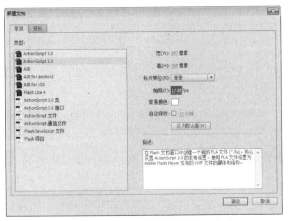

"新建文档"对话框

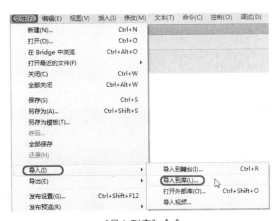

"导入到库"命令

步骤3 在弹出的对话框中选择随书附带光盘中的"CDROM\素材\第17章\素材\001.jpg"、"002.jpg"、"003.jpg"、"004.jpg"、"005.jpg"文件，单击"打开"按钮。

步骤4 在菜单栏中选择"窗口 | 库"命令，即可看到放入库中的图片。

"打开"素材

库

步骤5 在菜单栏中选择"插入 | 新建元件"命令，打开"创建新元件"对话框，在该对话框中将其重命名为"反应区"，"类型"设置为"按钮"。

步骤6 设置完成后单击"确定"按钮，即可创建一个空白的按钮文档，打开"时间轴"面板，在该面板中的"点击"帧位置处单击鼠标右键，在弹出的对话框中选择"插入关键帧"命令。

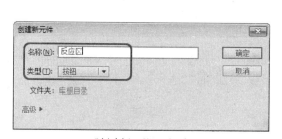

"创建新元件"对话框

插入关键帧

步骤7　确定当前帧处于被选择的状态下，在工具箱中选择"矩形工具"▣，填充颜色为任意颜色，设置完成后在舞台中单击并创建矩形。

步骤8　创建完成后，在工具箱中选择"选择工具"▸，在舞台中选择创建的矩形，打开"属性"面板，在该面板中单击"将宽度值和高度值锁定在一起"按钮⟲，将"宽"设置为687，"高"设置为350，然后将"X"轴与"Y"轴的位置均设置为0。

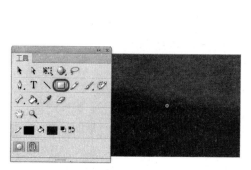

矩形工具

调整位置

步骤9　在菜单栏选择"插入|新建元件"命令，在弹出的"创建新元件"对话框中，将其重命名为"图形1"，"类型"设置为"图形"。

步骤10　设置完成后单击"确定"按钮，在"库"面板中选择"001.jpg"素材文件，将其拖曳至舞台中，并将其选中，在"属性"面板中将"X"轴和"Y"轴位置均设置为0，"宽"和"高"设置为687*350。

"创建新元件"对话框

调整位置大小

步骤11 打开"时间轴"面板，在该面板中单击"新建图层"按钮▣，新建一个图层。	**步骤12** 确认新建的图层处于被选中的状态下，在"库"面板中选择"反应区"按钮，将其拖曳至舞台中并将其选中，打开"属性"面板，在该面板中将"X"轴和"Y"轴的位置均设置为0。
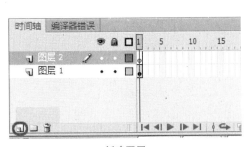 新建图层	 调整位置
步骤13 设置完成后按Ctrl+F8快捷键，在弹出的对话框中，将其重命名为"图形2"，"类型"保持不变。	**步骤14** 设置完成后单击"确定"按钮，在"库"面板中选择"002.jpg"素材文件，将其拖曳至舞台中，并将其选中，在"属性"面板中将"X"轴和"Y"轴的位置均设置为0，"宽"和"高"设置为687*350。
 "创建新元件"对话框	 调整位置

步骤15 打开"时间轴"面板，在该面板中单击"新建图层"按钮▣，新建一个图层，确认新建的图层处于被选中的状态，在"库"面板中选择"反应区"按钮，将其拖曳至舞台中并将其选中，打开"属性"面板，在该面板中将"X"轴和"Y"轴的位置均设置为0。	**步骤16** 确认添加的反应区处于被选中的状态，在该图像上单击鼠标右键，在弹出的快捷菜单中选择"动作"命令。打开"动作"面板，在该面板中输入代码：
	"on (release)
	{
	getURL("http://www.lvw.cn/");
	}"
	输入完成后将面板关闭，使用同样的方法制作其他图像。

 调整位置	 "动作"对话框

步骤17 制作完成后按Ctrl+F8快捷键，在弹出的"创建新元件"对话框中，将其重命名为"按钮1"，将"类型"设置为"按钮"。

"创建新元件"对话框

步骤18 在工具箱中选择"椭圆工具" ，在舞台区中绘制椭圆型，在"属性"面板中将"X"轴和"Y"轴的位置均设置为0，"宽"和"高"设置为15*15。

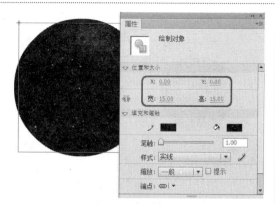

椭圆工具

步骤19 在"时间轴"面板中新建图层，在"图层1"中的"点击"帧处单击鼠标右键，在弹出的快捷菜单中选择"插入帧"。

插入帧

步骤20 在"时间轴"面板中选中"图层2"的"弹起"帧，在工具箱中选择"文本工具" ，在"属性"面板中的"字符"选项中，将大小设置为20点，颜色设置为白色。

文本工具

步骤21 在"时间轴"面板中的"图层2"的"指针"帧中，单击鼠标右键，在弹出的快捷菜单中选择"插入关键帧"命令。

插入关键帧

步骤22 在"指针"帧被确定选中的情况下，将舞台区中的"1"数字选中，打开"属性"面板，在"字符"选项中，将颜色设置为#999999。

设置颜色

步骤23 在"时间轴"面板中的"图层2"的"按下"帧中，单击鼠标右键，在弹出的快捷菜单中选择"插入关键帧"，并将舞台区中"1"数字的颜色设置为#990000。	**步骤24** 新建元件"按钮2"、"按钮3"、"按钮4"和"按钮5"，并分别用以上同样的方法在每个元件中创建数字"2"、"3"、"4"、"5"，"属性"面板中的设置与"1"按钮的设置相同。

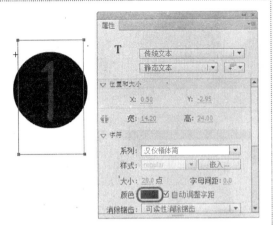

设置颜色

新建元件

步骤25 在左上角单击"场景1"，回到场景1中，在"库"面板中选择"图1"元件，将其拖曳至舞台中并将其选中，打开"属性"面板，将其"X"轴和"Y"轴的位置均设置为0。	**步骤26** 打开"时间轴"，选择"图层1"，在该图层的第15帧位置按F6键插入关键帧，然后选择第1帧，在舞台中选择"图形1"元件，在"属性"面板中的"色彩效果"选项中选择"Alpha"，并将值设置为0%。

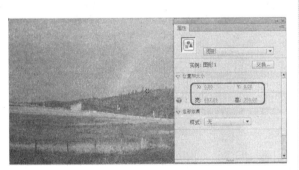

调整位置

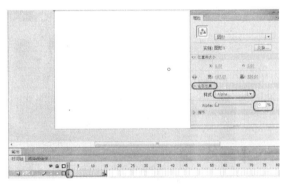

选择"Alpha"

步骤27 在第1帧与第15帧之间的任意一帧位置单击鼠标右键，在弹出的快捷菜单中选择"创建传统补间"命令。	**步骤28** 在第45帧位置插入关键帧，然后在第50帧位置插入关键帧，在该帧位置选择舞台中的元件，在"属性"面板的"色彩效果"选项中选择"Alpha"，将值设置为0%，在第40帧与第50帧之间创建传统补间动画。

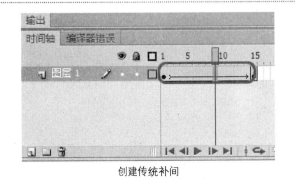

创建传统补间

创建传统补间动画

步骤29 新建"图层2"，在第45帧位置插入关键帧，在"库"面板中选择"图形2"，将其拖曳至舞台中，并在"属性"面板中将"X"轴与"Y"轴的位置均设置为0。

步骤30 打开"时间轴"，选择"图层2"，在该图层的第60帧位置按F6键插入关键帧，然后选择第45帧，在舞台中选择"图形2"元件，在"属性"面板的"色彩效果"选项中选择"Alpha"，将值设置为0%。

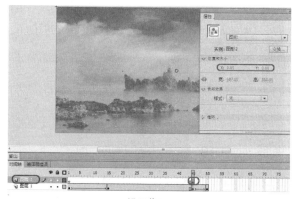

设置位置

"Alpha"值设置

步骤31 在第45帧与第65帧之间的任意一帧位置创建传统补间动画。

步骤32 在第90帧位置插入关键帧，然后在第95帧位置插入关键帧，在该帧位置选择舞台中的元件，在"属性"面板的"色彩效果"选项中选择"Alpha"，将值设置为0%。

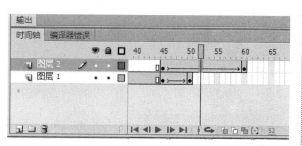

创建传统补间动画

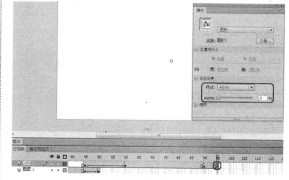

"Alpha"值设置

步骤33 在第90帧与第95帧之间创建传统补间动画。

步骤34 新建"图层3"，在第90帧位置插入关键帧，在"库"面板中选择"图形3"，将其拖曳至舞台中，并在"属性"面板中将"X"轴与"Y"轴的位置均设置为0。

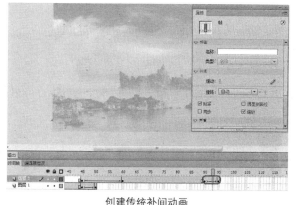

创建传统补间动画

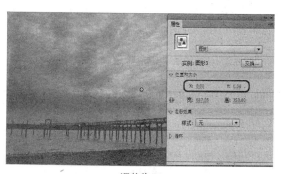

调整位置

步骤35 打开"时间轴",选择"图层3",在该图层的第105帧位置按F6键插入关键帧,然后选择第90帧,在舞台中选择"图形3"元件,在"属性"面板的"色彩效果"选项卡中选择"Alpha",将值设置为0%。

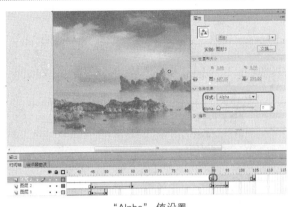

"Alpha"值设置

步骤36 在第90帧与第105帧之间的任意一帧位置创建传统补间动画。

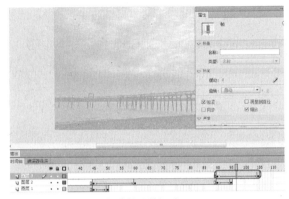

创建传统补间动画

步骤37 在第135帧位置插入关键帧,然后在第140帧位置插入关键帧,在该帧位置处选择舞台中的元件,在"属性"面板的"色彩效果"选项中选择"Alpha",将值设置为0%,

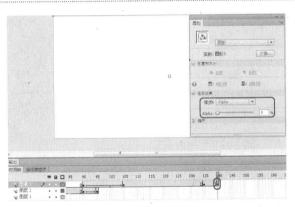

"Alpha"值设置

步骤38 在第135帧与第150帧之间创建传统补间动画。

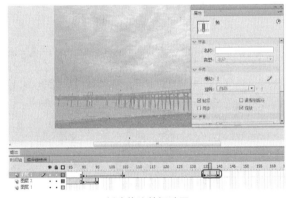

创建传统补间动画

步骤39 新建"图层4",在第135帧位置插入关键帧,在"库"面板中选择"图形4",将其拖曳至舞台中,并在"属性"面板中将"X"轴与"Y"轴的位置均设置为0。

调整位置

步骤40 打开"时间轴",选择"图层4",在该图层的第145帧位置按F6键插入关键帧,然后选择第135帧,在舞台中选择"图形4"元件,在"属性"面板的"色彩效果"选项卡中选择"Alpha",将值设置为0%。

"Alpha"值设置

步骤41 在第135帧与第145帧之间的任意一帧位置创建传统补间动画。

步骤42 在第175帧位置插入关键帧，然后在第180帧位置插入关键帧，在该帧位置处选择舞台中的元件，在"属性"面板的"色彩效果"选项中选择"Alpha"，将值设置为0%。

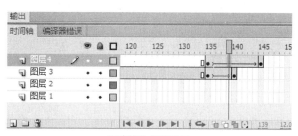

创建传统补间动画

"Alpha"值设置

步骤43 在第175帧与第180帧之间创建传统补间动画。

步骤44 新建"图层5"，在第175帧位置插入关键帧，在"库"面板中选择"图形5"，将其拖曳至舞台中，并在"属性"面板中将"X"轴位置与"Y"轴位置均设置为0。

创建传统补间动画

调整位置

步骤45 打开"时间轴"，选择"图层5"，在该图层的第190帧位置按F6键插入关键帧，然后选择第175帧，在舞台中选择"图形5"元件，在"属性"面板中"色彩效果"选项卡中选择"Alpha"，将值设置为0%。

步骤46 在第175帧与第190帧之间的任意一帧位置创建传统补间动画。

"Alpha"值设置

创建传统补间动画

步骤47 在第220帧位置插入关键帧，然后在第225帧位置插入关键帧，在该帧位置选择舞台中的元件，在"属性"面板的"色彩效果"选项中选择"Alpha"，将值设置为0%。

步骤48 在第220帧与第225帧之间创建传统补间动画。

"Alpha"值设置

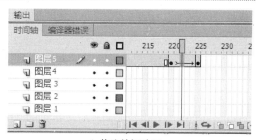

传统补间动画

步骤49 新建一个"图层6"，选择第1帧，在"属性"面板中，将"标签"选项下的"名称"设置为"image1"，按回车键确认该操作。	**步骤50** 在第45帧位置按F6键插入关键帧，在"属性"面板中将"标签"选项下的"名称"设置为"image2"，按回车键确认该操作。使用同样的方法在其他位置插入标签。
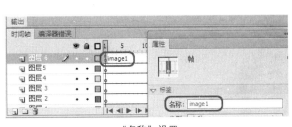 "名称"设置	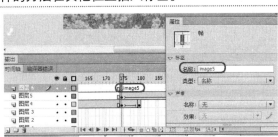 "名称"设置

步骤51 新建"图层7"，在"库"面板中选择"按钮1"，将其拖曳至舞台中并确认该按钮处于被选中的状态，在"属性"面板中，将其"实例名称"设置为image1，在"位置和大小"选项组中将"X"轴位置设置为525，"Y"轴位置设置为326。	**步骤52** 设置完成后，在舞台中选择"按钮1"，按F9键打开"动作"面板，在该面板中输入代码：
	on (release) {
	gotoAndPlay("image1");
	}"
	代码输入完成后将其面板关闭。

 调整位置和大小	 "动作"对话框

步骤53 在"库"面板中选择"按钮2"，将其拖曳至舞台中，在"属性"面板中，将其"实例名称"设置为image2，将"X"轴位置设置为550，"Y"轴位置设置为326。	**步骤54** 设置完成后，在舞台中选择"按钮2"，按F9键打开"动作"面板，在该面板中输入代码：
	on (release) {
	gotoAndPlay("image2");
	}

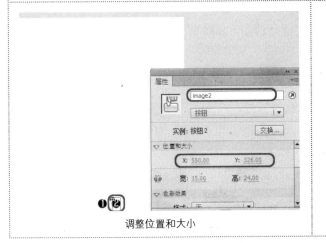 调整位置和大小	 "动作"对话框

步骤55 使用同样的方式添加其他按钮并设置属性。

步骤56 在菜单栏中选择"文件｜导出｜导出影片"命令，在弹出的对话框中为其指定一个正确的存储路径，并将其重命名为"网站宣传视频"，"格式"设置为"SEF影片（*.swf）"，设置完成后单击"保存"按钮，即可将其导出为影片。

设置其他按钮

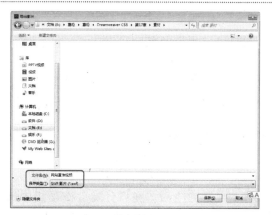

导出影片

步骤57 在菜单栏中选择"文件｜另存为"命令，在弹出的对话框中为其指定一个正确的存储路径，并将其重命名为"网站宣传视频"，"格式"设置为"Flash CS6文档（*.fla）"，单击"保存"按钮即可保存场景文件。

"另存为"对话框

17.3.3 使用Dreamweaver制作旅游网页

步骤1 打开Dreamweaver CS6软件，在开始界面中选择"新建"下的"HTML"选项。

步骤2 新建一个空白的HTML文档，在菜单栏中选择"文件｜保存"命令，在弹出的对话框中为其指定一个正确的存储路径，并将其重命名为"制作旅游网站"。

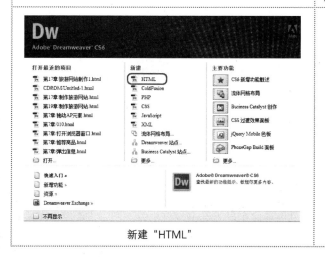

新建"HTML"

重命名文档

步骤3 设置完成后单击"保存"按钮，打开"属性"面板，在该面板中单击"页面属性"按钮。

步骤4 打开"页面属性"对话框，在对话框中将"外观（HTML）"选项组下的"左边距"设置为20px，"边距宽度"设置为20px。

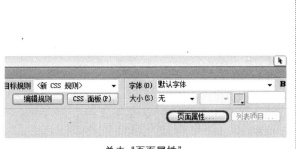

单击"页面属性"

"页面属性"对话框

步骤5 设置完成后，在"分类"选项组中选择"外观（HTML）"选项，在"外观（HTML）"选项组中单击"背景图像"文本框右侧的"浏览"按钮，在弹出的对话框中选择随书附带光盘中的"CDROM\素材\第17章\网页布局.jpg"文件，单击"确定"按钮，即可将选中的素材文件的路径添加到"背景图像"右侧的文本框中。

步骤6 单击"确定"按钮，即可为其添加背景图像，在菜单栏中选择"插入丨表格"命令，在弹出的对话框中，将"表格大小"选项组中的"行数"、"列"均设置为1，"表格宽度"设置为100百分比，其他均设置为0。

"页面属性"对话框

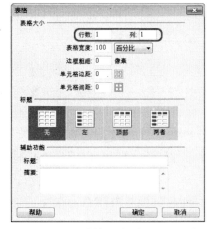

"表格"对话框

步骤7 设置完成后单击"确定"按钮，即可在文档中创建一个表格，将光标置于插入的表格中，再次插入一个1行4列的表格，按回车键。

步骤8 将第2个单元格的宽和高设置为92*25，第三个单元格的宽和高设置为90*25，第四个单元格的宽和高设置为191*25。

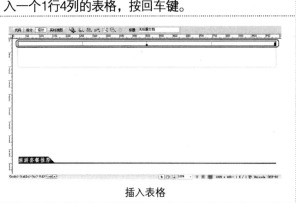

插入表格

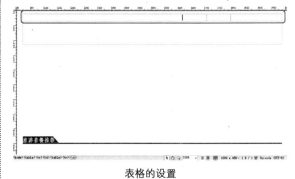

表格的设置

步骤9 将光标放置在第2个单元格内，在菜单栏中选择"插入丨图像"命令，在打开的对话框中选择随书附带光盘中的"CDROM\素材\第17章\注册.jpg"文件。分别将"我的订单.jpg、会员专线.jpg"素材放置在第三单元格和第四单元格。

步骤10 在表格下方再插入表格，在菜单栏中选择"插入丨表格"命令，在弹出的对话框中，将"表格大小"选项组中的"行数"设置为1、"列"均设置为6，"表格宽度"设置为100百分比，其他均设置为0。

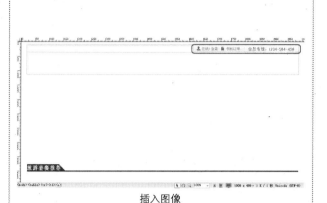

插入图像

"表格"对话框

步骤11 将第1至5个单元格的宽和高设置为161*30.第6个单元格设置为164*30，将光标置于第1个单元格中，按Ctrl+Alt+I快捷键，在弹出的对话框中选择随书附带光盘中的"CDROM\素材\第17章\首页.jpg"文件。

步骤12 单击"打开"按钮，将选择的素材文件插入到表格中，使用同样的方法，插入其他素材，并适当地更改最后一个素材的大小，完成后的效果如图所示。

插入图像

插入图像

步骤13 再次插入一个1列1行的表格，并将高度设置为10，将光标放置在单元格内，在菜单栏中选择"插入丨HTML丨水平线"命令，在单元格中插入"水平线"。

步骤14 再次插入1行2列的表格，将第1个单元格的宽和高设置为320*340，第2个单元格的宽和高设置为649*340。

插入水平线

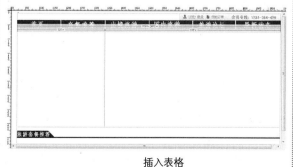

插入表格

步骤15 将鼠标放置在第1个单元格中，在菜单栏中选择"插入|表格"命令，在打开的对话框中设置行为6，列为2，其他的参数默认，单击"确定"按钮。

步骤16 选中第1行的两个单元格，在"属性"面板中单击"合并所选单元格" ，将单元格合并，将高度设置为138。

插入表格

单元格设置

步骤17 按Ctrl+Alt+I快捷键，在弹出的对话框中选择随书附带光盘中的"CDROM\素材\第17章\LOGO.jpg"文件，单击"打开"按钮，即可将选择的素材文件插入到表格中，确定光标处于该单元格中的状态下。

步骤18 在"属性"面板中，将"水平"设置为"居中对齐"，将第2行的两个单元格的宽和高分别设置为50%、38，分别输入文字"旅游套餐"、"酒店"。并选中输入的文字，在"属性"面板中单击"编辑规则"按钮。

单击"编辑规则"

插入图像

步骤19 弹出"新建CSS规则"对话框，在该对话框中，将"选择器类型"设置为"类（可应用于任何HTML元素）"，将"选择器名称"命名为m，设置完成后单击"确定"按钮。

步骤20 弹出".m的CSS规则定义"对话框，在左侧的"分类"列表框中选择"类型"选项，在右侧的设置区域中，将"Font-family"设置为"黑体"，将"Font-size"设置为17px。

"新建CSS规则"对话框

".m的CSS规则定义"对话框

步骤21 单击"确定"按钮，即可为选择的文字应用该样式，并将文字设置为"居中对齐"。

步骤22 将第3、4、5行的高设置为38，在每个单元格中输入相应的文字，并将文字应用样式为"n"，弹出".n的CSS规则定义"对话框，在左侧的"分类"列表框中选择"类型"选项，然后在右侧的设置区域中将"Font-size"设置为14px。

设置文字样式

设置文字样式

步骤23 在每个文字后面插入文本域，在菜单栏中选择"插入 | 表单 | 文本域"命令，在打开的对话框中单击"确定"按钮，单击文本框，在"属性"面板中，将"字符宽度"设置为12，将每个单元格中的文本框位置进行调整。

步骤24 将鼠标放置在第5行的第2个单元格中，选择"居中对齐"命令，在菜单栏中选择"插入 | 图像"命令，在打开的对话框中选择随书附带光盘中的"CDROM\素材\第17章\验证码.jpg"文件，单击"确定"按钮，在单元格中将图像进行大小的调整。

插入文本域

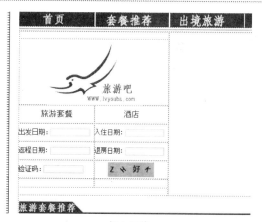

插入图像

步骤25 将第6行的高设置为50，并将鼠标放置在第2个单元格中，在菜单栏中选择"插入 | 表单 | 按钮"命令，将按钮调整到"居中对齐"位置，选中"按钮"，在"属性"面板中，在"值"文本框中输入文字"搜索"，这时单元格中的文字"按钮"已改成了文字"搜索"。

步骤26 将鼠标放置在右边的单元格中，在菜单栏中选择"插入 | 媒体 | 插件"命令，在打开的对话框中选择随书附带光盘中的"CDROM\素材\17章\网站宣传视频.swf"文件，单击"确定"按钮，并调整其大小。

插入按钮

插入插件

步骤27 在表格下方插入1行1列的表格，将高设置为30，在表格下方再次创建2行4列的表格，并将第1行表格的宽和高设置为25%、180。

步骤28 在第1行的4个单元格中分别插入图像，在打开的对话框中选择随书附带光盘中的"CDROM\素材\第17章\006.jpg、007.jpg、008.jpg、009.jpg"文件，单击"确定"按钮，并将每个图像的宽和高设置为250*180。

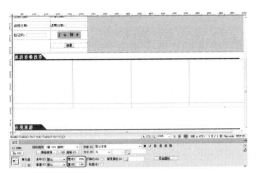

插入表格

插入图像

步骤29 在第2行的每个单元格中输入相应的文字，在"属性"面板中，设置为"居中对齐"，并在下面插入"按钮"。

步骤30 运用同样的方法，在"过境旅游"、"国内旅游"组中插入图像及文字，并进行适当的调整。

输入文字

插入图像及文字

步骤31 对完成后的场景进行保存，并按F12键进行预览。

附录A 操作习题答案

第2章

1. 选择题
（1）A （2）B

2. 填空题
（1）段落格式、预格式化文本、段落的对齐方式、设置段落的文本缩进

（2）文本

第3章

1. 选择题
（1）D （2）C

2. 填空题
（1）插入、布局对象、AP Div

（2）边框线、选择柄

第4章

1. 选择题
（1）D （2）B

2. 填空题
（1）9 类型、背景、区块、方框、边框、列表、定位、扩展和过渡

（2）不透明度

第5章

1. 选择题
（1）C （2）A

2. 填空题
（1）可编辑区域、不可编辑区域

（2）创建模板、定义模板的可编辑区域和管理模板

第6章

1. 选择题
（1）C （2）B （3）A

2. 填空题
（1）一是描述表单的HTML源代码。二是具备服务器端的表单处理应用程序客户端脚本

（2）单行文本域、多行文本域、文本域

（3）文件域

（4）跳转菜单

第7章

1. 选择题
（1）A （2）D

2. 填空题
（1）拖动AP元素

（2）设置容器的文本、设置文本域文字、设置框架文本和设置状态栏文本

第8章

1. 选择题
（1）C （2）B （3）A

2. 填空题
（1）寻找域名注册商、查询域名、正式申请

（2）改变站点范围的链接

（3）注册域名、申请网络空间

第9章

1. 选择题
（1）A （2）B （3）C

2. 填空题
（1）时间轴

（2）库面板、位图图形、声音文件、视频剪辑

（3）属性面板

第10章

1. 选择题
（1）B （2）A （3）A

2. 填空题
（1）平滑

（2）刷子、标准绘画、颜料填充、后面绘画、颜料选择、内部绘画

（3）转换位图为矢量图

第11章

1. 选择题
（1）B （2）A （3）A

2. 填空题
（1）元件

（2）图形元件、按钮元件、影片剪辑元件

第12章

1. 选择题

（1）C　（2）C

2. 填空题

（1）场景

（2）"视图 | 转到"命令

（3）引导层

第13章

1. 选择题

（1）A　（2）A　（3）B

2. 填空题

（1）Shift

（2）样本点、所修饰区域

第14章

1. 选择题

（1）B　（2）D

2. 填空题

（1）透明性、叠加性、独立性

（2）普通图层、文字图层、背景图层、形状图层、蒙版图层、调整图层

第15章

1. 选择题

（1）C　（2）B

2. 填空题

（1）"消失点"

（2）Alt

第16章

1. 选择题

（1）A　（2）A　（3）C

2. 填空题

（1）曲线段、直线段、控制点、锚点、方向线

（2）编辑路径、渲染路径